地理科学专业土壤学课程系列教材

土壤学概论

张金波　黄新琦　黄　涛　蔡祖聪　主编

科学出版社

北　京

内 容 简 介

本书共 7 章，分为土壤学基础和土壤资源利用与保护两篇。上篇主要介绍经典的土壤学基础知识和理论。第一章简要介绍土壤的概念、功能与重要性；第二章叙述土壤的三相组成和其物理、化学、生物性质；第三章阐述土壤的形成和发育过程；第四章介绍土壤中主要生源要素的循环过程。下篇主要阐述土壤功能和土壤资源面临的主要问题与保护措施。第五章介绍土壤在农业生产中的作用；第六章阐述土壤生态环境功能；第七章叙述土壤资源面临的主要问题及其保护措施。本书还介绍了一些著名土壤学家的奋斗历程和对社会发展的贡献等内容，有助于增强学生对土壤学的热爱和保护土壤资源的意识。

本教材适合地理学专业本科生和研究生使用，也适合环境科学、生态学等专业学生，以及从事土壤学相关专业领域的科技人员参考。

审图号：GS(2022)1171 号

图书在版编目(CIP)数据

土壤学概论/张金波等主编. —北京：科学出版社，2022.6
地理科学专业土壤学课程系列教材
ISBN 978-7-03-072543-1

Ⅰ. ①土… Ⅱ. ①张… Ⅲ. ①土壤学-高等学校-教材 Ⅳ. S15

中国版本图书馆 CIP 数据核字(2022)第 099360 号

责任编辑：周 丹 沈 旭/责任校对：王萌萌
责任印制：赵 博/封面设计：许 瑞

科 学 出 版 社 出版
北京东黄城根北街 16 号
邮政编码：100717
http://www.sciencep.com
涿州市般润文化传播有限公司印刷
科学出版社发行 各地新华书店经销
*
2022 年 6 月第 一 版 开本：720×1000 1/16
2025 年 1 月第四次印刷 印张：18
字数：363 000
定价：99.00 元
(如有印装质量问题，我社负责调换)

编 委 会

“地理科学专业土壤学课程系列教材”前言

土壤是地球表层系统的重要组成部分，在物质生产、生态环境和全球气候变化等方面发挥着不可替代的作用。人们最早认识土壤是从它的生产功能开始的，以土壤肥力为核心，观察、研究土壤的物理性质和化学性质，以及生源要素的生物地球化学循环，主要目的是为农业生产服务。20世纪以来，随着全球社会经济的快速发展，人们对土壤的需求逐渐发生了变化，尤其是严峻的生态、环境问题引发人们进一步加深了对土壤功能的认识，主要体现在开始关注土壤与生物、大气、水、岩石各圈层之间的相互关系，探讨土壤在生态环境和全球变化中所起的作用。土壤学逐渐由传统农业土壤学向环境土壤学、健康土壤学发展，认知的内涵从土壤肥力拓展到土壤质量和土壤健康，既关注生产，也重视土壤的生态环境等服务功能。

野外调查、采样分析和试验研究是认识土壤的重要途径。随着科学技术的进步，很多的研究方法和分析手段被应用于土壤学领域，质谱仪、光谱仪、色谱仪及各种分析仪器在土壤学研究中逐渐得到广泛的应用，使人们对土壤微观过程的观察和认知提高到分子水平甚至原子水平，为认识土壤世界开辟了许多新的途径，加速了土壤学的发展。

结合国内高等教育，特别是非农学专业本科教育的需求和土壤学的发展，以及自身的研究领域和特色，我们组织编写了“地理科学专业土壤学课程系列教材”，包括5册，分别是《土壤学概论》《土壤学实验基础》《土壤地理学野外实习指南》《碳氮稳定同位素示踪原理与应用》《土壤碳氮稳定同位素样品前处理技术与质谱分析》。《土壤学概论》汇编了土壤学基础理论知识，阐述了土壤在农业、生态、环境、生物多样性、气候变化等多方面的功能，旨在让学生掌握土壤学的基础知识，了解土壤的主要功能。《土壤学实验基础》筛选了代表土壤物理性质、化学性质和生物性质的基础指标，介绍其分析方法原理和实验操作步骤，旨在让学生掌握土壤分析的基本技能。《土壤地理学野外实习指南》主要介绍土壤地理学野外实习的主要内容与方法，重点阐述土壤剖面调查方法，旨在让学生初步掌握土壤野外调研的能力。《碳氮稳定同位素示踪原理与应用》主要介绍稳定同位素的相关概念和重要术语，同位素示踪技术方法原理、类型和试验误差来源，并以碳氮为例，介绍稳定同位素示踪技术在土壤学研究中的应用，旨在让学生从原理到应用全面掌握稳定同位素技术，为从事土壤物质循环过程研究等相关工作奠定理论基础。《土壤碳氮稳定同位素样品前处理技术与质谱分析》系统介绍相关的新技术、新方法，为学生使用稳定同位素示踪技术开展土壤学研究工作提供技术方法支撑。

本系列教材具有四个方面的特色：①凝练土壤学基础知识，深入浅出，方便“零基础”的学生学习；②增加了土壤生态、环境、生物多样性、气候变化等领域功能和土壤化学分析及野外实习方法等内容，知识体系较完整；③系统介绍了稳定同位素示踪原理及其在土壤碳氮循环研究中的应用，扩展了新技术和新方法；④阐述了土壤资源的特点、土壤功能、土壤学著名学者的奋斗历程和贡献等，开展课程思政教学。通过阅读、学习本丛书，学生能全面掌握土壤学入门知识，奠定其土壤学基础，激发其对土壤学的热情，助益事业发展。

展望土壤学的未来，任重而道远。本系列教材的编写和出版工作是一次新的尝试，也是一项艰巨而复杂的工作，参加编制的所有人员满怀对土壤学教育事业的诚挚热爱，付出了很多的时间和精力。感谢南京师范大学地理科学学院汤国安教授在系列教材出版过程中给予的鼎力帮助。本系列教材得到了地理学国家一流建设学科的经费支持。

张金波　蔡祖聪

2021 年 12 月于南京

前　言

土壤是陆地表层生态系统的核心，在农业生产、生态环境、气候变化等方面起着极其重要的作用。充分认识土壤，掌握土壤物质循环规律及其与生态环境和气候变化等的相互作用关系，是人类实现生产发展与生态环境健康共赢的关键。人们已经逐渐认识到土壤的重要性，因而更需要掌握土壤学知识，熟悉土壤功能，甚至研究土壤。为此，编写一本能较全面地体现土壤基础知识和土壤在生态环境等诸方面功能的教学与研究参考用书成为当务之急。

我国已经出版了一些有影响力的土壤学教材，例如徐建明、黄昌勇主编的《土壤学》，吕贻忠、李保国主编的《土壤学》等。已有的教材主要是以土壤肥力为核心，系统地讲述土壤物理、化学、生物性质，土壤形成和发育，土壤分类，土壤元素生物地球化学循环等土壤学基础理论知识，较少讨论土壤在生态环境和全球气候变化等方面的功能。随着经济和社会的快速发展，土壤在水安全、大气环境、减缓生物多样性丧失及应对气候变化等方面也都展示出了极其重要的作用。结合土壤学的发展和国内高等教育，特别是非农学专业本科教育的需求，我们组织编写了本教材，核心指导思路是既关注与农业生产密切相关的土壤学基础知识，也重视土壤生态环境等方面的服务功能，其内容包括土壤学的基础知识和基本原理，同时强调土壤作为自然资源和生态系统的特性和功能，阐述土壤与农业、生态环境、气候变化、生物多样性等的相互作用关系，讨论土壤资源的特点及其利用与保护措施。本书简洁易懂，适用面广，可以作为综合土壤学教育的教科书，也可以作为专业学习土壤学的导论或专业性参考书。

本书共 7 章，分为土壤学基础和土壤资源利用与保护两篇。上篇土壤学基础共 4 章，力求通俗易懂，又具专业性地介绍经典的土壤学基础知识和理论。下篇土壤资源利用与保护共 3 章，主要阐述土壤与生态环境和全球变化的关系，包括土壤自净作用与土壤污染、农田土壤面源污染、土壤氨挥发、土壤温室气体排放、土壤碳库与全球变化和土壤与生物多样性等内容；另外还介绍土壤资源面临的主要问题与保护措施等。在表现形式上，书中设计了大量的彩色图片，形象生动，易于学生理解。在思考与讨论部分，讲述了我国土壤学著名学者的奋斗历程，以及土壤学研究成果对国民经济的贡献等课程思政元素，激发青年学生对土壤学的热爱，符合当前教育的要求。

在编写过程中，上篇主要参考了徐建明、黄昌勇主编的《土壤学》，以及湖南农业大学尹力初教授多年积累的土壤学教案。下篇主要由从事相关研究工作的年轻学者执笔，他们都在相关领域做出了突出的成绩，相关章节体现了本领域最新的研究成果。

本教材编写大纲由张金波、蔡祖聪共同讨论制定。第一章由南京师范大学黄新琦编写；第二章第一、二、三节由黄新琦、尹力初编写，第四、五节由南京师范大学韩成编写；第三章由中国科学院南京土壤研究所鞠兵、南京师范大学赵军、黄新琦编写；第四章第一、二节由南京师范大学温腾、程谊编写，第三节由南京师范大学姜允斌编写，第四、五节由黄新琦、尹力初编写；第五章由南京师范大学张金波编写；第六章第一节由浙江科技学院孟俊编写，第二节由江苏省农业科学院薛利红编写，第三节由中国科学院大气物理研究所潘月鹏编写，第四节由南京农业大学江瑜编写，第五节由中国科学院南京土壤研究所陈增明编写，第六、七节由张金波编写；第七章第一节由张金波编写，第二节由中国科学院南京土壤研究所姚荣江编写，第三节由中国科学院南京土壤研究所李九玉编写，第四节由中国科学院新疆生态与地理研究所周晓兵编写，第五节由华中农业大学王玲、史志华编写，第六节由中国科学院东北地理与农业生态研究所李禄军、李娜编写，第七节由中国科学院南京土壤研究所丁维新编写，第八节由中国科学院东北地理与农业生态研究所宋艳宇编写，第九节由黄新琦编写。蔡祖聪、张金波完成本书的最终统稿工作。本书得到了地理学国家一流建设学科的经费支持。

受时间和编者水平所限，书中难免存在一些不足之处，希望得到同行专家、学者和广大读者的批评指正。

如需使用本书附带资源，请联系 zhangjinbo@njnu.edu.cn。

张金波

2021 年 12 月于南京

目　录

"地理科学专业土壤学课程系列教材"前言
前言

上篇　土壤学基础

第一章　绪论……3
第一节　土壤和土壤圈……3
一、土壤……3
二、土壤圈……4
第二节　土壤的功能……6
一、土壤是人类社会发展最珍贵的自然资源……6
二、土壤是农业生产最基本的基地……6
三、土壤是生态环境的重要调节器……6
第三节　土壤科学的发展概况……7
一、古代朴素的土壤学认识……8
二、近代土壤学科学观点……8
三、现代土壤学科学观点……9
第二章　土壤的基本组成与性质……10
第一节　土壤的三相组成……10
一、土壤固相组成……10
二、土壤水分……12
三、土壤空气……12
四、土壤生物……13
第二节　土壤有机质……15
一、土壤有机质的定义……15
二、土壤有机质的来源及组成……15
三、土壤有机质的形成与累积……16
四、土壤腐殖酸的性质……19
五、土壤有机质的作用……20
第三节　土壤物理性质……21
一、土壤颗粒与质地……22

二、土壤孔隙性质与结构……25
三、土壤水分特征……27
四、土壤通气性……31
五、土壤热量……32
六、土壤颜色……34
第四节 土壤化学性质……35
一、土壤胶体……35
二、土壤酸碱性……39
三、土壤氧化还原反应……41
四、土壤中的沉淀溶解和络合解离反应……44
第五节 土壤微生物性质……46
一、土壤微生物的组成……46
二、土壤微生物的分布……51
第三章 土壤形成和发育……60
第一节 土壤形成因素……60
一、成土因素学说的提出与发展……60
二、成土因素在土壤发生中的作用……61
第二节 土壤形成过程……64
一、土壤形成过程中的地质大循环和生物小循环……64
二、自然土壤形成过程……65
三、人为土壤形成过程……69
第三节 土壤发育……70
一、土壤个体发育……70
二、土壤系统发育和土壤演替……71
三、土壤发育的具体表现——土壤剖面形态特征……71
第四节 土壤分类……74
一、土壤分类概述……74
二、中国土壤发生分类……76
三、中国土壤系统分类……78
第五节 我国主要土壤类型……81
一、暗棕壤……81
二、棕壤……83
三、黄棕壤……83
四、黄褐土……84
五、红壤……85

六、黄壤……86
七、砖红壤……87
八、黑土……89
九、黑钙土……90
十、栗钙土……91
十一、棕钙土……92
十二、灰钙土……93
第六节　土壤地理分布规律……94
一、土壤水平地带性分布规律……94
二、土壤垂直地带性分布规律……96
三、土壤地域性分布规律……96
第四章　土壤主要生源要素生物地球化学循环……100
第一节　土壤碳循环……101
一、土壤碳的组成与性质……101
二、土壤碳的内循环……104
三、土壤碳循环的关键过程……104
第二节　土壤氮循环……105
一、土壤氮库……107
二、土壤氮的生物地球化学循环……107
第三节　土壤磷循环……110
一、土壤磷的形态……110
二、土壤磷的生物地球化学循环……112
三、土壤磷循环的重要过程……112
第四节　土壤硫循环……114
一、土壤中硫含量和形态……115
二、土壤中硫的循环和转化……115
第五节　土壤微量元素……118
一、土壤中微量元素的数量和影响因素……118
二、土壤中微量元素的存在形态……118
三、土壤中微量元素的循环……119

下篇　土壤资源利用与保护

第五章　土壤与农业生产……123
第一节　土壤与农业区划……123
一、土壤区划……123

二、农业区划 …… 125
第二节　土壤养分供应与调控 …… 127
一、植物营养的基础定律 …… 127
二、土壤氮素供应与调控 …… 132
三、土壤磷素供应与调控 …… 135
四、土壤钾素 …… 136
五、土壤硫、钙、镁元素 …… 137
六、土壤微量元素 …… 137
第三节　土壤与水肥管理措施 …… 138
一、土壤与农田水分管理 …… 138
二、土壤与肥料管理 …… 141
第六章　土壤与环境 …… 148
第一节　土壤自净作用与土壤污染 …… 148
一、土壤自净作用 …… 148
二、土壤污染 …… 151
三、我国土壤污染现状 …… 154
四、土壤重金属污染防治措施 …… 156
第二节　农田面源污染与治理措施 …… 159
一、农田面源污染及其危害 …… 160
二、农田土壤面源污染的发生过程 …… 162
三、农田面源污染的主要研究方法 …… 163
四、农田土壤面源污染的防治策略与治理措施 …… 164
第三节　土壤氨挥发与大气环境质量 …… 168
一、大气中氨的存在形态和浓度水平 …… 168
二、氨对生态环境的影响 …… 170
三、氨排放 …… 171
四、农田土壤氨挥发 …… 174
五、农田氨减排的技术与建议 …… 176
第四节　土壤温室气体排放 …… 177
一、全球气温变化及其负面影响 …… 178
二、温室气体与全球变暖 …… 178
三、土壤温室气体排放 …… 179
四、土壤温室气体减排措施 …… 182
第五节　土壤碳库与全球变化 …… 184
一、土壤碳库的储量与分布 …… 184

二、土壤碳库对全球变化的响应与反馈……186
三、土壤固碳的主要措施……188
第六节 土壤与生物多样性……191
一、土壤生物多样性……191
二、土壤与地上生物多样性的关系……192
三、面向生物多样性保护的土壤生境保护措施……194
第七节 土壤水源涵养功能及其生态意义……197
一、土壤水源涵养功能的形成机制……198
二、土壤蓄水能力的影响因素……198
三、土壤水源涵养功能的生态意义……200
第七章 土壤资源保护……201
第一节 土壤资源概述……201
一、土壤资源的基本特点……202
二、我国土壤资源的主要特点与存在的问题……203
三、土壤资源合理利用与保护的基本途径……205
第二节 土壤盐碱化与盐碱土的利用措施……206
一、盐碱土的定义……207
二、盐碱土形成机理……209
三、盐碱土对农业和生态环境的主要危害……212
四、盐碱土障碍消减与高效利用……213
第三节 土壤酸化与酸性土壤的利用措施……215
一、酸性土壤的定义与分布……215
二、酸性土壤的成因……215
三、酸性土壤的主要障碍因子……219
四、酸性土壤的合理利用与管理……221
第四节 土地荒漠化与治理……223
一、土地荒漠化现状……223
二、荒漠化的类型……224
三、荒漠化的成因、形成过程和危害……225
四、荒漠化防治的基本原则……227
五、荒漠化防治技术体系……227
第五节 土壤侵蚀与水土保持……230
一、土壤侵蚀类型……230
二、土壤侵蚀的危害及分布……232
三、土壤侵蚀的影响因素……233

四、水土保持……236
第六节 东北黑土退化与保护措施……238
一、东北黑土地的战略地位……238
二、东北黑土的分布……239
三、东北黑土的形成和演变过程……239
四、东北黑土退化现象……241
五、东北黑土资源保护……243
第七节 土壤地力衰退与培育……245
一、土壤地力与土壤肥力……245
二、优质土壤的特点……247
三、我国耕地地力现状……248
四、土壤地力对作物产量的贡献率及其空间分布……249
五、土壤地力培育技术与措施……251
第八节 湿地退化与保护……253
一、湿地类型……254
二、我国湿地分布……256
三、湿地土壤的特点……257
四、湿地的功能与作用……258
五、我国湿地资源面临的问题……261
六、湿地资源保护……263
第九节 设施农业土壤质量退化特征与修复技术……264
一、设施农业的概念与内涵……264
二、设施种植业的意义……264
三、我国设施种植业现状……265
四、设施种植业存在的问题……265
五、设施种植业退化土壤修复方法……267
参考文献……271

上篇　土壤学基础

第一章 绪　　论

土壤是人类生产和生活中最为珍贵的自然资源之一，具有重要的生产和生态环境调节功能，是人类赖以生存的基础。随着社会和科技的发展，人们对土壤及其功能的认识不断加深，合理利用和保护的意识不断增强。本章主要概述土壤与土壤圈的定义、土壤的功能和土壤科学的发展。

第一节 土壤和土壤圈

土壤随处可见，对人类而言并不陌生，但由于认识角度的不同，人们对土壤的定义也千差万别。土壤是地球表层系统的重要组成部分，作为一个独立且开放的圈层，与大气圈、水圈、生物圈和岩石圈之间具有紧密且复杂的联系。本节简要介绍土壤的定义和土壤圈的概念。

一、土壤

从地质学角度来看，土壤是破碎了的岩石；从环境科学角度来看，土壤是环境污染物的缓冲带和过滤器；从工程学角度来看，土壤是承受高强度压力的基地和工程材料的来源；从农业科学角度来看，土壤是植物生长的介质。从土壤学专业角度，土壤可定义为："土壤是在气候、母质、生物、地形和时间等因素综合作用下形成的独立历史自然体。"该定义主要交代了土壤的来龙去脉。而应用广泛的经典定义为："土壤是地球陆地表面能生长绿色植物的疏松表层。"该定义在 1998 年颁布的《土壤学名词》中进一步规范为："土壤是陆地表面由矿物质、有机物质、水、空气和生物组成，具有肥力，能生长植物的未固结层。"这一概念表明，土壤的位置处于地球陆地表面，土壤的本质特征是具有肥力，土壤的主要功能是生长植物，组成土壤的物质包括矿物质、有机物质、水、空气和生物。

如同土壤的概念，迄今对土壤肥力也没有统一的定义。美国土壤学家认为"土壤肥力是土壤供应植物生长所必需的养分的能力"；苏联土壤学家认为"土壤肥力是土壤在植物生活的全过程中，同时不断地供给植物以最大数量的有效养料和水分的能力"；我国土壤学家认为"土壤肥力是土壤能供应与协调植物正常生长发育所需的养分和水、气、热的能力"。从上述定义来看，各国科学家对土壤肥力关注的侧重点明显不同。美国学者认为养分是肥力的核心，苏联学者认为养分与水分同等重要，而我国学者则认为水、肥、气、热四大肥力因子同等重要，且要相互协调。其实，在多数情况下养分和水分相对更重要，尤其是养分，往往是植物生长的限制因子。所以，从这个角度来讲，以上三种定义并无本质的区别，只是突出了相应的核心要素而已。关于土壤肥力，我们需要注意的是：其一，土壤肥力不等同于生产力，并不是土壤肥力越高其生产力就越高，生产力还取决于气候条件及人为管理水平；其二，土壤肥力其实是水、肥、气、热各肥力因子的综合反映，很难用单一的指标定量表达，更多时候只能是定性地描述，目前尚缺乏划分肥力等级的共同标准。

土壤生产力是指在一定的经济和技术条件下，土壤产出农产品的能力，包括农产品的经济产量、生物量及产品质量。土壤生产力包括两方面的含义：一是土壤基础生产力，即在自然状态下，土壤靠自身的基础肥力，能够获得的农产品产量和生物量；二是在一定的耕作制度和管理措施下，能够获得的农产品产量和生物量。例如，就水稻来说，土壤的生产力通常是指在特定的经营管理制度下，包括土壤肥力属性、水稻品种、种植期、复种指数、施肥管理、灌溉管理、耕作方式及病虫害防治等，稻米的产量及质量。可见，土壤生产力的高低由土壤本身的肥力属性和发挥肥力作用的外界条件共同决定，土壤肥力因素的各种性质和土壤的自然、人为环境条件构成了土壤生产力。随着科学技术的进步，土壤生产力很大程度上取决于人类生产技术水平。不同种类和性质的土壤，对农、林、牧具有不同的适宜性，人类生产技术是合理利用和调控土壤适宜性的有效手段，即挖掘和提高土壤生产潜力的能力。

现在的土壤学研究正在从传统的只关注土壤肥力和生产因素向以土壤质量和土壤健康为核心的方向转变，土壤质量和土壤健康是当前人们关注的热点之一。土壤质量不仅涉及土壤的主要功能、类型和所处的地域，而且与土地利用、土壤管理、生态环境、社会经济、政治状况及人的认识等外界因素有关。随着时代的发展和科学技术水平的提高，土壤质量的概念在不断地发展变化。国际上比较通用的概念是“土壤质量是指土壤在生态系统中保持生物的生产力、维持环境质量、支撑动植物与人类健康的能力。”美国土壤学会把土壤质量定义为“在自然或管理的生态系统边界内，土壤具有动植物生产持续性，保持和提高水、气质量及支撑人类健康与生活的能力。”土壤作为一个动态生命系统具有的维持其功能的持续能力称为土壤健康，其包含了土壤质量的三个主要方面，即维持生产、保持和提高水气质量、支撑人类健康。

二、土壤圈

自 1938 年瑞典学者马特森（S. Matson）提出土壤圈的概念以后，B. A. 柯夫达（1973 年）和迪克·阿诺德（Dick Arnold）等（1990 年）又对土壤圈的定义、结构功能及其在地球系统和全球变化中的作用进行了较为全面的论述。土壤圈是覆盖于地球表面和浅水域底部的土壤所构成的一种连续体或覆盖层，犹如地球的皮肤，它与其他圈层之间进行着物质和能量交换。土壤圈概念的发展旨在从地球系统的角度研究土壤圈的结构、成因和演化规律，以达到了解土壤圈内在功能、在地球系统中的地位及其对人类与环境影响的目的。

土壤圈是地球表层系统的重要组成部分，它处于人类智慧圈、大气圈、水圈、生物圈和岩石圈的界面与相互作用的交叉带，是联系有机界和无机界的中心环节，也是联系地理环境各组成要素的纽带（图 1-1）。土壤圈与大气圈在近地表层进行着频繁的水分、热量、气态物质的迁移转化，土壤不仅因其疏松多孔的结构而能接收大气降水及其沉降物质以供应生命之需，而且能向大气释放 CO_2、CH_4、N_2O 等多种气体，参与碳、氮、磷、硫等生命元素的生物地球化学循环，并对全球环境产生影响。土壤圈与水圈的关系密切，如大气降水通过土壤过滤、吸持与渗透进入水圈，成为全球水分循环的重要组成部分，从而对水体的物质组成产生影响，在改善生态环境的同时满足生命体对水分的需求；水分也是土壤圈物质能量迁移转化的重要载体和影响土壤性质的介质。土壤圈与岩石圈联系更为密切，岩石圈表层的风化物是土壤形成的物质基础，植物生长发育所需的矿质养分元素多来自于岩石的风化，土壤侵蚀及其堆积也是岩石圈中沉积岩形成的重要方式。土壤圈与生物圈的关系也十分密切，土壤是陆地生物圈的载体，支撑绿色植物，并为其供应水分和养分；同时生物活动又对土壤圈的形成发育具有深刻的影响。物质能量从其他自然地理要素不断向土壤输入，必然引起土壤物质组成及其性状的变化，土壤组成及其性状的改变又通过反馈机制引起地理环境的变化。土壤圈作为人类生存与发展的基本自然资源和人类劳动的对象，其变化比大气圈、水圈和岩石圈的变化更为复杂多样，在社会经济发展和生态环境改善中起着特殊的作用。

图 1-1　土壤圈与大气圈、生物圈、岩石圈和水圈的相互作用示意图

第二节　土壤的功能

人类对土壤功能的认识从其支撑农业生产开始，随着科技的不断进步，对土壤功能和重要性的认识不断深入。作为多功能的历史自然体，土壤的功能主要包括以下几个方面。

一、土壤是人类社会发展最珍贵的自然资源

土壤资源是维持人类生存与发展的必要条件。如果没有足够多的富饶土壤，一个国家或民族将很难有立足之地。土壤资源具有以下几个主要特性：①数量的有限性。由于地球陆地面积的相对固定性和土壤形成的缓慢性（形成 1 cm 厚的土壤约需 300 年），土壤资源数量是有限的，并非取之不尽，用之不竭。②质量的可变性。土壤的本质特征是肥力，是在各种成土因素的作用下，经过漫长的历史时期发育而来，永远处于动态变化中。人们可以通过合理利用，用养结合，不断提高土壤肥力；但也可通过滥用土壤，违背自然规律，高强度、无休止地向土壤索取，导致土壤肥力下降、荒漠化、水土流失、酸化、污染等问题。③空间分布上的变异性与固定性。土壤是自然因素与人为因素综合作用的结果，所以不同生物气候条件下或人为管理下覆盖着不同类型的土壤。

二、土壤是农业生产最基本的基地

土壤的主要功能在过去、现在及未来永远是用于发展农业生产，而农业生产最根本的任务就是从事绿色植物的生产。植物的生长发育离不开它所处的外界自然条件，取决于光、温、气、水、养分等基本要素，其中养分与水分主要通过根系从土壤中吸收。同时，植物能历经风雨不倒伏，也离不开土壤的机械支撑作用。土壤在植物生长繁育中具有以下不可替代的作用：①营养库的作用；②养分转化和循环作用；③雨水涵养作用；④生物的支撑作用；⑤稳定和缓冲环境变化的作用。

三、土壤是生态环境的重要调节器

随着生态环境问题的日渐凸显，出于对自身安全和健康的关注，人们对土壤的生态环境功能越来越重视，甚至在一定程度上超出了对土壤生产功能的关注。首先，土壤是地球的皮肤，是连接大气圈、生物圈、水圈、岩石圈的中心纽带，不断地与其他圈层进行物质和能量的交换，是陆地生态系统中最为活跃的组成部分，在生态环境安全和全球变化方面扮演着重要角色（图 1-2）。如土壤可通过 CO_2、CH_4、N_2O 等温室气体的排放影响全球气候变化，可通过调节水分的去向及氮、磷养分的运移影响河流湖泊的富营养化，也可通过调控植物的生长、演替及微生

物的繁育影响全球生物多样性。其次，作为地球上环境污染物最大的“汇”，土壤可通过吸附、沉淀、降解等方式，对各种重金属及有机污染物产生缓冲、净化效应，从而降低它们的毒害。但需要注意的是，土壤容纳的环境污染物相当于一颗“化学定时炸弹”，一旦污染物超出土壤的环境容量和自净能力，将暴发出极大的危害。

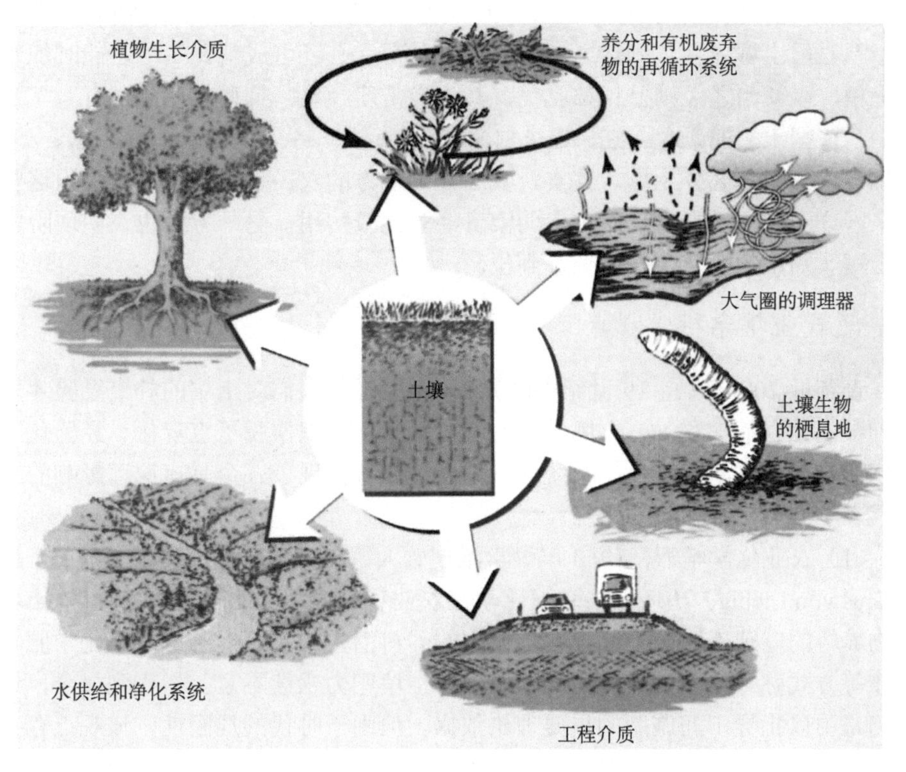

图 1-2 土壤的功能（Weil and Brady, 2016）

第三节 土壤科学的发展概况

土壤学是一门古老的科学，人们在农业生产实践过程中逐渐积累了认土、用土和改土的知识。然而，土壤是一个极其复杂的体系，对它的真正认识需要依赖于物理学、化学和生物学等多学科及现代分析测试技术的发展，因此，直到 18 世纪中期以后，土壤学才成为一门真正意义上的独立学科。本节简要介绍土壤科学的发展过程。

一、古代朴素的土壤学认识

从人类开始种植农作物以来，人们就开始了对土壤的认知过程，开始有意识地选择他们心中理想的土壤去栽种植物。世界最早的有关土壤学的记录为我国的《尚书·禹贡》，距今2000多年。但古代人们对土壤的认识只是一些纯朴而简单的经验总结，并不是科学观点。如“土，地之吐生物者也。”“万物自生焉则曰土。”“虽土壤异宜，顾治之如何耳，治之得宜，皆可成就。”“若能时加新沃之土壤，以粪治之，则益精熟肥美，其力当常新壮矣，抑何敝何衰之有？”那时人们多依据土壤的颜色（红、黑、白）、质地（砂、黏、壤）、土宜（玉米、小麦、水稻、蔬菜）去区分土壤。其实，我国许多地方的农民直到现在还在沿用这些标准来区分土壤，一方面说明古人的宝贵经验比较实用，另一方面也说明现阶段有关土壤学知识的普及工作还远不到位。

二、近代土壤学科学观点

直到近200年（自19世纪中叶）来，有关古代人们对土壤的朴素经验才发展成为一门独立的学科——土壤学。人们对土壤的认识摆脱了直观化、经验化、零碎化的描述，逐渐深入化、系统化。其中，依次出现了三个具有深远影响的土壤学代表学派。

（1）农业化学学派：1840年该学派创始人德国化学家尤斯图斯·冯·李比希（Justus von Liebig）出版了专著《化学在农业和生理学上的应用》，提出“土壤是植物养料的储藏库，植物靠吸收土壤中的养料而生长，可以通过施用化学肥料和轮作等方式弥补土壤养分的消耗，以保持土壤肥力永续不衰。”直到如今，该学说仍是用以指导田间施肥的重要理论依据。但由于时代的局限性，该观点存在一些缺陷：①把土壤单纯地看作是一种“养料贮存库”，土壤的生产力就决定于所贮存养分的多寡，试图以纯化学观点解决复杂的土壤肥力问题；②片面强调植物是养分的消耗者，忽略植物也可向土壤提供有机物料（或固氮植物活化氮素），以提高土壤肥力。

（2）农业地质学派：19世纪下半叶，人们注意到由不同岩石发育的土壤在肥力上存在差异，尤其是同样施肥时不同土壤的生产力存在明显差异（按照农业化学学派的观点，应该是没有差异的）。德国地质学家法鲁（F. A. Fellow）、李希霍芬（F. von Richthofen）、拉曼（E. Ramann）等开始用地质学观点来认识土壤，创立了农业地质学派。该学说认为，土壤是岩石风化过程的产物，土壤就是破碎、变化中的岩石，从而加深了对土壤的“骨架”——矿物质的研究。但该学说混淆了土壤与岩石、母质的本质区别，忽略了土壤中含量很低，但贡献巨大的有机质、微生物和土壤动物等活性物质的重要性。

（3）土壤发生学派：1883 年，俄罗斯学者 B. B. 道库恰耶夫（V. V. Dokuchaev）在整理其博士论文的基础上出版了《俄罗斯黑钙土》一书，在农业地质学派的基础之上，创立了土壤发生学派。该学说认为，土壤有自己的发生和发育历史，是独立的历史自然体；土壤形成过程是由岩石风化过程和成土过程所推动的，而母质、气候、生物、地形及时间是影响土壤形成的五大因素。土壤的外部形态和内在性质都直接或间接和成土因素有关，正是它们的综合作用造就了全世界形形色色的土壤。该理论后来被他的继承者苏联土壤学家 B. P. 威廉斯（B. P. Williams）、美国土壤学家马波特（C. F. Marbut，美国土壤科学的奠基者）和詹尼（H. Jenny）进一步补充和完善，在全世界得到了广泛传播。为表彰其贡献，俄罗斯成立了以其名字命名的“道库恰耶夫土壤研究所”和国家级奖励及奖章。我国也以“道库恰耶夫土壤研究所”的模式建立了中国科学院南京土壤研究所。

三、现代土壤学科学观点

20 世纪以来，尤其是 1960 年以后，随着全球社会经济的巨大发展，人们对土壤的要求逐步发生变化，尤其是严峻的生态、环境问题引导人们进一步加深了对土壤的认识，主要体现在两个方面：①认识土壤的视野更为开阔。不再着眼于某个具体田块的土壤，也不再局限于土体内物质组成及性质的研究，而是站在全球的角度，提出了“土壤圈”与“土壤生态系统”的概念（如马特森、阿诺德、赵其国），研究土壤与生物、大气、水、岩石各圈层之间的互动关系，探讨土壤在全球变化中所起的作用。②随着社会的发展，人们的需求发生了巨大的改变，即由基本生活需求（解决温饱）向安全需求（生活安全）和健康需求（健康幸福）转变。与之相适应，土壤学逐渐由传统农业土壤学向环境土壤学、健康土壤学发展，认知的内涵则从土壤肥力拓展到土壤质量和土壤健康，既关注作物产量，也重视土壤对环境和生态系统的影响。

思考与讨论

在古代社会，土地被看作是财富、身份和地位的象征，即使在现代社会，这种看法仍有一定的合理性，这在一定程度上体现了土壤的重要性。请结合所学知识和自己的经历，谈谈土壤的主要功能及其重要性。

第二章　土壤的基本组成与性质

土壤是生物与非生物的集合体，其组成极其复杂。人们对土壤的物质组成、性质及其相互关系的认识是一个渐进的过程，迄今仍未穷尽。本章介绍土壤非生物部分的基本组成与性质以及主要的生物类型。

第一节　土壤的三相组成

土壤是由固、气、液三相组成的多孔体。土壤固相组成成分约占土壤总容积的50%左右，在固相颗粒间的孔隙中充满了土壤空气和土壤溶液。土壤组成成分与其物理、化学、生物性质密切相关，直接关系到土壤在农业生产、生态环境、气候变化等方面的功能。

一、土壤固相组成

土壤固相组成成分包括矿物质和有机质，其中矿物质约占土壤固相干重的95%以上，是土壤的“骨架”。土壤矿物可分为原生矿物和次生矿物，包含了地球上所有的天然化学元素，其中O、Si、Al三种元素的占比达90%。

（一）土壤矿物质

1. 原生矿物

土壤原生矿物是指在土壤形成过程中未改变化学组成的原始成岩矿物，可分为硅酸盐和铝硅酸盐类、氧化物类、硫化物类、磷酸盐类等。原生矿物是土壤矿物质中颗粒比较粗的部分，粒径为1～0.01 mm的砂粒和粉砂粒几乎都是原生矿物。由于原生矿物颗粒较粗，比表面积小，所以与土壤的疏松、通透性密切相关。原生矿物也是土壤中各种化学元素的最初来源。因此，土壤原生矿物的种类和数量直接影响土壤的化学组成（表2-1）。随着土壤年龄的增长，土壤中的原生矿物在有机体、气候因子和水溶液作用下逐渐被分解，使原生矿物的含量和种类逐渐减少，仅有微量极稳定的矿物会残留在土壤中。在风化和成土过程中，原生矿物供给土壤各种化学元素，生成次生矿物，并为植物生长发育提供磷、钾、硫、钙、镁、微量元素等养分。

表 2-1　土壤中常见的原生矿物及其稳定性

名称	分子式	抗性
石英	SiO_2	抗风化能力强
白云母	$KAl_2(AlSi_3O_{10})(OH, F)_2$	↓
微斜长石	$KAlSi_3O_8$	
正长石	$KAlSi_3O_8$	
黑云母	$K(Mg, Fe)_3(Al, Si_3)O_{10}(OH, F)_2$	
钠长石	$NaAlSi_3O_8$	
角闪石	$NaCa_2(Mg, Fe)_4(Al, Fe)(Si, Al)_8O_{22}(OH, F)_2$	
辉石	$(Ca, Mg, Fe, Al)_2(Al, Si)_2O_6$	
钙长石	$CaAl_2Si_2O_8$	
橄榄石	$(Mg,Fe)_2SiO_4$	抗风化能力弱

2. 次生矿物

原生矿物在风化和成土过程中新形成的矿物称为土壤次生矿物，包括简单盐类、次生氧化物和铝硅酸盐类矿物（图 2-1），是土壤矿物中最细小的部分（粒径小于 2 μm）。与原生矿物不同，许多次生矿物具有活动的晶格，呈现高度分散性，并有强烈的吸附交换性能，能吸收水分和膨胀，具有明显的胶体特性，又称黏土矿物。黏土矿物影响土壤的许多物理、化学和生物性状，在土壤相关学科及农业生产、生态环境研究中均具有重要意义。

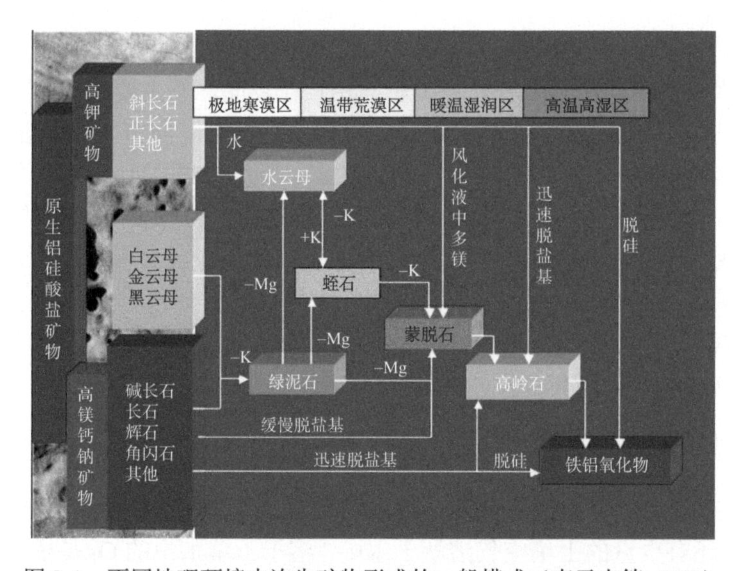

图 2-1　不同地理环境中次生矿物形成的一般模式（李天杰等, 2004）

总体上，黏土矿物类型随水热条件逐步演变。从北到南（以北半球为例），由原生矿物—水云母—蒙脱石、蛭石—高岭石—铁铝氧化物逐步演变（图 2-1）。值得注意的是：①任何一种土壤中不可能只有一种矿物，土壤中通常会存在多种类型的矿物，只是在主体黏土矿物成分上有差异，如南方土壤不可能只有高岭石，同样也会有蒙脱石、蛭石、水云母，甚至原生矿物，只是前者所占的比例最高。②土壤的矿物组成不只取决于土壤所处的气候带，还取决于岩石或母质矿物的风化程度。如南方地区由于母质风化程度普遍较高，土壤中黏土矿物以高岭石为主；但该地区也有一些土壤发育时间较短，或由于水土流失，新形成的土壤会以蒙脱石类、蛭石类或水云母类黏土矿物为主。

（二）土壤有机质

虽然有机质通常仅占土壤固相干重的 5%以下，但却是土壤固相部分的重要组成成分，可以说没有有机质的土壤并不是真正意义上的土壤，至少称不上高等级的土壤。有机质是土壤团聚体的主要黏结剂，没有有机质，土壤只能是一盘散沙，能发挥的作用也将非常有限。土壤有机质是土壤肥力的基础，是衡量土壤肥力水平的重要指标之一。另外，土壤有机质在生态环境、全球变化等方面也发挥着重要的作用。例如，土壤中的腐殖质是两性胶体，具有许多活性官能团，一方面可对重金属离子和有机污染物产生吸附或螯合作用，降低其生物有效性；另一方面有机质可以促进土壤微生物活性，从而加速污染物的生物分解。土壤有机质还能影响全球碳平衡，进而影响全球气候变化。

二、土壤水分

土壤水分主要存在于土壤孔隙中和固相颗粒表面，其主要来源有大气降水、地下水上升、灌溉和水汽凝结等；主要消耗途径有植物叶面蒸腾、地面水分蒸发、土壤水渗漏和地表径流等。土壤水在植物生长、土壤物质循环、土壤各种缓冲和调节功能等方面均具有重要的作用。一方面，水是维持植物良好生长的前提条件，是光合作用需要的基础物质，植物所需的水基本上都来自土壤；另一方面，水分相当于土壤的“血液”，只有通过它才能把土壤中的养分、氧气输送给植物根系。此外，土壤本身的形成、土壤中微生物的活动、气热的调节，以及所有的物理、化学、生物反应都离不开水分。

三、土壤空气

土壤空气存在于未被水分占据的孔隙中，其容量随土壤水分含量的变化而变化。另外，还有少量的土壤空气溶解于水中。溶于土壤水中的 O_2 是植物根系和微生物呼吸作用所需 O_2 的最直接来源。一般情况下，土壤空气的组成具有以下明显特点：①CO_2 含量明显高于大气，是大气的几倍甚至几十倍；②O_2 含量低于大气；③水汽含量高于大气；④含有较多的还原性气体，如 CH_4、H_2、H_2S 等。

一般旱地土壤的空气容量占土体总容积的 10%以上。土壤空气的组成远比大气的组成成分变化剧烈。影响土壤空气组成变化的因素有土壤水分、植物根系呼吸、土壤生物活动、土壤深度、土壤温度、pH 及农业措施等。土壤空气对植物生长具有多方面的影响，例如影响种子萌发和根系发育、影响根系吸收养分、影响植物的抗病性。另外，土壤空气含量和组成还会深刻影响土壤元素的生物地球化学循环，例如在有氧条件下，土壤微生物分解有机质产生 CO_2，而在无氧条件下，土壤有机质被厌氧细菌分解，产生 H_2、CO_2、乙酸和甲酸等小分子化合物，这些小分子化合物在氧化还原电位 Eh≤–150 mV 的条件下被产甲烷菌利用，从而产生 CH_4。

四、土壤生物

土壤生物就是土壤中的生命体，包括土壤微生物、土壤动物、植物根系（图 2-2）。

图 2-2　土壤里的生物（蔡祖聪和张宁阳, 2019）

土壤微生物分布广、数量大、种类多，是土壤生物的主体部分，也是土壤生物中最为活跃的部分。土壤微生物包括细菌、放线菌、真菌、藻类、古菌、黏细菌、蓝细菌及病毒等类型，其中细菌所占比例可达 70%～90%，放线菌可占 5%～30%。

按形态大小，土壤动物可分为微型土壤动物[如鞭毛虫、变形虫、纤毛虫等原生动物和线虫（图 2-3）]、中型土壤动物（螨类）、大型土壤动物（蚯蚓、蚂蚁等）。其中，前者数量相对较多，体型小，通常被看作土壤微生物的一部分，后两者数量少，活动能力强（容易迁出土体）。体型较大的土壤动物能够软化破碎有机物，也能够在土壤中穿孔打洞，把土壤微生物传播到土壤的各个角落。

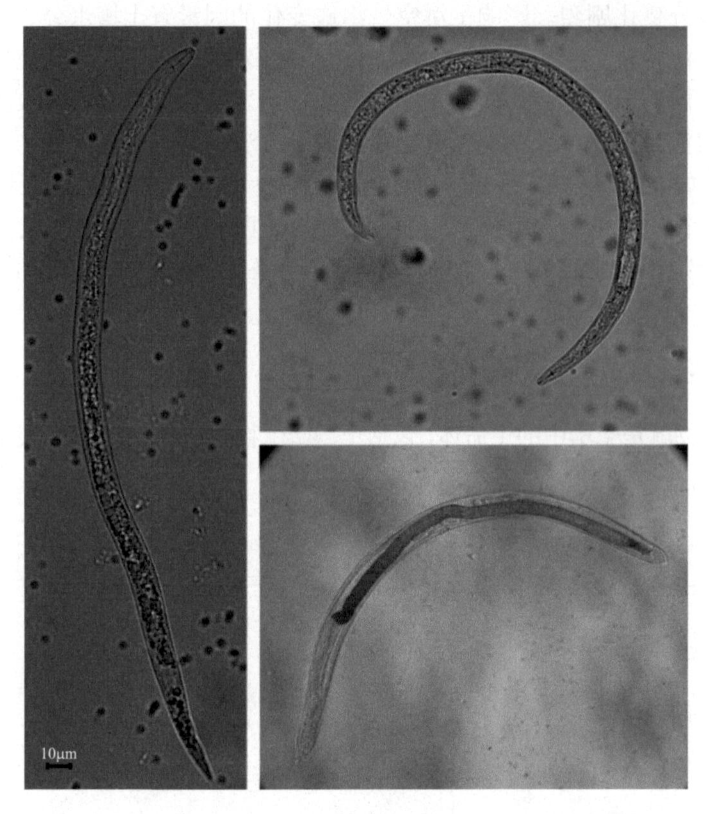

图 2-3　土壤线虫（程荟摄）

左图为根结属线虫，在土壤中大量繁殖会严重影响农业生产；右上为矮化属线虫；右下为鳖属线虫

植物根系也是土壤生物的一部分，但人们往往把它们归于植物学范畴加以考虑。与根系密切相关的微生物-根系结合体，即菌根与根瘤，将在本章第五节详细阐述。

虽然土壤中的生物在质量或体积上可以忽略不计，但它们的数量、种类十分庞大（10 g 土壤中含有的微生物总数量相当于地球上人类的总和）。土壤生物使土壤具有生命力，土壤活力大小的关键就在于土壤生物的繁荣程度。土壤生物，特别是微生物，在生源要素生物地球化学循环、良好植物生境形成、污染物降解和转化等方面都发挥着极其重要的作用。

综上所述，土壤是由矿物质、有机质、土壤空气、土壤溶液、土壤生物等物质组成的三相多孔体。

第二节　土壤有机质

除泥炭土壤以外的绝大部分土壤，有机质含量通常小于10%，绝大部分农田土壤的有机质含量小于5%，但是土壤有机质在供给植物养分，协调土壤水、气、热关系，维持土壤生物数量和活性等方面发挥着极其重要的作用。土壤有机质的数量和组成在相当程度上反映了土壤的活力。

一、土壤有机质的定义

土壤有机质存在广义和狭义定义。广义上，土壤有机质是指以各种形态存在于土壤中的所有有机物质，包括土壤中各种动植物残体、微生物体及其分解和合成的各种有机物质。狭义上，土壤有机质是指有机残体经微生物作用形成的一类特殊的、复杂的、性质比较稳定的高分子有机化合物，即土壤腐殖质。

二、土壤有机质的来源及组成

（一）土壤有机质的来源

土壤有机质来源于生命有机体，在岩石发育成土壤的过程中，微生物是土壤中最早出现的生命体，是土壤有机质的最早来源。随着生物的进化及成土过程的发展，动植物残体及植物根系分泌物成为土壤有机质的基本来源，其中植物残体是土壤有机质的主体来源。我国不同自然植被下进入土壤的植物残体数量差异很大，这必然影响土壤有机质的含量。自然土壤一旦被人为开垦利用，作物残茬、有机肥及其他外源有机物输入也将成为土壤有机质的重要来源。

（二）土壤有机质的组成

按照在土壤中存在的形态，土壤有机质可分成三种类型（图2-4）：

（1）未分解的有机物质，指那些刚进入土壤不久，仅受到机械破碎、没有受到微生物分解而仍然保持原来生物体解剖学特征的动植物残体。

（2）半分解的有机物质，指或多或少受到微生物分解，原形态结构遭到破坏，已失去解剖学特征的有机质。

未分解和半分解的有机物质多以分散的碎屑状存在，与矿物颗粒机械混合，稳定性差，比较活跃，通常占土壤有机质总量的10%以下。

（3）腐殖质，是土壤有机质的主体，一般占90%以上，由非腐殖物质（普通有机化合物）和腐殖物质（特殊有机化合物）组成。

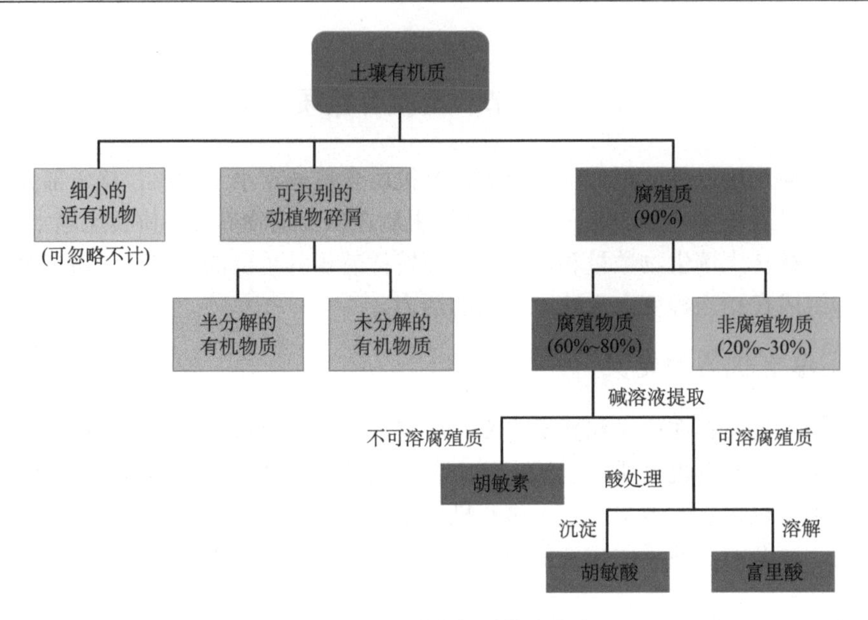

图 2-4　土壤有机质的分类

非腐殖物质为有特定物理化学性质、结构已知的有机化合物，来源于经微生物改造的植物有机物或微生物新合成的有机物，主要包括多糖、氨基糖、蛋白质和氨基酸、脂肪、腊质、木质素、核酸等。非腐殖物质可存在于土壤溶液中或与黏土矿物结合，占土壤有机质的 20%～30%，性质比较活跃，易被微生物利用，存在时间短，对于土壤结构维持及养分供应十分重要。

腐殖物质是经微生物作用后，新形成的黄色或黑色的一大类结构未知的高分子有机聚合物，是土壤有机质组成的主体，也是土壤有机质中最难分解的组分，一般与黏土矿物紧密结合，占土壤有机质的 60%～80%。根据在酸、碱溶液中溶解性的差异，腐殖物质可分为富里酸、胡敏酸和胡敏素。富里酸可溶解于碱溶液和酸溶液，分子量较小，呈黄色至棕红色；胡敏酸溶解于碱溶液，但不溶于酸溶液，具有较大的分子量，呈暗棕色至黑色；胡敏素在酸碱溶液中均难以溶解，呈现高度聚合状态，且通常与土壤黏粒结合存在。

三、土壤有机质的形成与累积

生物残体是土壤有机质形成的主要来源，在微生物的作用下，经由复杂的腐解过程转化为土壤有机质并得以保留。腐殖化作用是这一系列复杂过程的总称。由于土壤有机质的形成和累积等过程非常复杂，涉及众多的生物和非生物过程，并且在不同土壤类型和环境条件下存在很大的差异，所以对于其形成机制存在不同的观点。

传统的腐殖质形成理论认为，动植物残体经由三个阶段形成腐殖质：第一阶段是动植物残体分解为简单的有机化合物，形成腐殖质的基本结构单元；第二阶段是微生物加工分解产物，形成微生物体和代谢产物；第三阶段是代谢产物和分解产生的基本结构单元，如酚、醌、木质素等有机物质，通过聚合形成高分子多聚物，即腐殖质。腐殖质理论的核心是生物源有机物的腐殖化过程，即新鲜有机质矿化—残余物二次合成—聚合与缩合—腐殖质形成。

经典土壤学主要强调有机物质的化学结构，认为土壤有机质的分解和累积过程受控于自身的性质和分解程度，即越难分解的物质越容易累积。通常认为，在有机物质分解过程中，可溶性的简单糖类等率先被微生物分解，随后纤维素和半纤维素分解，而木质素等组分一般被保留下来，成为土壤有机质的稳定组分。随着科学研究的深入发展，人们发现以往认为的惰性有机物质的难分解性可能被高估了。基于有机物单体分析技术的研究发现，木质素（传统认为的高度芳香化的复杂有机物质）甚至比有机物整体的分解更快（Schmidt et al., 2011）。事实上，在活性底物供应充足的情况下，有机物质分解前期，木质素即可通过微生物的“共代谢”机制降解（图 2-5）。

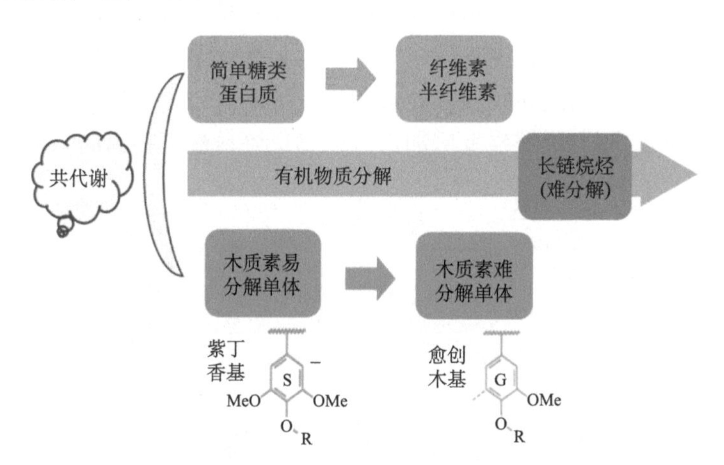

图 2-5　木质素分解的“共代谢”机制模型（Chen et al., 2019）

现代土壤学观点则综合考虑各种因素，认为除了有机物质本身以外，土壤有机质的形成和稳定还受植物凋落物和根系分泌物输入、团聚体的物理保护、矿物吸附、微生物分解活性等因素的影响（图 2-6）。另外，冻融过程、干湿交替过程等也会改变土壤有机碳的分解。因此，土壤有机质结构对其转化过程的影响取决于环境因素和生物因素，可以说土壤有机质的累积和固持是生态系统功能的综合体现（Schmidt et al., 2011）。

图 2-6　土壤有机碳形成和稳定的机制（Schmidt et al., 2011）

综合考虑关于土壤有机质转化的不同模型和学说，Lehmann 和 Kleber（2015）提出了土壤有机质连续体理论框架（图 2-7），认为土壤中的有机物质是有机组分的连续体，大的动植物残体物质被分解者逐级降解成为分子量更小、极性和溶解性更大的化合物；随着降解程度增加，有机物更容易被矿物表面吸附和团聚体包

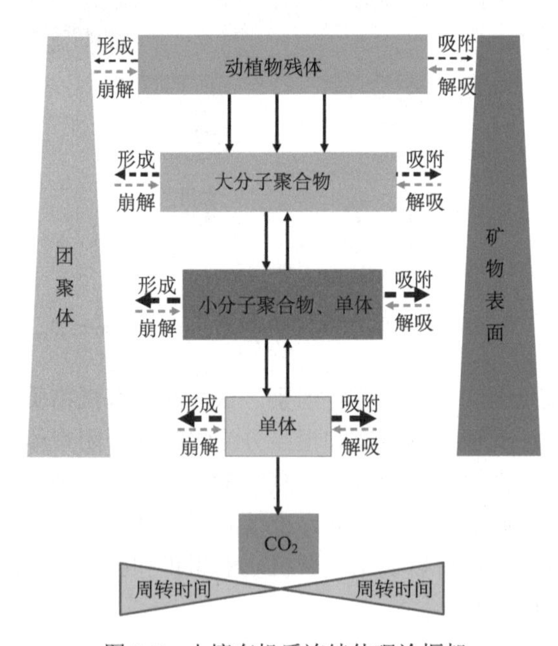

图 2-7　土壤有机质连续体理论框架

被，从而难以被微生物利用。同时，分解者微生物自身的细胞残体物质也可能被矿物吸附，并成为土壤有机质的一部分，被矿物吸附或者团聚体阻隔的有机物质也可能被解吸或者随着团聚体破碎重新释放出来。因此土壤有机质是一系列处于不同分解阶段并被矿物吸附或团聚体阻隔的有机分子集合体。

四、土壤腐殖酸的性质

（一）土壤腐殖酸的存在状态

土壤中腐殖酸极少单独存在，一般情况下它们会与土壤中的黏粒形成有机-无机复合体，结合力主要有氢键、阳离子键桥（钙键结合、铁铝键结合）、静电引力、范德瓦耳斯力等，作用力较强，这也是土壤腐殖酸较为稳定的原因之一。

（二）腐殖酸的物理性质

1. 颜色

腐殖酸整体呈黑色，这也是土壤有机质含量越高，土壤颜色越黑的主要原因。其中，富里酸颜色较淡，呈黄色至棕红色；而胡敏酸颜色较深，呈暗棕色至黑色。

2. 分子量

腐殖酸的分子量从几百到几万道尔顿①，其中胡敏酸分子量大于富里酸，它们的平均分子量分别为 890～2550 Da、675～1450 Da；电子显微镜下腐殖酸呈短棒状，胡敏酸的直径为 0.001～1 μm，富里酸的直径较小。

3. 表面积

腐殖酸的整体结构并不紧密，具有较大的表面积，可高达 2000 m^2/g，高于黏土矿物。

4. 吸水性

腐殖酸具有强大的吸水能力，吸水量可达到本身重量的 500%。

（三）腐殖酸的化学性质

腐殖酸的分子结构复杂，至今尚未完全清楚。一般认为腐殖酸分子包括芳香族化合物的核、含氮有机化合物和碳水化合物三个部分，主要元素为碳、氢、氧、氮、硫等，C/N 为 10∶1～12∶1，平均含碳量为 58%。腐殖酸分子含有大量的含

---

① 道尔顿为原子质量单位，非法定，1 Da=1.66054×10^{-27} kg。

氧官能团，其中富里酸中羧基的含量明显比胡敏酸多且更易解离，所以富里酸的酸度高于胡敏酸。同时由于腐殖酸羧基、酚羟基的解离及胺基的质子化，腐殖酸具有两性胶体的特征，具备可变电荷，但通常情况下带负电荷。由于具有大量可解离的官能团，腐殖酸活性强，离子交换量远高于黏土矿物，对金属离子和铁铝氧化物的络合作用强烈，对土壤酸度也有较大的缓冲性。

（四）腐殖酸的稳定性

不同于土壤中动植物残体的有机组分，腐殖酸的稳定性很高。如在温带条件下，一般植物残体的半分解周期少于 3 个月，而富里酸的平均停留时间为 200～630 年，胡敏酸的平均停留时间为 780～3000 年。

五、土壤有机质的作用

（一）有机质在土壤肥力上的作用

1. 提供植物需要的养分和生理活性物质

通过微生物的分解作用，有机质中的养分被释放出来。这些养分既有大量元素，又有中微量元素，种类全面，而且养分元素间的比例也比较均衡。此外，在有机质分解过程中，可以产生一些生理活性物质（如维生素、生长素等），能直接调控植物的生理代谢。但是，在土壤通气不良的条件下，有机质在分解过程中也可能产生一些对植物有毒害作用的物质（如乙酸、丙酸等）。

2. 改善土壤物理性质

有机质在周转过程中，可通过菌丝、多糖和腐殖质促进土壤团聚体的形成，改善砂土的离散状态或黏土的板结形态，使土壤的蓄水性、通气性及植物的生长空间得到改善。同时，腐殖质强大的吸水性能可提升土壤的持水性；深色的土壤腐殖质还能促进土壤升温。

3. 改善土壤化学性质

土壤腐殖质表面积大、电荷多且带有许多活性官能团，因此能显著改善土壤的化学性质。主要表现为：①土壤有机质能通过离子吸附等过程增强土壤的保肥性，其对阳离子养分保持的能力是黏土矿物的 20～30 倍；②有机质一方面可提高土壤对酸碱度变化的缓冲性，另一方面也可通过络合作用增强某些养分的有效性或降低某些有毒元素的危害。

（二）土壤有机质在生态环境中的作用

1. 土壤有机质对全球碳平衡的影响

全球 0～1 m 深度土体储存的土壤有机质总碳量为 1400～1500 Pg（1 Pg=10^{15} g），是陆地生物碳库的 2～4 倍和大气碳库的 2 倍左右，因此土壤有机碳库的微小变化就可能使大气 CO_2 浓度发生很大的变化。

2. 有机质对重金属离子的影响

腐殖质是两性胶体，具有许多活性官能团，一方面可对重金属离子产生吸附或螯合作用，使重金属转化为更稳定的形态，降低其有效性；另一方面有机质也可作为还原剂，使某些重金属离子还原而降低毒性（如 Cr^{6+}变为 Cr^{3+}，或 Hg^{2+}变为 Hg）。

3. 有机质对农药等有机污染物的影响

有机质可通过吸附作用固定有机污染物，改变污染物的活性或结构，从而降低毒性，或提高污染物溶解性而迁移出土体，或因促进土壤微生物活性而加速污染物的生物降解。

（三）土壤有机质是土壤生物的碳源和能源

凡是能为生物提供生长繁殖所需碳元素的营养物质都叫作碳源。土壤有机质是土壤中各种生物生命活动所需碳源和能源的主要来源。富含有机质的土壤能够持久稳定地向微生物提供碳源和能源，土壤微生物的数量和活性随有机质含量的增加而增加。一些土壤动物（如蚯蚓等）也以有机质为食物和能量来源。丰富的有机质有利于土壤中形成庞大的食物网，构成健康的生态系统。这个庞大的生态系统是土壤活力的来源，对于从养分转化到病虫害控制等方面，都起着极为重要的作用。

第三节　土壤物理性质

土壤物理性质主要包括土壤的颗粒组成、质地、孔隙、结构、水分、空气状况、热量和颜色等方面。其中，土壤水、空气状况和热量是土壤肥力的直接构成要素，其他物理性质也可通过影响矿质养分的形态、转化过程等对土壤肥力产生间接的影响。同时，土壤物理性质还与土壤固碳、温室气体排放、生物多样性保持、污染物净化等功能密切相关。除受成土因素和成土过程影响外，人类活动也能使土壤物理性质发生深刻的变化。掌握土壤物理性质的基本理论及调控方法，对于提升土壤生产力、改善土壤健康状况、实现土壤资源可持续利用等具有十分重要的意义。本节主要介绍土壤的颗粒组成与质地、孔隙性质与结构、水分、通气性、热量和颜色等主要的物理性质。

一、土壤颗粒与质地

（一）土壤颗粒

1. 土壤颗粒的概念

土壤颗粒指的是或大或小的矿物质单个颗粒，也就是单粒。不同的矿物质单粒可以相互黏结成黏团、复粒、微团聚体、大团聚体等聚合体。但土壤颗粒是指土壤单粒，在分析土壤颗粒的粗细时，首先要分散黏结在一起的土壤单粒聚合体。

2. 土壤颗粒的分级（粒级）

1）当量粒级与理想土壤

任何一种土壤中都会含有不同类型的土壤颗粒，它们不仅大小不同，形状也多不规则。为了研究或理解的方便，土壤学中采用土粒的当量粒径表示颗粒的大小。当量粒径是指与土壤颗粒等体积的光滑实心圆球的直径。由假想的实心圆球组成的土壤称为理想土壤。

2）粒级制

土粒的大小级别称为粒级。如何把土粒按大小分级，至今尚未有统一的标准。目前，应用比较广泛的粒级制主要有四种：国际制、美国农业部制、苏联卡庆斯基制、中国制（图 2-8）。它们的具体分级标准明显不同，但也有些共同的规律：①都分为砾石、砂粒、粉粒、黏粒四个基本粒级；②黏粒的上限多为 0.002 mm，粉粒的上限多为 0.05 mm；③同一粒级的土粒，成分与性质基本一致，但粒级间则差异明显。

3）各粒级的基本特性

通常随着土壤粒级变细，土粒中的石英等原生矿物逐渐减少，而次生黏土矿物逐渐增多；从化学组成看，氧化硅的含量也随之降低，氧化铁、铝增多；颗粒间贴合得更加紧密，通气透水性减弱，保水保肥能力、黏结性及可塑性增强。

（二）土壤的颗粒组成及质地分类

1. 土壤颗粒组成和质地的概念

各粒级土粒所占土壤总质量的百分数称为土壤颗粒组成，也称为土壤机械组成。根据土壤颗粒组成人为划分的土壤物理性状类别称为土壤质地。颗粒组成较

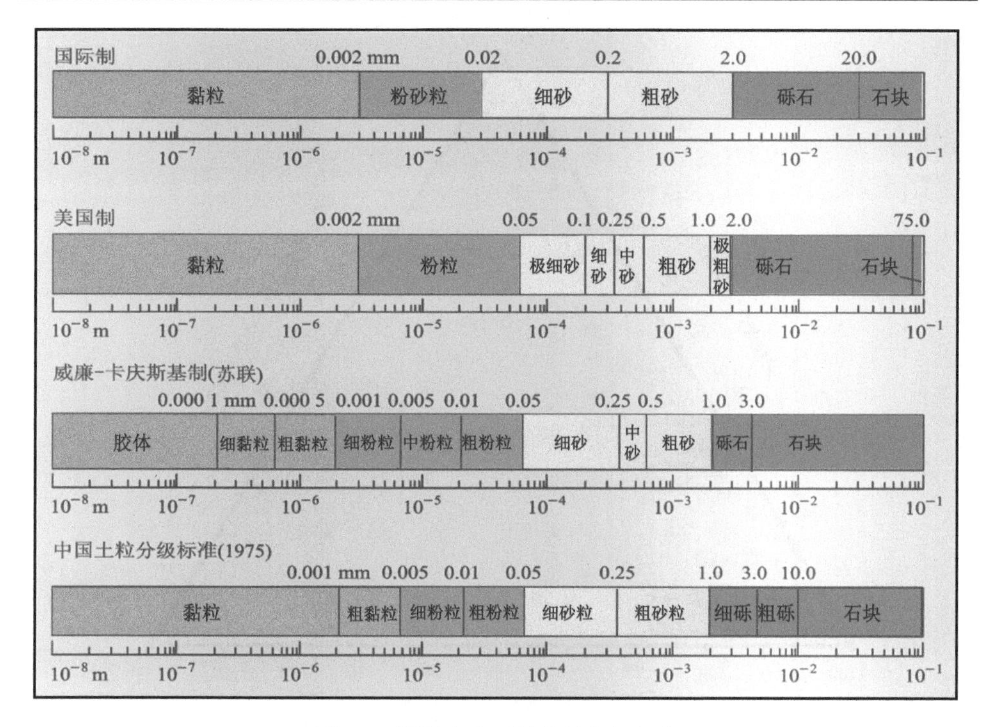

图 2-8　国际上主要的土粒分级标准

为相似的土壤归为同一质地。土壤质地是土壤的一种较为稳定的自然属性，自然状态下短时间内不会发生改变，是区分土壤种类的依据之一，也是土壤改良、施肥和田间管理时必须考虑的基本属性。

2. 土壤质地分类标准

与土壤颗粒的划分标准一样，世界上还没有统一的土壤质地分类标准，目前应用广泛的为国际制（图 2-9）、美国农业部制、苏联卡庆斯基制和中国制。无论哪种标准，准确测定土壤的颗粒组成是确定土壤质地的前提条件。基于颗粒组成，可把土壤归结为砂土、壤土、黏土三种最基本的土壤质地。

（三）土壤质地与土壤质量的关系及其改良途径

1. 土壤质地与土壤质量的关系

土壤质地是判别土壤质量的标准之一。砂土总体上养分少，保水保肥能力差，但土温变化快，早春易升温，透气性强，有毒有害物质少（表 2-2）。黏土的肥力特点与砂土完全相反，养分丰富，保水保肥能力强，但排水困难，透气不畅，土

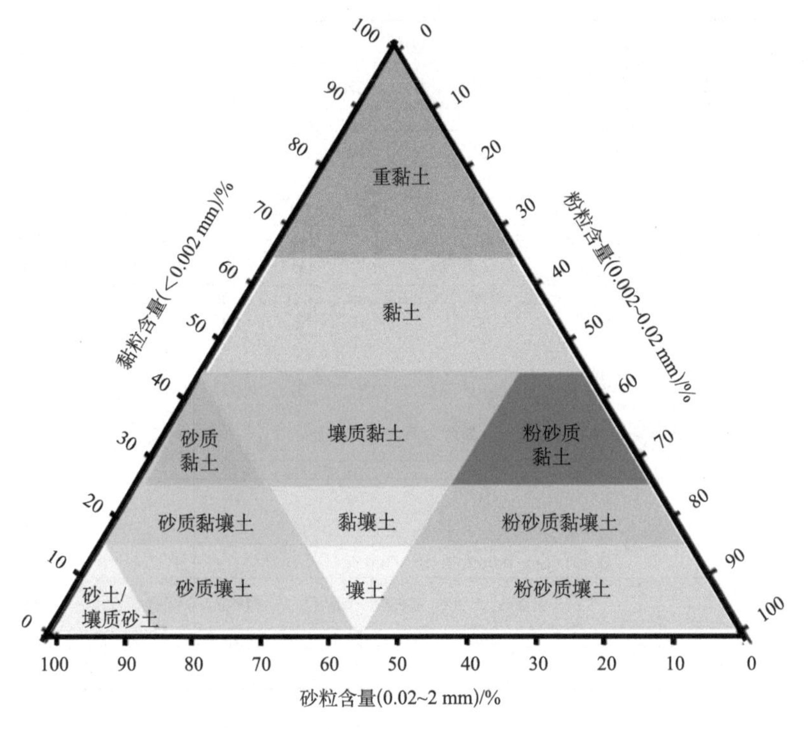

图 2-9　国际土壤质地分类三角图

温不易变化，有毒有害物质易于积累。壤土则兼有砂土和黏土的优点，是农业生产上不可多得的优良土壤类型。

表 2-2　土壤质地与土壤质量的关系

质地	通透性	保蓄性	养分含量	有害物质	土温调控性	耕性
砂土	好	差	少	少	变幅大	好
黏土	差	好	丰富，但转化慢	多	变幅小	差
壤土	好	好	充足，且转化速度快	少	水热协调性好	好

2. 我国土壤质地分布规律

对于地带性土壤而言，我国土壤从北到南、从西到东，土壤的质地逐渐变细；对于相对高差较大的山地，山下的土壤质地通常比山顶的土壤要黏重。当然，这只是一般规律，不是绝对的，因为土壤的质地不仅取决于气候条件，还与母质、地形、发育时间有很大的关系。

3. 土壤质地的改良

目前，我国存在大量过砂或过黏的耕地，需要合理利用与改良，主要的改良措施如下：

（1）客土法，即向过砂土壤中加入黏土，向过黏土壤中加入砂土。

（2）若土壤上下层质地差异很大，可通过深耕改土，调和土壤质地。

（3）增施有机肥料，改良土壤结构。

二、土壤孔隙性质与结构

（一）土壤孔性

土壤孔隙是容纳水分和空气的空间，也是植物根系伸展和土壤生物生活繁衍的场所。土壤孔隙有粗有细，作用各不相同，粗的可以通气，细的可以保水。土壤孔性主要体现在土壤总孔隙度、大小孔隙的分配及其在各土层中的分布情况三个方面。

1. 土壤孔隙度和孔隙比

土壤孔隙度和孔隙比是衡量土壤孔隙总数量和大小的常用指标。孔隙度是一定体积土壤中孔隙体积占整个土壤体积的比例，而孔隙比是土壤中孔隙容积与土粒容积的比值。一般而言，砂土的孔隙度为30%～45%，壤土为40%～50%，黏土为45%～60%。可以通过土壤密度和土壤容重计算得到孔隙度：

孔隙度（%）=[1–（土壤容重/土壤密度）]×100%

土壤密度是指单位容积的固体土粒（不包括粒间孔隙）的干重。一般地，土壤密度可看作是一个常数（2.65 g/cm^3）。土壤容重是指田间自然状态下单位容积土体（包括土壤孔隙）的干重。与土壤密度不同，土壤容重不是一个常数，而是随土壤利用、管理、土层深度等因素而变化的。

2. 土壤大小孔隙的分配与分布

土壤孔隙度反映的是土壤中所有孔隙的总量，但是大小孔隙的分配、分布和连通情况对土壤功能的影响更大。相同孔隙度的土壤因大小孔隙的分配不同，在保水和通气等方面可能相差很大。根据当量孔径（与一定的土壤水吸力相当的均匀圆孔的直径）的大小和功能，可将土壤孔隙分为通气孔隙（或非毛管孔隙）、毛管孔隙和非活性孔隙三大类（表2-3）。土壤总孔隙度的变化主要由通气孔隙的变化所引起。当土壤容重在1.5 g/cm^3 以上时，土壤通气孔隙接近消失，非常不利于透水通气。一般适宜植物根系生长的土壤孔隙度为50%～55%，其中非活性孔隙应尽量少，而通气孔隙在10%以上。

表 2-3　不同土壤孔隙的特点和主要功能

孔隙类型	当量孔径/mm	土壤水吸力	土壤水类型	主要功能
通气孔隙	>0.02	<150 mbar	重力水	透水、通气，细根、原生动物和真菌可进入
毛管孔隙	0.02～0.002	150 mbar～1.5 bar	毛管水	储水，植物根毛和一些细菌可进入
非活性孔隙	<0.002	>1.5 bar	吸湿水	水无法移动，生物也难以进入

注：巴为压强/压力单位，非法定，1 bar=10^5 Pa，1 mbar=0.001 bar。

3. 影响土壤孔性的因素

土壤孔隙度和大小孔隙的分配决定于土粒的粗细、土粒排列和团聚的形式，所以影响土壤孔性的因素主要有土壤质地、土粒排列和团聚方式、有机质含量等。

1）土壤质地

黏土的孔隙度大，但孔径比较均一，以毛管孔隙和非活性孔隙为主；砂土的孔隙度小，孔径也很均一，但以通气孔隙居多；壤土的孔隙度适中，孔径分配较为适当，既有一定数量的通气孔隙，也有较多的毛管孔隙，水和气的关系比较协调。

2）土粒排列方式

土壤孔隙实际上是土壤颗粒之间的缝隙，所以颗粒间排列方式必然影响土壤孔性。理想土壤颗粒为大小相同的球体，其排列有最松排列和最紧排列，其孔隙度差异非常明显（图 2-10）。

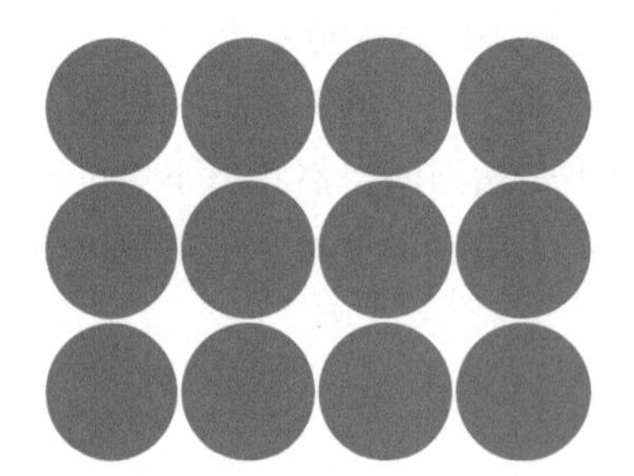
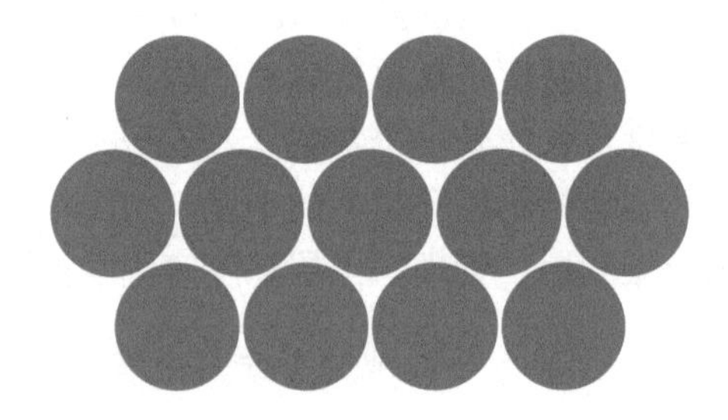

图 2-10　理想的土壤颗粒最松（左）和最紧（右）排列方式

3）团聚方式

土壤颗粒的多级团聚可逐步提高土壤的孔隙度。所以，团粒结构的土壤孔性明显优于其他不良结构和无结构土壤。

4）有机质含量

土壤有机质本身疏松多孔，同时还能促进土壤多级团聚，所以有机质含量较高的土壤孔性较好，且大小孔隙搭配比较合理。

（二）土壤结构性

1. 土壤结构的概念

土壤结构就是土粒的排列和组合形式。它包含两重含义：土壤结构体和土壤结构性。土壤结构体是指土粒互相排列和团聚成为一定形状和大小的土块、土片或土团。各类土壤结构体具有不同程度的水稳定性、力稳定性和生物稳定性。土壤结构性是指由土壤结构体的种类、数量及结构体内外的孔隙状况所产生的综合性质。良好的土壤结构性，其实质是具有良好的孔性，即土壤总孔隙度大，且大小孔隙的分配合理，从而有利于调节土壤水、肥、气、热状况和植物根系活动。通常所说的土壤结构多指土壤结构性。

通常按照大小和形状可将土壤结构体分为块状和核状结构体、柱状和棱柱状结构体、片状结构体和团粒结构体4类。团粒结构体是指土粒胶结成0.25～10 mm、近似圆球形的土壤结构体。这种结构多出现于有机质含量高的表土中，具有良好的物理性质，是高质量土壤的结构形态。

2. 土壤团粒结构的形成

土壤结构体的形成可分为两个阶段：①黏结团聚过程，即单个土粒在胶结物的作用下胶结成团；②切割造型过程，即当土粒胶结成团后，可在根系和土壤动物、干湿交替和冻融交替、人为耕作等外力作用下分解破碎，形成各种结构体。

团粒结构的胶结物包括无机胶结物和腐殖质、蛋白质、多糖、微生物活动产生的分泌物及真菌菌丝等有机胶结物。团粒结构是经多级复合、团聚而形成的，可概括为单粒—复粒（初级微团聚体）—微团粒（二级、三级微团聚体）—团粒（大团聚体），每一级复合和团聚产生相应大小的一级孔隙，因此团粒内部有从小到大的变化及由此产生的多级孔隙，孔性和稳定性变得更好。

三、土壤水分特征

（一）土壤水的类型

土壤中的水分可根据受力的不同划分为吸湿水、膜状水、毛管水和重力水（图2-11）。

1. 吸湿水

土粒表面通过分子引力、氢键和静电引力吸附的气态水称为吸湿水。它们在土粒表面定向排列成单分子层或多分子层，密度远大于1 g/cm^3，无溶解能力，不能移动。吸湿水达到最大量时的土壤含水量称为吸湿系数。

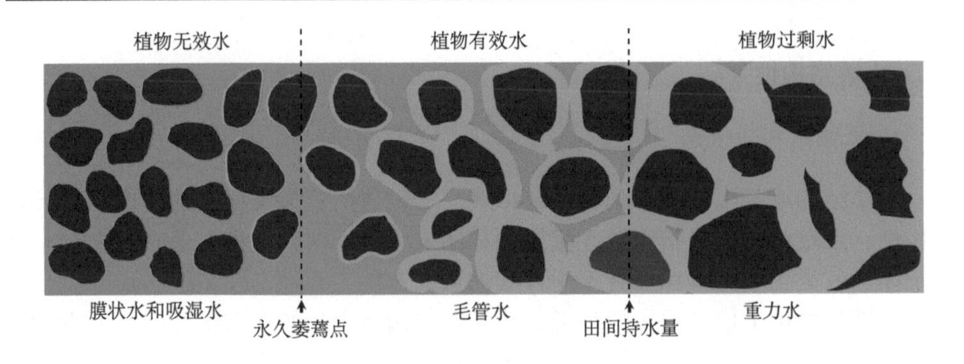

图 2-11 土壤水分有效性示意图

2. 膜状水

当吸湿水达到最大量后，土粒还有剩余的引力吸附液态水分子，在吸湿水的外围形成一层水膜，称为膜状水。膜状水可从膜厚的地方向薄的地方移动，但是移动比较缓慢，植物只能利用其中的一部分。在土壤中的膜状水全部消耗之前植物会出现凋萎，通常将植物无法从土壤中吸收水分而呈现永久萎蔫时的土壤含水量称为凋萎系数。

3. 毛管水

毛管水是指借助于毛管弯月面力保持在土壤孔隙中的液态水，具有一般自由水的理化性质，可以在土壤毛管中上下左右移动，也具有溶解养分的能力，可以被植物吸收利用。根据土层中毛管水与地下水有无连接，通常可将毛管水分为毛管上升水（毛管支持水）和毛管悬着水。毛管上升水是指地下水沿毛管孔隙上升，被毛管力保持在土壤中的、与地下水直接联系的水分。毛管悬着水是指降水或灌溉水进入土壤后，由于毛管力的作用保持在土壤中的、与地下水无直接联系的水分。通常将毛管悬着水达到最大时的土壤含水量称为田间持水量。农业生产上常将田间持水量作为确定灌溉量的标准。

4. 重力水

重力水是指土壤水分含量超过田间持水量后，过量的水分不能被毛管吸持，在重力作用下沿着大孔隙向下渗漏的多余水分。通常将全部土壤孔隙充满水时的含水量称为饱和含水量或最大含水量。

5. 土壤水的有效性

一般情况下，把田间持水量作为有效水的上限，而把永久萎蔫点（凋萎系数）作为下限。重力水为过剩水，是有害的；永久萎蔫点以下为无效水；田间持水量与永久萎蔫点间的毛管水为有效水（图 2-11）。

6. 土壤含水量的表征指标

1）质量含水量

质量含水量为土壤中水分质量占烘干土重的百分数。质量含水量（%）=水分质量/干土重×100%。

2）容积含水量

容积含水量为土壤水分容积占土壤总容积的百分数。容积含水量（%）=质量含水量×土壤容重。

3）相对含水量

相对含水量指土壤含水量占某一标准（田间持水量或饱和含水量）的百分数。通常以田间持水量作为标准。

（二）土壤水吸力及水分特征曲线

1. 土壤水吸力

土壤水吸力是指土壤水在承受一定吸力下所处的能态，简称吸力。土壤水吸力与含水量成反比，土壤含水量越低，土壤水吸力越大，能量越低；随着含水量的增加，土壤水吸力变小，能量升高。所以土壤中的水总是从吸力小的地方向吸力大的地方运动。土壤水的含量和能态存在相关关系，但这种相关关系目前还不能通过函数关系式来表达，只能通过实验测得的相关曲线来体现。

2. 土壤水分特征曲线

土壤水分特征曲线指土壤水的基质势或土壤水吸力随土壤含水量变化的关系曲线（图 2-12）。该曲线因土壤质地的不同而不同，一般而言，土壤质地越黏，同一吸力条件下土壤含水量越高，或同一含水量下其吸力值越大。由于黏质土壤的孔径分布比较均匀，随着吸力的提高其含水量缓慢减少，所以水分特征曲线比砂质土陡直；而砂质土以粗孔隙为主，当吸力增加到一定值后，大孔隙中的水首先排空，土壤中仅持有少量的水分，故其水分特征曲线呈现出一定吸力以下较为平缓，而吸力较大时陡直的特点。

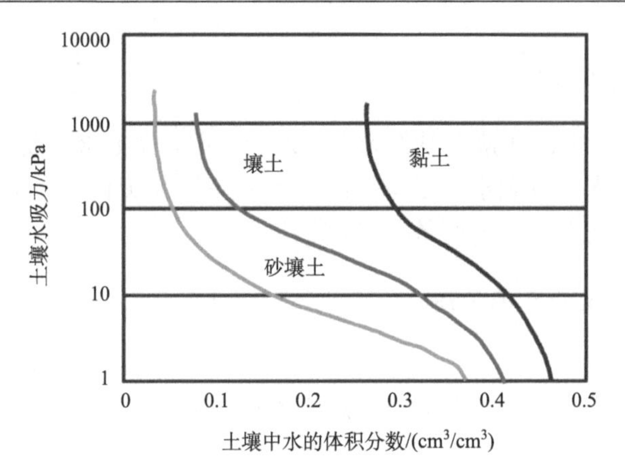

图 2-12　不同土壤的水分特征曲线

（三）土壤水分运移过程

土壤水分运移过程包括入渗过程、再分布、土面蒸发、蒸腾过程等（图 2-13）。

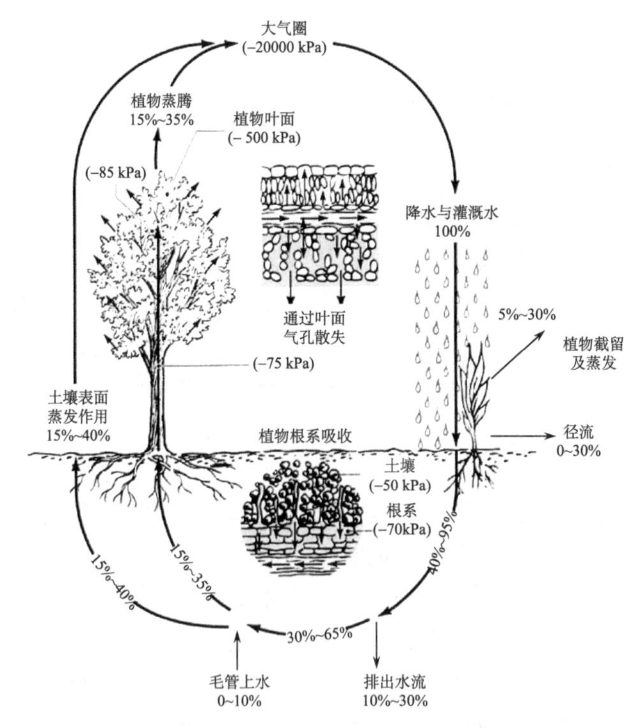

图 2-13　土壤-植物-大气连续体系统中水分运移过程模式图（Weil and Brady, 2016）

1. 入渗过程和再分布

土壤水分入渗是指地面供水（降水或灌溉）期间，水分自土表垂直向下渗入土壤的运动过程。土壤水分入渗情况决定着地表水进入土壤的数量。土壤水分再分布是指土壤水分入渗结束后，进入土壤内部的水分在水势梯度作用下不停地由湿土层向较干土层运动的过程。

2. 土面蒸发

土面蒸发是指土壤内部水分经过土表以水汽扩散的方式进入大气的过程。土面蒸发不仅关系到土壤水分的损失，而且在地下水较浅且盐分含量高的地区还能导致盐渍化。当入渗过程完毕后，土壤水的蒸发和水的再分布是同时进行的，土面蒸发造成水分损失，而水的再分布则有利于水的保持。

3. 蒸腾过程

植物从土壤中吸水主要是被动吸水。由于植物叶片的蒸腾作用，在土壤-根系-茎-叶片-大气之间产生水势梯度，驱使土壤内的水分不断向植物根系运动，经根-茎向地上部输送，最终经叶-气孔进入大气。

四、土壤通气性

（一）土壤通气性及其指标

1. 土壤通气性

土壤通气性是指土壤中的空气与大气中的空气相互交换的能力。它能影响土壤中的生物（包括根系）活动，以及土壤中氧化还原状态、物质循环等土壤性质和功能。

土壤空气的运动方式主要是对流与扩散。对流是指土壤与大气间由总压力梯度推动的气体整体流动，也称为质流。扩散是指土壤空气中由于气体的浓度差引起的分子扩散运动，它是土壤空气和大气交换的主要机制，可用菲克定律描述。

2. 土壤通气性指标

1）通气孔隙度

一般将通气孔隙度不低于土壤总容积的10%，或者通气孔隙占总孔隙的1/5～2/5，且分布比较均匀，作为土壤通气性良好的标志。

2）氧扩散率

氧扩散率指氧气被呼吸消耗或被水排出后重新恢复的速率，以单位时间内扩散通过单位面积土层的氧气量表示，是反映土壤通气性的直接指标，一般要求在 30 mg/(cm^2 · min) 以上。

3）氧化还原电位

土壤氧化还原电位很大程度上取决于通气状况。通气良好的土壤，Eh 可达 600～700 mV；通气不良的土壤，可低至 200 mV，一些长期淹水的土壤甚至可降至–200 mV。

（二）土壤通气性的影响因素

土壤通气性主要取决于土壤的孔隙性状和水分状况。土壤孔性主要取决于土壤结构，而土壤结构决定于土壤质地、有机质等。质地轻、富含有机质、团聚性能良好的土壤，通气性好，反之则差。因此，调节土壤空气的方法主要是改善土壤结构（特别是控制好土壤中大小孔隙的比例）及控制土壤水分含量，其中前者是基础。

五、土壤热量

（一）土壤热量平衡及土壤热性质

土壤温度影响微生物的活性，进而影响有机质的转化和土壤团聚体的形成。土壤温度还影响物质溶解度，水、气或离子扩散，化学或生物化学反应速度等。土壤温度过高或过低也会对植物生长和养分吸收产生不利影响。土壤温度的高低取决于土壤热量平衡及土壤热性质。

1. 土壤热量收支平衡

土壤热量的来源有太阳能、生物能和地热（图 2-14）。一般情况下以太阳能为主。土壤散热的主要途径有地面长波辐射、土面蒸发、空气对流和土壤热传导。

2. 土壤热性质

土壤温度的变化幅度和速率取决于土壤热性质。土壤热性质包括土壤热容量和土壤导热率。

土壤热容量是指单位质量或容积的土壤温度每升高或降低 1℃所需要或放出的热量。土壤热容量越小，土壤越容易升温或降温。土壤热容量是土壤各组分的综合。影响土壤热容量的主要因素是土壤水分，含水量越高，热容量越大，土壤越不容易升温或降温；其次是土壤有机质和矿物质，而土壤空气的影响最小。

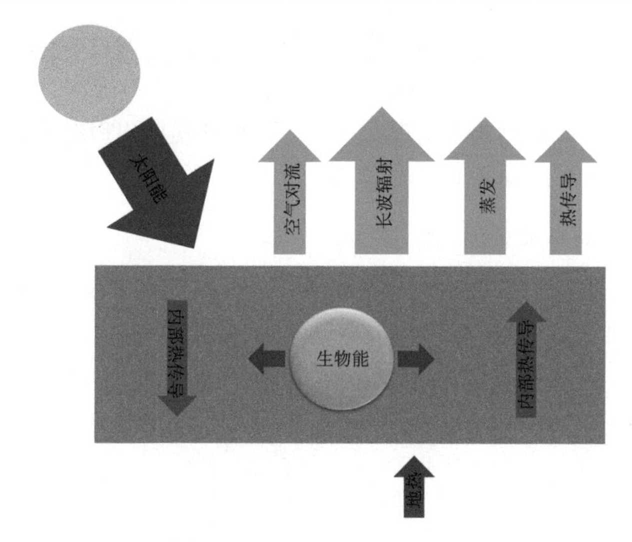

图 2-14　土壤热量收支示意图

土壤导热率是指单位厚度土层温度差为 1℃时，每秒钟通过单位断面的热量。土壤导热率高，表明土壤导热性能好，热量易于在上下土层间传播。各土壤组分的导热性能为：矿物质>有机质>水分>空气。土壤导热率主要受土壤孔隙的多少和含水量影响，含水量增加使土壤颗粒外围因形成水膜而彼此相连，容易传递热量。

（二）土壤温度变化规律

土壤温度是变化的，且有一定的规律，主要包括日变化和季节变化。

1. 土壤温度的日变化规律

土壤温度的日变化如图 2-15 所示。

（1）土壤温度呈正弦函数形式变化。

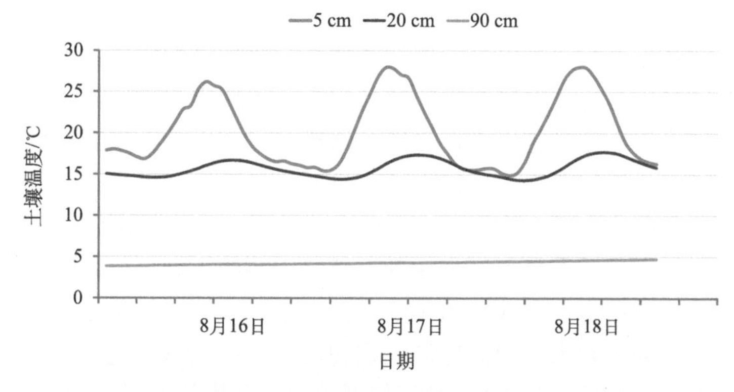

图 2-15　三江平原湿地不同深度土壤温度日变化图示（张金波供图）

（2）表层土壤温度日变化最明显，随深度增加，土温日变化逐渐减弱，至某一深度土壤温度不再表现出日变化，称为恒温层。

（3）土壤日最高温度通常出现在午后，而最低温度出现在凌晨，滞后于空气温度变化，且滞后程度随剖面深度增加而增加。

2. 土壤温度的季节变化规律

（1）土壤温度呈正弦函数形式变化，月均最高温度通常出现在夏季，而最低温度出现在冬季（图 2-16）。

（2）随深度增加，土层中月均最高温出现的时间后移，且温度季节变化幅度降低。

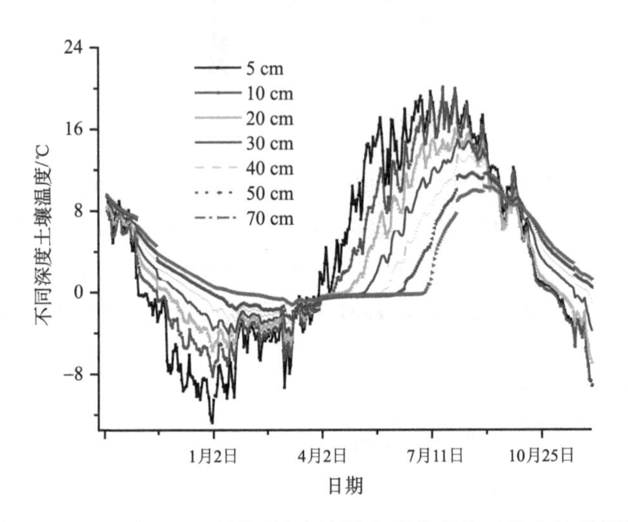

图 2-16　2002 年三江平原湿地土壤温度季节变化（张金波供图）

六、土壤颜色

颜色通常是土壤最明显、易于辨别的特性。虽然土壤颜色并不高度影响土壤功能和应用，但可为土壤性质的判断提供线索。土壤学家常通过色彩、亮度和色度三个要素对土壤颜色进行判别，以得到准确且可重复的土壤颜色描述。

影响土壤颜色的因素主要包括土壤有机质含量、铁锰氧化物等有色矿物含量及氧化还原状态和含水量。有机质丰富的土壤，颜色往往较暗，如东北的黑土。土壤有色矿物的组成及含量也对土壤颜色起着重要的影响，如我国南方地区的红色土壤主要是氧化铁富集所致。通常情况下，湿润土壤的颜色比含水量较低的土壤颜色更深。水分影响土壤中铁锰氧化物的氧化还原状态，进而影响土壤颜色，如水稻土在淹水时铁锰氧化物被还原，使剖面颜色呈蓝灰色。土壤含水量还可影响土壤有色矿物水化程度，使颜色发生变化，如赤铁矿（Fe_2O_3）随着水化程度的加深，逐渐转变为针铁矿（$Fe_2O_3 \cdot H_2O$）和褐铁矿（$2Fe_2O_3 \cdot 3H_2O$，$Fe_2O_3 \cdot 2H_2O$），颜色也从红色逐渐转变为浅红棕色、棕色、棕黄色和黄色。

第四节 土壤化学性质

土壤化学性质主要包括胶体特性、酸碱性、氧化还原特性、吸附性和缓冲性、沉淀溶解和络合解离反应等方面。不同化学性质之间具有紧密的联系，这些性质对土壤肥力、物质循环、自净能力和维持生物活性等诸多土壤功能具有重要影响。土壤化学性质与土壤物理和生物性质之间也有着密切的交互影响。本节对上述土壤化学性质进行简要介绍。

一、土壤胶体

（一）土壤胶体的类型及性质

1. 土壤胶体的概念与类型

土壤胶体是指直径小于 1 μm 的固体颗粒，其基本构造是胶核和双电层。双电层包括决定电位离子层和补偿离子层，后者由非活性补偿离子层和扩散层构成（图 2-17）。决定电位离子层指固定在胶核表面并决定胶体电荷性质的一层离子。土壤胶体的决定电位离子层一般带负电荷。

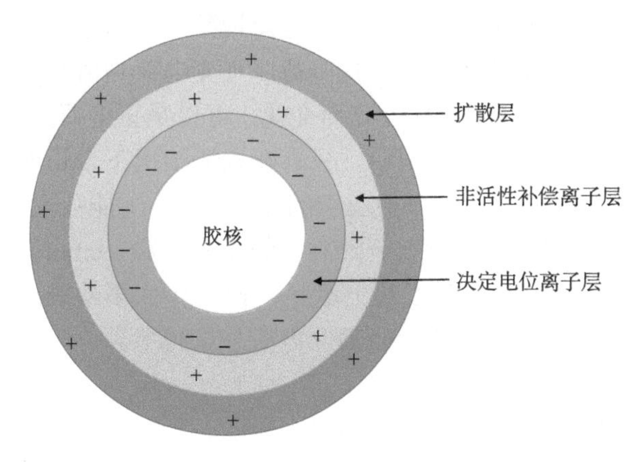

图 2-17 土壤胶体的基本构造

根据胶核的物质组成，土壤胶体可分为无机胶体（黏土矿物和水合氧化物是无机胶体的主体）和有机胶体（有机质、多糖等），其中有机胶体很少单独存在，大部分通过分子聚合、阳离子键桥和氢键组成有机-无机复合胶体。

2. 土壤胶体的性质

1）巨大的比表面

土壤胶体的表面可分为内表面和外表面，外表面上的离子吸附反应快。不同类型土壤胶体的比表面和表面类型存在差异（表 2-4）。土壤胶体巨大的比表面是土壤具有吸收性能的基础。

表 2-4　主要土壤胶体的性质

胶体种类	类型	大小/μm	比表面面积/（m^2/g）		层间距/nm	净电荷/（cmol/kg）
			外部	内部		
蒙脱石	2∶1 硅酸盐矿物	0.01～1.0	80～150	550～650	1.0～2.0	–150～–80
蛭石	2∶1 硅酸盐矿物	0.1～0.5	70～120	600～700	1.0～1.5	–200～–100
细云母	2∶1 硅酸盐矿物	0.2～2.0	70～175	—	1	–40～–10
绿泥石	2∶1 硅酸盐矿物	0.1～2.0	70～100	—	1.41	–40～–10
高岭石	1∶1 硅酸盐矿物	0.1～5.0	5～30	—	0.72	–15～–1
水铝石	铝氧化物	<0.1	80～200	—	0.48	–5～+10
针铁矿	铁氧化物	<0.1	100～300	—	0.42	–5～+20
腐殖质	有机质	0.1～1.0	100～1000	—	—	–500～–100

2）土壤胶体电荷

土壤胶体表面带有电荷。按照土壤胶体表面的电荷来源和变化特点，土壤胶体电荷可分为永久电荷和可变电荷。永久电荷指黏土矿物形成过程中内部晶格中发生同晶替代而产生的电荷，一般为负电荷。可变电荷是由胶体表面分子或原子团解离所产生的电荷，随介质 pH 变化而变化，可以是正电荷，也可以是负电荷，但一般土壤 pH 条件下大多带负电荷，只有在极酸情况下带正电荷。土壤中正电荷和负电荷的代数和为净电荷，一般土壤的净电荷为负，能吸附带正电荷的离子。

土壤电荷的数量用每千克物质吸附离子的厘摩尔数（cmol）来表示。影响因素主要有土壤质地、土壤胶体种类和土壤环境 pH。绝大多数的土壤电荷分布在黏粒和胶粒部分，所以通常土壤质地越黏，电荷总量越多。

（二）土壤对阳离子的吸附与交换

1. 交换性阳离子和阳离子交换作用

自然条件下土壤胶体一般带负电荷，可通过静电引力吸附多种阳离子，这些被吸附的离子可以被其他阳离子所交换，称为交换性阳离子，而这种交换反应称为阳离子交换作用（图 2-18）。阳离子的交换作用具有以下三个特点：

（1）阳离子交换是可逆反应。土壤溶液中的离子和土壤胶体吸附的离子存在平衡关系，离子可从溶液转移到胶体表面（吸附过程），或胶体表面吸附的离子转移到溶液（解吸过程）。

（2）阳离子交换遵循等价交换的原则。

（3）阳离子交换符合质量作用定律。

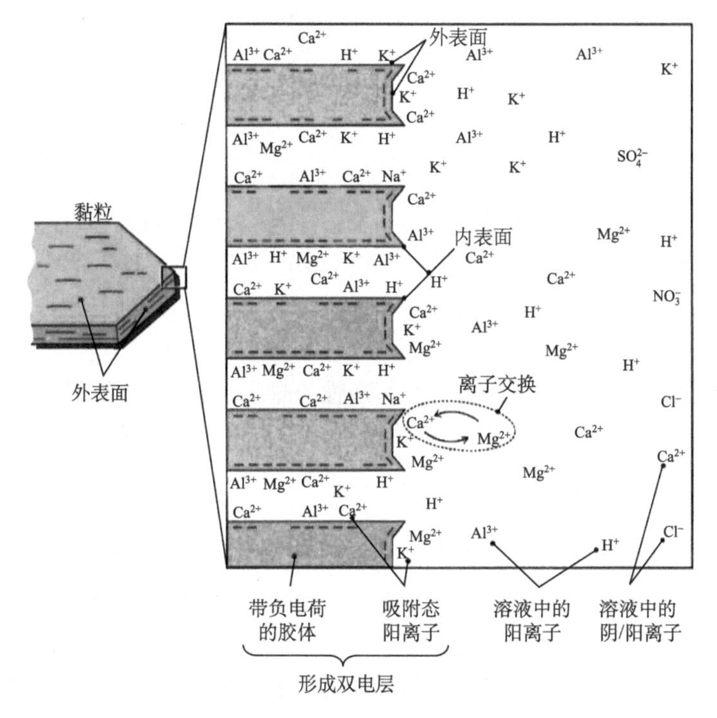

图 2-18　黏粒胶体表面离子和土壤溶液中离子的简化示意图（Weil and Brady, 2016）

2. 阳离子交换能力

阳离子交换能力是指一种阳离子将胶体上另一种阳离子交换出来的能力。阳离子与土壤胶体的吸附力越强，其交换能力越强，所以影响吸附力的因素都会影响阳离子交换能力，主要为阳离子的电荷价数、离子水化半径和离子浓度。一般高价阳离子的交换能力大于低价阳离子；同价阳离子的交换能力与其离子水化半径成反比。如果交换能力弱的离子浓度足够大，根据质量作用定律，也可以有较强的交换能力。土壤中常见的几种阳离子交换能力大小顺序为：Fe^{3+}、Al^{3+}>H^+>Ca^{2+}>Mg^{2+}>NH_4^+>K^+>Na^+。H^+虽然价数低，但它较丰富、水化程度低、水化半径小、运动速度快，所以交换能力强。

3. 阳离子交换量

阳离子交换量（CEC）是指在一定 pH 条件下，1 kg 干土所能吸附的全部交换性阳离子的厘摩尔数（cmol），其实质就是土壤胶体的电荷数量。影响 CEC 大小的因素主要有土壤质地、土壤胶体种类、有机质含量和土壤 pH。CEC 通常用来表示土壤的保肥能力，CEC>20 cmol/kg 为保肥能力强的土壤，10～20 cmol/kg 者为保肥能力中等的土壤，<10 cmol/kg 者为保肥能力弱的土壤。土壤有机质含量越高，CEC 越大。

4. 盐基饱和度

土壤胶体上吸附的阳离子可分为两类，一类是 H^+或 Al^{3+}，它们是可使土壤变酸的离子，称为致酸离子；另一类是 Ca^{2+}、Mg^{2+}、NH_4^+、K^+、Na^+等离子，称为盐基离子。盐基饱和度就是指盐基离子占全部交换性阳离子的百分数。如果土壤吸附的离子全是盐基离子，则称为盐基饱和土壤。一般来说，我国土壤可大致以北纬 35°为界，界线以南地区除少数石灰性土壤外，皆为盐基不饱和土壤；界线以北地区，大都盐基饱和度高，Ca^{2+}为交换性阳离子的主体成分，可达 80%以上。

5. 土壤对阳离子的专性吸附

专性吸附是指由非静电因素引起的土壤对离子的吸附，包括对阳离子的专性吸附和对阴离子的专性吸附。能够被土壤专性吸附的阳离子主要是过渡性金属离子，如大部分重金属离子。产生阳离子专性吸附的土壤胶体主要是铁、铝、锰的氧化物及其水合物，其表面的金属离子带有可解离羟基，可与过渡金属离子形成表面络合物。通过对重金属的专性吸附，能够净化进入土壤中的重金属，消除其毒性，但也给土壤带来潜在的风险。

影响阳离子专性吸附的主要因素有 pH 和土壤胶体类型。pH 升高有利于金属离子水解形成羟基金属离子，促进氧化物表面质子的释放，从而有利于专性吸附反应的进行。土壤中各类胶体的专性吸附能力大小为：氧化锰>有机质>氧化铁>埃洛石>伊利石>蒙脱石>高岭石；氧化物是产生专性吸附的主要物质，不同氧化物的专性吸附能力为：水锰矿>非晶形氧化铝>非晶形氧化铁。一般非结晶的氧化物要强于结晶态的氧化物。

（三）土壤对阴离子的吸持作用

土壤胶体通常带负电，能够更好地保持阳离子养分。但土壤中一些养分（如氮、磷、硫、硼、钼）多以阴离子形式存在，这些离子的吸附和保持比阳离子要复杂。

1. 阴离子的静电吸附

土壤胶体表面不同程度地带有正电荷，可以对阴离子产生静电吸附作用。土壤中的氧化铝、氧化铁是产生正电荷的主要物质，降低 pH 可增加土壤胶体正电荷数量。

2. 阴离子的负吸附

由于土壤总体带负电，所以对阴离子具有排斥作用。阴离子的负吸附指的是土粒表面的阴离子浓度低于土壤溶液中该离子浓度的现象。阴离子的价数越高，排斥作用越强，如 Cl^-、NO_3^-<SO_4^{2-}；土壤胶体带负电荷越多，排斥作用越强；土壤胶体与吸附的阳离子作用越弱，排斥作用越强，如 Na^+>K^+>Ca^{2+}。

3. 阴离子专性吸附

阴离子专性吸附是指土壤氧化物表面的羟基或水基作为配位体与阴离子进行交换，直接通过共价键或配位键结合在固体的表面。产生专性吸附的阴离子主要有 F^-及磷酸根、硫酸根、钼酸根、砷酸根等含氧酸根离子，阴离子专性吸附使土壤表面正电荷减少、体系 pH 提高。

4. 化学沉淀作用

化学沉淀作用是阴离子与土壤矿物质形成沉淀的过程。如磷酸根或钼酸根容易与铁、铝、钙离子形成沉淀。根据土壤对阴离子吸持的强烈程度，可将阴离子分为三类：

（1）被土壤强烈吸持的阴离子，包括磷酸根、硅酸根和有机酸根，它们可以通过化学沉淀和专性吸附而失去有效性。

（2）被土壤吸附很弱的阴离子，包括 Cl^-、NO_3^-，主要吸附方式是静电吸附甚至是负吸附。

（3）中间类型的阴离子，如硫酸根和碳酸根。

农业生产中应特别注意硝酸根和磷酸根的问题。硝酸根吸附力太弱，容易淋失进入水体，不仅造成浪费，也带来非常严重的水体富营养化问题。而磷酸根非常容易被吸附固定，不仅增加肥料成本负担，也容易带来磷面源污染的风险（主要通过土壤侵蚀以颗粒态迁移）。

二、土壤酸碱性

土壤酸碱性是指土壤溶液呈酸性、中性或碱性的相对程度，取决于土壤溶液中 H^+浓度或其与 OH^-浓度的比例。土壤胶体吸附交换性阳离子的种类和数量是决定土壤酸碱性的主要因素。土壤的酸碱性是土壤特性的重要指标之一，各种植物都有其适宜生长的土壤酸碱度范围，土壤微生物的活动也受土壤酸碱反应的调控。

（一）土壤酸碱性的成因及其衡量指标

1. 土壤酸性

1）土壤酸化过程

土壤酸化过程需要两个前提条件：①H^+的加入；②盐基离子的缺失。土壤中H^+的来源有水的解离、碳酸的解离（植物、微生物呼吸产生的 CO_2）、有机酸的解离、人类活动影响下的酸雨、生理酸性肥料的施入等。外源H^+进入土壤后，由于土壤胶体对H^+的吸附能力强于盐基离子，H^+将逐渐在土壤胶体表面累积，当土壤黏土矿物吸附的H^+超过一定浓度后，其晶体结构就会遭到破坏，释放出活性铝离子，其被吸附在黏粒表面而转变成交换性铝离子，交换性铝离子的出现标志着土壤酸性的形成。在高温多雨地区，矿物风化和成土过程强烈，水的解离产生的H^+取代岩石原生矿物中K^+、Na^+、Ca^{2+}、Mg^{2+}等盐基离子而促进土壤酸化。在第七章第三节将详细介绍土壤酸化过程。

2）土壤酸的类型

土壤酸可分为活性酸和潜性酸。活性酸是指与土壤固相处于平衡状态的土壤溶液中的H^+所表现出来的酸度。潜性酸是指被吸附在土壤胶体表面的交换性H^+和Al^{3+}所表现出来的酸度。土壤酸的主体是潜性酸，而交换性Al^{3+}是潜性酸的主体，占95%以上。潜性酸是活性酸的来源和后备，两者处于动态平衡之中。

3）土壤酸度指标

通常情况下，可用不同溶液来提取土壤活性酸和潜性酸，以表示土壤酸度。通常用一定比例的水来提取、测定活性酸度，它是土壤酸度的强度指标。按 pH 高低可分为：强酸性（<5.0）、酸性（5.0～6.5）、中性（6.5～7.5）、碱性（7.5～8.5）、强碱性（>8.5）。我国土壤 pH 多为 4.5～8.5，呈南酸北碱的地理分布规律。潜性酸用一定浓度的盐溶液提取后测定。按照所用盐溶液种类的不同，可分为交换性酸或水解性酸，是土壤酸度的数量指标。

2. 土壤碱性

1）土壤碱性的形成

土壤碱性主要来源于土壤中交换性钠等碱性物质水解所产生的OH^-及弱酸强碱盐类（如 Na_2CO_3 和 $NaHCO_3$）的水解。

2）土壤碱性指标

除 pH 外，土壤碱性指标还常用总碱度和碱化度来表示。总碱度是指土壤溶液中碳酸根和重碳酸根离子的总浓度。我国碱化土壤的总碱度占阴离子总量的50%以上，高的可达 90%。碱化度是指土壤胶体吸附的钠离子占阳离子交换量的百分率。通常土壤碱化度在 5%～10%为轻度碱化土壤，10%～15%为中度碱化土壤，>15%为强度碱化土壤。碱化层的碱化度>30%、表土层含盐量<0.5%和 pH>9.0 的土壤称为碱土。盐土胶体表面也有一定数量的交换性钠，但盐土溶液中可溶性盐浓度较高，阻止了交换性钠的水解，因而盐土的 pH 一般小于 8.5。在第七章第二节将详细介绍盐碱土的相关知识。

（二）土壤酸碱缓冲性

土壤缓和酸碱度变化的能力称为土壤的酸碱缓冲性。它能使土壤 pH 保持在一个较为稳定的范围内，对于植物根系的正常生长和微生物的生命活动具有重要意义。

1. 土壤具有酸碱缓冲性的机制

（1）土壤溶液中弱酸及其盐类的作用。

（2）土壤胶体的阳离子交换作用：盐基离子能缓冲酸，而致酸离子能缓冲碱。

（3）土壤中两性物质的缓冲作用：主要是土壤中的有机质，包括蛋白质、氨基酸、腐殖酸等，有些官能团能中和酸，而有些官能团能中和碱。此外，酸性土壤中的铝离子对碱也有明显的缓冲作用，但在 pH>5.0 以上时生成 $Al(OH)_3$ 沉淀而失去缓冲作用。

2. 影响土壤酸碱缓冲性的因素

影响土壤酸碱缓冲性的因素主要包括土壤质地、土壤胶体类型和有机质含量。质地越黏重，所含胶体越多，阳离子交换量越大，缓冲能力越强。不同胶体类型的阳离子交换量可影响其缓冲性，土壤中常见无机胶体的缓冲能力大小顺序为：蒙脱石>伊利石>高岭石>含水氧化物。土壤腐殖质含有大量负电荷，同时又是两性胶体，所以有机质含量高的土壤缓冲性能强。

三、土壤氧化还原反应

土壤中存在许多可变价态的元素，在土壤环境变化下，尤其是土壤水分的动态变化下，它们可在土壤微生物的作用下发生一系列复杂的氧化还原反应，从而深刻影响土壤中物质的迁移转化、土壤微生物活性、土壤肥力、土壤污染物形态和毒性等。

（一）土壤氧化还原体系及其指标

1. 土壤氧化还原体系

土壤中的氧化还原体系主要包括氧体系、锰体系、铁体系、氮体系、硫体系、氢体系和有机碳体系（表 2-5）。一般情况下，氧体系和有机碳体系是决定土壤氧化还原性的最为关键的体系。

表 2-5　土壤中主要的氧化还原体系

体系	氧化态	还原态
氧体系	O_2	O^{2-}
有机碳体系	CO_2	CO、CH_4、还原性有机物
氮体系	NO_3^-	NO_2^-、NO、N_2O、N_2、NH_3、NH_4^+
硫体系	SO_4^{2-}	S、S^{2-}、H_2S
铁体系	Fe^{3+}、$Fe(OH)_3$、Fe_2O_3	Fe^{2+}、$Fe(OH)_2$
锰体系	MnO_2、Mn_2O_3、Mn^{4+}	Mn^{2+}、$Mn(OH)_2$
氢体系	H^+	H_2

2. 土壤氧化还原性指标

土壤氧化还原电位（Eh）是衡量土壤氧化还原状况的最常用指标，由土壤中氧化态物质和还原态物质的相对比例决定。土壤 Eh 的范围一般为–300～700 mV，其值越低，表示土壤还原性越强，其中以 300 mV 作为氧化环境和还原环境的分界点。依据 Eh 值，可分为氧化（>400 mV）、弱度还原（200～400 mV）、中度还原（–100～200 mV）、强度还原（<–100 mV）环境。旱地土壤在田间持水量下，其 Eh 在 200 mV 以上，多变化于 300～700 mV。

不同氧化还原体系的标准氧化还原电位不一样。如在中性条件下，锰体系为 420 mV，硝酸盐体系为 410 mV，铁体系为–110 mV，硫体系为–200 mV。当 Eh 降至 410 mV 时，大量 NO_2^-及 Mn^{2+}同时出现；随 Eh 的继续下降，Fe^{3+}迅速还原成 Fe^{2+}；当 Eh 降至–100 mV 时，Fe^{2+}浓度超过 Fe^{3+}，将使植物中毒。硫体系的标准氧化还原电位为负值，只有在极度恶劣的积水土壤中才有可能产生足够浓度的 H_2S。当土壤中的氧气被完全消耗后，土壤中的 Mn^{4+}、NO_3^-、Fe^{3+}、SO_4^{2-}将依次作为电子受体而被还原。

（二）影响土壤氧化还原状况的因素

1. 土壤通气性

氧气是土壤中最主要的氧化物，主要由大气补充。通气性良好的土壤中氧气浓度高，土壤的氧化性强。土壤渍水或通气不良时，土壤 Eh 下降，还原性增强。

2. 易分解有机质的含量

土壤有机质是最主要的还原物，易分解有机质分解过程消耗氧气，降低土壤 Eh。

3. 微生物活动

土壤微生物在分解有机质的过程中大多要消耗氧气，如果土壤通气性不良，得不到足够的氧气补充，旺盛的微生物活动将导致还原态物质增加而降低土壤的 Eh。

4. 土壤 pH

还原反应一般要消耗 H^+，而氧化反应产生 H^+，土壤中 H^+消耗得越多，氧化物消耗得也越多，相应的还原物积累得就越多，降低土壤的 Eh。

5. 植物根系的代谢作用

由于植物根系呼吸消耗氧气，同时植物根系分泌物或脱落物会激发微生物活性，所以根际土壤的 Eh 一般比非根际低。由于水生植物，如水稻根系具有分泌氧气的作用，根际土壤 Eh 则高于非根际（表 2-6）。

表 2-6　几种植物根域土壤的 Eh 值　　（单位：mV）

部位	冬小麦	甜菜	三叶草	水稻
根际	376	393	315	250
非根际	421	468	375	–30

（三）土壤氧化还原性对土壤性质的影响

土壤氧化还原性对土壤微生物活性、养分有效性、土壤有毒物质积累、植物生长等具有重要影响。

1. 对微生物活性的影响

当土壤 Eh 大于 700 mV 时，土壤处于完全好气状况，含水量较低，微生物活动因土壤湿度的不足而受到抑制，影响有机质矿化和养分转化；当土壤 Eh 太低时，土壤通气不良，微生物活性也会受阻。

2. 对养分有效性的影响

土壤氧化还原性明显影响各种养分的有效性。例如，在土壤 Eh>480 mV 时，无机氮以硝态氮的形态存在，适合喜硝作物吸收；而当 Eh<220 mV 时，则以铵态氮为主，适合喜铵作物吸收。在氧化条件下（酸性土壤 Eh>620 mV 时），铁锰呈高价，难溶解，植物不易吸收；在还原条件下，它们可被还原成亚铁、亚锰，有效性增加；但在极端还原条件下，亚铁与 SO_4^{2-} 发生还原反应，生成 FeS 沉淀，不仅降低了铁的有效性，还产生 S^{2-}的毒害。还原条件下高价铁的还原，还能促进被氧化铁所固定的磷的释放，提高其有效性，所以淹水土壤中磷的有效性高。

3. 对土壤有毒物质积累的影响

在还原性强的土壤中，可能存在高浓度的亚铁、亚锰、H_2S、丁酸等有毒物质积累。当 Eh<–200 mV 时就可以产生 H_2S、丁酸的过量累积，对水稻的含铁氧化物还原酶产生抑制，影响水稻呼吸，减弱根系吸收养分的能力。土壤氧化还原电位还会影响土壤中重金属的价态及复合形态，进而影响重金属的有效性及形态转化。淹水条件下，随着淹水时间的延长，土壤还原性增强，生成的还原性物质可降低重金属的有效性；而氧化条件下则有利于有机质的降解，起到土壤自净的作用。

总体而言，无论是从植物根系呼吸的需要，还是从土壤微生物活性、养分有效性或有毒物质积累方面考量，土壤 Eh 应维持在适当的水平。

四、土壤中的沉淀溶解和络合解离反应

（一）沉淀溶解反应

1. 沉淀和溶解过程

在一定的条件下，土壤中的难溶物质，如矿物质、难溶化合物、腐殖质等组成成分会发生沉淀和溶解两个过程，即有一部分离子进入土壤溶液，同时土壤溶液中的离子又会在固体颗粒表面沉积下来。沉淀和溶解过程是相互可逆的。土壤溶液与矿物质、有机质、土壤空气紧密接触，并处于动态平衡中。当溶解与沉淀两个过程的速率相等时，难溶物质的溶解就达到平衡状态，称为沉淀溶解平衡，其平衡常数叫溶度积。溶度积与溶解度均可表示难溶物质的溶解性，两者之间可以相互换算。溶度积是一个标准平衡常数，只与温度有关。而溶解度不仅与温度有关，还与土壤（溶液）组成、pH 及配合物的生成等因素有关。

以磷为例，磷在酸性条件下与 Fe^{3+}和 Al^{3+}形成难溶化合物，在中性条件下与 Ca^{2+}和 Mg^{2+}形成易溶化合物，而在碱性条件下与 Ca^{2+}形成难溶化合物（图 2-19）。各种磷酸盐的溶解度相差极大，对于多数农田土壤，pH 为 6～7 时磷对作物的有效性最高。

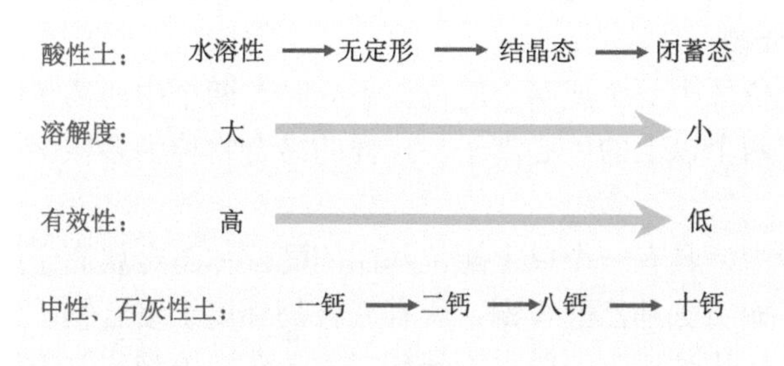

图 2-19　磷酸在不同 pH 土壤中的沉淀作用

2. 影响土壤沉淀溶解平衡反应的因素

除温度外，影响土壤沉淀溶解平衡反应的因素主要有：①离子效应、盐效应和络合效应；②土壤酸碱性和氧化还原电位；③土壤矿物结构和性质；④粒径大小。

施肥、排水等农艺管理及土壤蒸发、植物蒸腾等均可导致土壤溶液的溶质浓度升高直至沉淀。而降雨、灌溉、植物吸收养分可促使溶液的溶质浓度下降，导致固相物质溶解。

（二）络合解离反应

1. 络合物和络合物稳定性

金属离子与电子给予体以配位键结合的过程称为络合反应，其产物为络合物，又称配位化合物。这些络合物一般又能离解成游离态的离子。络合解离反应是可逆的，在一定条件下络合解离达到平衡状态时，其平衡常数称为络合平衡常数。络合平衡常数可以表示该络合物在土壤溶液中的稳定程度，此值越大，说明络合物稳定性能越好，解离的程度越小。

组成土壤溶液的离子并不完全以简单的自由离子状态存在，很大一部分以络合物形态存在。如土壤溶液中铜以络离子形态存在的量可占溶液中总铜量的 95%～98%，锰可占 84%～99%，锌可占 60%。土壤中的络合解离反应对土壤的矿物风化、元素的淋溶运移、养分的转化与有效性、污染物的控制及修复有着重要的意义。

2. 络合物的种类

络合物按结构形式可分为三类。

1）简单配位化合物

这是一类由单基配位体与中心离子简单配位形成的络合物，如 $FeCl_3$ 等。

2）多核络合物

如果一个配位体中一个或两个配位原子同时与两个中心离子络合，使络合物内界含有两个或两个以上的中心离子，这样的络合物称为多核络合物。

3）螯合物

在络合反应中，具有一个以上配位基团的配位体与金属离子络合形成的络合物称为螯合物，如二氨基乙酸合铜。所有螯合物都属于络合物，但反之则不然，螯合物必须具备环状结构，一般以五元环或六元环较为稳定。土壤有机质，如富里酸、胡敏酸、碳水化合物、有机酸等都是天然螯合剂。为了浸提土壤中的有效态金属离子以及进行其他化学研究，通常会使用人工螯合剂，常用的有乙二胺四乙酸（EDTA）、二乙三胺五乙酸（DTPA）、羟乙基乙二胺三乙酸（HEDTA）、乙二胺二羟基苯乙酸（EDDHA）、柠檬酸（CIT）、草酸（OX）等。人工螯合剂直接施入土壤能够增加金属离子溶解度及有效性，可作为增肥剂或消毒剂使用。

3. 影响络合作用的因素

影响络合作用的因素有很多，有金属离子的浓度、配位体的浓度、温度、pH、Eh 及盐度等。例如，金属离子和配位体浓度越高，络合作用越强；羟基离子对金属离子络合作用的强烈程度主要取决于溶液 pH，pH 越高，络合作用越强烈。

第五节　土壤微生物性质

土壤微生物是土壤中一切肉眼看不见或者看不清的微小生物的总称，包括细菌、古菌、真菌、原生动物、病毒和微型藻类等。土壤微生物具有种类繁多、数量巨大、功能多样、分布广泛等特点，不仅在土壤的形成发育、元素循环、物质转化、肥力培育、生物多样性及污染修复等方面起着重要作用，还是地球上最大的微生物菌株和功能基因资源库。

一、土壤微生物的组成

按照形态学划分，土壤微生物主要包括原核微生物（细菌和古菌）、真核微生物（真菌、微型藻类和原生动物）和无细胞结构的病毒。按照能量来源划分，土壤微生物可分成自养型和异养型：异养型微生物的能量来源是含碳有机物，包括真菌和绝大部分细菌，是土壤微生物的主要成员；自养型微生物的能量来自光能或者无机化合物氧化释放的能量。

（一）土壤原核微生物

1. 变形菌门（Proteobacteria）

变形菌门是细菌中最大的一个门，拥有多变的外形和多样的生理代谢类型。土壤中变形菌门通常占细菌总量的30%以上，是土壤中占比最高的一类原核微生物。根据系统发育特性，变形菌门可分为5个纲，分别用α、β、γ、δ和ε命名。土壤α-变形菌纲包括一些光合细菌、具有固氮功能的共生根瘤菌、动物致病菌立克次体等；土壤β-变形菌纲多为好氧或兼性厌氧细菌，包括执行硝化作用的亚硝化单胞菌等；土壤γ-变形菌纲包括一些土壤病原菌，如大肠杆菌、沙门氏菌、铜绿假单胞菌等；土壤δ-变形菌纲包含一些厌氧细菌，如执行硫酸盐还原反应的脱硫弧菌属、脱硫球菌属，以及具有铁还原功能的地杆菌属等；土壤ε-变形菌纲多为弯曲或螺旋形的细菌，如沃林氏菌属、螺杆菌属等，它们主要生活在人或动物的消化系统中，随粪便排泄，可在土壤中短暂存在。可见，变形菌门在土壤生物固氮、病虫害防治、污染物降解、土壤修复等领域都有重要价值。

2. 酸杆菌门（Acidobacteria）

酸杆菌门是20世纪末才被发现的一类细菌，一般具有嗜酸、寡营养、难培养等特点。酸杆菌门不仅仅存在于酸性土壤中，在中性和碱性土壤中也有广泛分布，是土壤微生物的重要成员。土壤中酸杆菌门占细菌总量的20%左右，在一些酸性土壤中占比可达50%以上；其中*Acidobacterium*、*Edaphobacter*、*Terriglobus*等是土壤中常见的酸杆菌门细菌属。土壤中酸杆菌门细菌基因型较丰富，主要包含28个亚群，各亚群在土壤中的分布差异较大，受多种环境因子的影响。土壤中酸杆菌门丰度一般与土壤pH、有机碳含量呈负相关关系；此外，酸杆菌门丰度和多样性还受植被类型、海拔等因素影响。根际效应也是影响土壤中酸杆菌门分布的重要因素，一般来说，分泌有机酸较多的植物根际pH较低，有利于酸杆菌的生长和定植。已有研究发现，酸杆菌门在植物残体的降解、铁元素循环、单碳化合物代谢等方面发挥着重要作用。

3. 浮霉菌门（Planctomycetes）

浮霉菌门最初在水体或者污水处理系统中被发现，后来证实其在土壤中也广泛存在。土壤中浮霉菌门占细菌总量的7%左右，在水稻土中可达12%。浮霉菌门中有一类细菌，如*Brocadia*、*Kuenenia*等属，能够在缺氧条件下以氨作为电子供体、以亚硝酸盐作为电子受体，生成氮气获得能量进行自养生长，被称为厌氧氨氧化细菌。该类浮霉菌的发现对认识全球稻田土壤氮循环具有重要意义。

4. 放线菌门（Actinobacteria）

放线菌是指形态学特征介于细菌和真菌间的、呈菌丝状生长并以孢子繁殖的单细胞原核微生物（图 2-20）。放线菌是具有巨大应用价值的土壤微生物类群，可产生抗生素、酶抑制剂等。链霉菌属、诺卡氏菌属、小单孢菌属、放线菌属等是常见的土壤放线菌类群。放线菌在土壤中广泛分布，尤其在含水量低、有机底物丰富、中性或微碱性的土壤中数量最多，每克土壤中可达 10^4～10^5 cfu。土壤特有的泥腥味，主要是放线菌的次生代谢产物所致。

(a) 链霉菌属 (*Streptomyces*)，Bar = 1 μm

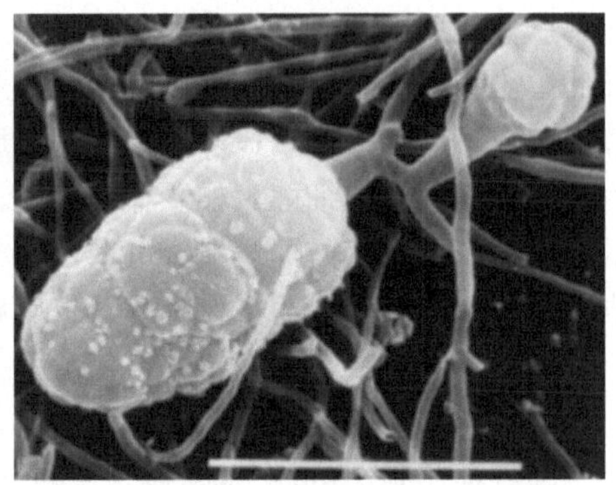

(b) 弗兰克氏菌属 (*Frankia*)，Bar = 10 μm

图 2-20　土壤放线菌扫描电镜（SEM）照片（Orgiazzi et al., 2016）

5. 土壤古菌

古菌是一类具有独特基因结构和特殊系统发育关系的单细胞原核生物，大多数生活在高温度、高盐度、高酸碱度、厌氧环境等极端土壤环境中，可营自养型或异养型生活。古菌在土壤微生物群落及生物量中占比也较高，尤其是在干旱、高盐等极端环境的土壤中，可占原核生物总量的 10%以上。广古菌门（Euryarchaeota）、泉古菌门（Crenarchaeota）是最主要的古菌门。广古菌门是最主要的土壤古菌门，主要包括嗜热古菌、嗜盐古菌和产甲烷古菌等，尤其是产甲烷古菌（图 2-21），可在严格厌氧环境下利用简单的一碳或二碳化合物生存并合成重要的温室气体——甲烷。泉古菌门可在强酸性和极地寒冷环境中生存，包括硫还原古菌、氨氧化古菌等难培养微生物。以广古菌门和泉古菌门为主的古菌类群在土壤碳、氮、氢等元素的生物地球化学循环中发挥着重要作用。

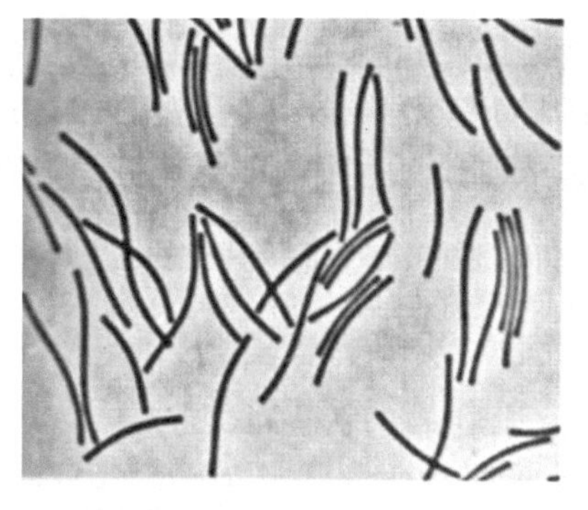

(a) 甲烷螺菌属 (*Methanospirillum*)，×2000

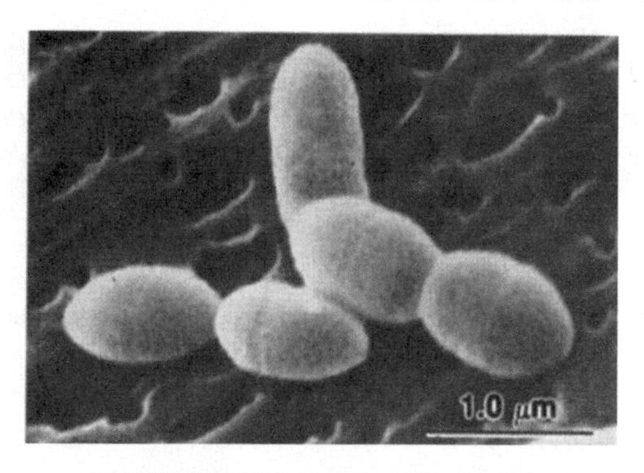

(b) 甲烷螺菌属 (*Methanospirillum*)，×6000

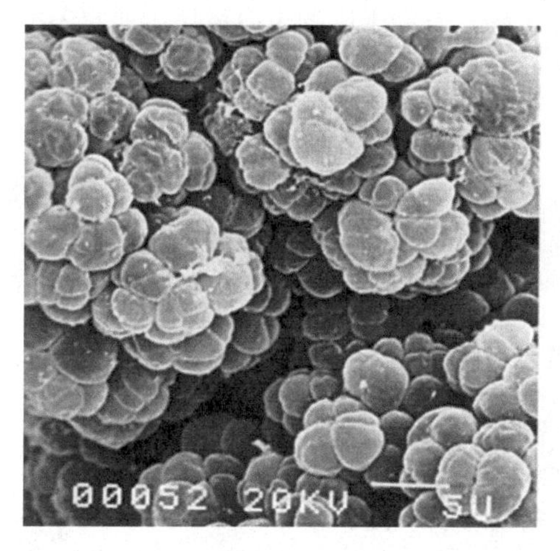

(c) 甲烷八叠球菌属 (*Methanosarcina*)，Bar = 5 μm

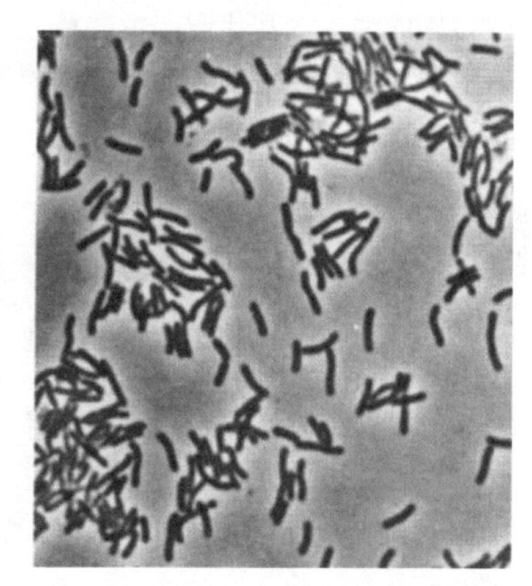

(d) 甲烷杆菌属 (*Methanobacterium*)，×2000

图 2-21　土壤产甲烷古菌 SEM 照片（Lansing et al., 1999）

（二）土壤真核微生物

1. 真菌

真菌广泛分布在各种土壤环境中，包括农田、林地、草地、沼泽湿地、温泉热土和冻土层等，是土壤中数量仅次于细菌的微生物类群，在酸性土壤和有机质含量较高的森林土壤中，真菌往往占据优势地位并发挥重要作用。真菌在土壤生态系统中功能多样，通常与物质转化和植物病害密切相关。土壤真菌是有机物质降解与转化的主力军，也参与土壤腐殖化及团聚体形成过程。除了降解有机物质之外，土壤中的曲霉属、青霉属、镰刀菌属等真菌还能降解有机磷农药、多环芳烃等结构复杂的有机污染物。土壤真菌还参与土壤养分转化与能量循环，其中菌根在连接植物-真菌相互作用方面起关键作用。另外，土壤中的尖孢镰刀菌

（*Fusarium oxysporum*）等是典型的土传病害真菌，可引起100多种植物发生枯萎病；而土壤中的绿色木霉（*Trichoderma viride*）、产黄青霉（*Penicillium chrysogenum*）等腐生真菌可抑制尖孢镰刀菌的生长，其生物防治的效果往往好于化学药剂防治。

2. 微型藻类

微型藻类在土壤中占比不足微生物总数的 1%，作为光合自养型微生物，主要生长在水分含量较高的土壤表层，其类群多为单细胞绿藻和硅藻。微型藻类可以跟真菌形成不可分离的共生体——地衣（图 2-22）。地衣往往会聚集在有机质贫乏的土壤表面，如沙漠土壤、贫瘠火山口和风化的岩石表面。地衣通过光合作用提供碳的输入，其代谢产生并释放有机酸，有助于矿物表面风化；地衣还能产生大量胞外多糖，可促进土壤颗粒团聚化。因此，微型藻类及其形成的地衣在土壤形成过程中起到关键作用。

(a) 岩石上的叶状地衣　　(b) 岩石上的壳状地衣

图 2-22　岩石表面地衣照片（Lansing et al., 1999）

3. 原生动物

土壤原生动物是地下动物区系中最丰富的类群，一般为每克土壤 10^4～10^5 个，多时达到 10^6～10^7 个。原生动物是单细胞真核生物，长度和体积均比细菌大。原生动物多数好氧，所以在表层土壤中分布最多，下层土壤中分布较少。不同区域和不同类型土壤的原生动物种类和数量均有差异，土壤原生动物主要有三种类型：鞭毛虫（flagellate）、肉足虫（sarcodina）和纤毛虫（infusorian）。鞭毛虫是土壤中最小的原生动物，其鞭毛结构可以辅助运动；肉足虫在土壤中数量较多，主要通过原生质移动来运动或通过伪足进行延伸运动；纤毛虫通过覆盖在整个细胞表面的短纤毛的振动来运动。大多数土壤原生动物为营异养型，以有机物质为食，也可以吞食有机体的残片或者捕食细菌、单细胞藻类、真菌孢子等。因此，原生动物有助于土壤有机质的分解、养分和能量转化，且可以通过捕食来控制其他微生物数量，维持微生物群落组成的稳定性。

（三）土壤病毒

病毒是地球上数量最多的生命体，广泛存在于土壤、水体等各种环境中。土壤病毒在调控微生物群落组成、土壤元素地球化学循环、土壤生物群落进化等方面发挥着重要作用。首先，病毒能够侵染细菌、真菌、蓝细菌等微生物，影响其生理代谢及存活率，从而影响生态系统中微生物的群落结构及多样性。其次，病毒侵染导致的细胞裂解可以释放出生物可利用的有机物质，影响土壤环境中养分元素的生物地球化学循环。最后，噬菌体是寄生在细菌、古菌等原核生物里的病毒，也是土壤中最主要的病毒类群，可引起宿主细胞裂解并释放出脱氧核糖核酸（DNA）等遗传物质，可被其他微生物吸收、整合，推动土壤微生物群落的进化。

土壤的高度异质性为病毒提供了丰富而多样的生境，有利于病毒长期生存和繁殖。同时，受到土壤异质性和多样性的限制，对土壤环境中病毒的研究进展相对缓慢，土壤病毒学研究远落后于海洋等水体环境病毒学。目前，以宏基因组测序为基础的宏病毒组学研究摆脱了以往微生物分离纯培养的限制，可直接从土壤样品中富集和提取病毒基因组后进行测序和生物信息学分析。

二、土壤微生物的分布

（一）土壤微生物的环境影响因素

不同微生物类群需要各自适宜的生长条件，微生物群落会随生存环境的变化而演替。其中，土壤酸碱度、土壤水分含量、土壤氧气含量、土壤温度等是影响土壤微生物分布的主要环境因素。

1. 土壤酸碱度

不同微生物类群都有其最适宜的 pH 范围。大多数细菌、微型藻类、原生动物等土壤微生物在 pH 4.0～10.0 范围内均可以生长，最适宜 pH 范围为 6.5～7.5 的近中性环境。而酵母菌、霉菌等真菌则适宜在 pH 为 5.0～6.0 的酸性环境中生存。只有少数微生物能在 pH 较低或较高的土壤中生存，称为嗜酸菌或嗜碱菌。例如具有嗜酸、寡营养、难培养等特点的酸杆菌门细菌，适应酸性土壤环境并占据数量优势，甚至能在 pH 低于 4.0 的强酸性土壤中正常生长。

2. 土壤水分

水分对土壤微生物的影响不仅决定于它的含量，更取决于水的有效性，即水的活度。不同微生物对水活度的适应性差别较大，大多数微生物都适合在活度为0.9～1.0 的土壤中生存，而青霉、曲霉、酵母菌等适合在活度 0.75～0.90 的特殊土壤中生存，一些嗜干燥菌能够在活度为 0.70 的土壤中生存。细菌在土壤环境中的移动和养分获取主要依赖土壤中水分的流动，因此细菌受土壤水分变化的影响较大。细胞壁厚且致密的革兰氏阳性菌比革兰氏阴性菌耐旱性更强；土壤真菌比细菌对水分胁迫的耐受性更强，酵母菌等真菌可通过出芽繁殖的方式产生具有极强抗逆性的孢子，具有更强的抗旱性。盐碱性土壤的溶质浓度较高，导致土壤溶液渗透压较大，水活度较低，会导致微生物对水的利用能力降低，有的甚至会使细胞脱水乃至停止生命活动。只有少部分微生物能够在较高渗透压的土壤环境中生存，称为嗜渗菌或者嗜盐菌。

3. 土壤氧气含量

土壤通气能力及其氧化还原电位的高低也是影响土壤微生物分布的重要因素。好氧性的微生物需要在有氧气的土壤条件下生长，最适宜氧化还原电位为300～400 mV。而厌氧性的微生物必须在低氧或者缺氧条件下生长，其氧化还原电位一般低于 100 mV。兼性厌氧性的微生物对氧气含量的适应范围较广，在有氧或无氧、氧化还原电位或高或低的土壤环境中都能生存。因此，结构良好、通气性好的表层土壤中有较丰富的好氧性微生物；淹水或下层土壤、覆盖作物秸秆土壤或土壤施用新鲜有机肥时，常常是厌氧性微生物占优势。

4. 土壤温度

昼夜温差和季节性温差都会影响土壤微生物的生长和代谢。在微生物的最适生长温度范围内，生长速度和代谢活性随温度升高而加快；超过最适生长温度时，微生物生命活动减慢，当温度超过最高生长温度后，生长和代谢停止乃至死亡；当温度在最低生长温度以下时，微生物会停止生长和代谢，一般无致死作用。根据微生物的最适生长温度，可将其划分为高温型、中温型和低温型微生物。土壤中绝大多数微生物最适生长温度在 25～40℃，属于典型的中温型菌。高温型嗜热微生物的最适生长温度为 45～60℃，主要参与高温条件下的有机质分解，芽孢杆菌、嗜高温的放线菌、古菌等是土壤中高温型微生物的代表。土壤低温型微生物的最适生长温度是 10～15℃，包括发光细菌、铁细菌等。温度主要影响微生物的有机质转化及相关养分释放过程。南方高温地区，微生物驱动的土壤有机质分解快，有机质不易积累；而北方或高海拔地区温度低，微生物驱动的土壤有机质分解慢，有机质易积累。另外，土壤温度还能影响土壤水分的移动，从而影响微生物的移动和养分获取。土壤温度越高，土壤水越容易移动，气态水较多；土壤温度低时，土壤水的移动近于停止。

（二）土壤微生物在垂直剖面和团聚体中的分布

土壤具有各种微生物生长发育所需的营养、水分、空气、温度等条件，是良好的微生物栖息地。土壤垂直剖面上的微生物分布与光照、养分、水分、温度等因素都有关。最表层土壤水分易蒸发，且紫外线照射强，微生物数量少、易死亡。距地表 5～20 cm 深度处的土壤中养分较多、水分合适，且不受紫外线影响，微生物群落数量和多样性均最高；该区域植物根系较发达，植物的生长代谢及根系分泌物释放使得植物根际中的微生物生长和代谢更为活跃。在距地表 20 cm 以下的土壤中，土壤养分、氧气含量随土层深度的增加而减少，微生物的数量也逐步降低。

土壤团聚体包含开放的好氧孔隙和密闭的厌氧孔隙，为微生物的生长提供了多样的微环境（图 2-23）。在团聚体中，微生物不均匀分布，形成微菌落，与土壤黏粒紧密结合在一起。

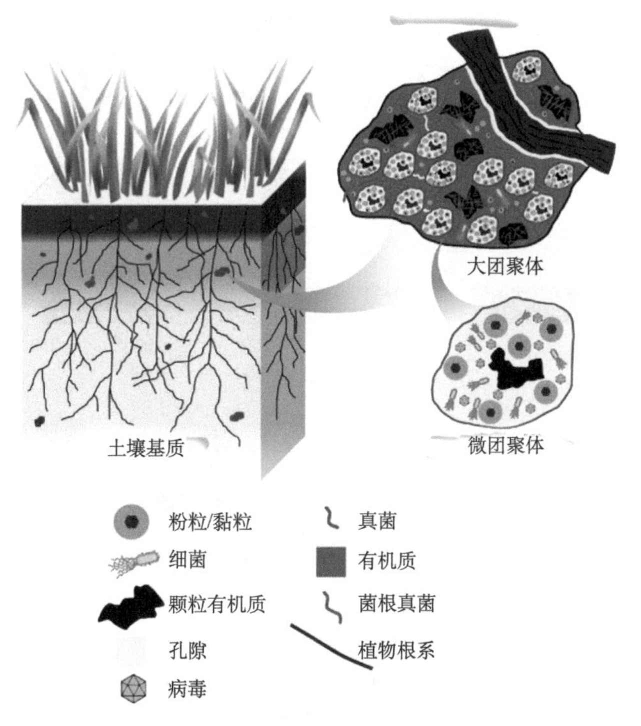

图 2-23　微生物在土壤团聚体中的分布（Wilpiszeski et al., 2019）

（三）土壤微生物的地理分布

动物和植物生物多样性由低纬度向高纬度递减的变化趋势是地球表面最明显的生态特征之一。过去普遍认为微生物在土壤中的分布不同于动植物，不具有明显的地带性和区域性分布特征，而呈随机分布。近年来，随着基因测序技术的快速发展，相关研究发现，不同区域和不同类型的土壤中，微生物群落组成存在明显的空间异质性。土壤微生物生物地理学就是研究土壤中微生物空间分布规律的学科。全球土壤微生物生物量分布图（图 2-24）表明，南美洲北部、东欧、东南亚等是全球微生物生物量最高的地区，非洲北部、澳大利亚是全球微生物生物量最低的地区。全球细菌和真菌总生物量最高，每克土壤中可达到 10^2～10^3 μg；其

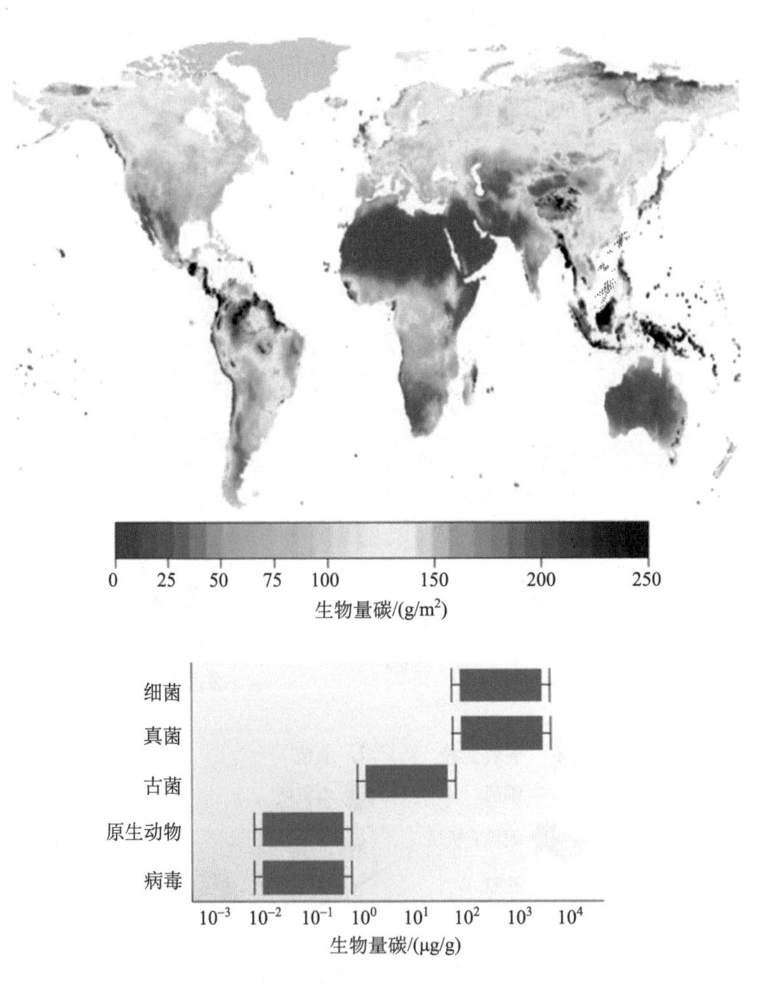

图 2-24　全球土壤微生物生物量分布图（Fierer, 2017）

次是古菌总生物量，每克土壤中达到 10^1 μg 左右；原生动物和病毒总生物量最低，每克土壤中只有 10^{-2}～1 μg。土壤 pH、有机碳含量、土壤通气性、气候条件、植被类型是影响土壤微生物分布的最主要环境因子。

（四）土壤微生物在植物根系的空间分布

1. 植物根际效应

根际通常是指直接受植物根系影响的土壤区域，一般将围绕根表 1～5 mm 的土壤层称为根际土壤。根际土壤存在根际效应，可影响土壤微生物的分布。根际效应产生的主要原因是植物组织的物质传输和根系分泌物的释放。相比于非根际土壤，根际土壤中糖类、氨基酸、有机酸等可溶性物质含量较高，一方面为微生物提供了能源和养分，另一方面也能促进土壤中难溶性物质活化。根系还能分泌酚类化合物、苯甲酸、阿魏酸等对其他生物有抑制作用的物质，也会影响根际微生物的生长。此外，水稻等植物可传输氧气到根际土壤中形成微氧环境，植物蒸腾作用的日变化能导致土壤根际水分活度持续变化，这些因素也都会影响根际土壤微生物的生长和代谢。一般地，根际土壤中微生物数量是非根际土壤的 5～20 倍，对于一些较为敏感的微生物类群，可高达 1000 倍以上（图 2-25）。所以，根际土壤的呼吸作用一般远高于非根际土壤，自生固氮微生物、氨化微生物、硝化微生物、产甲烷微生物等功能类群也更为丰富。

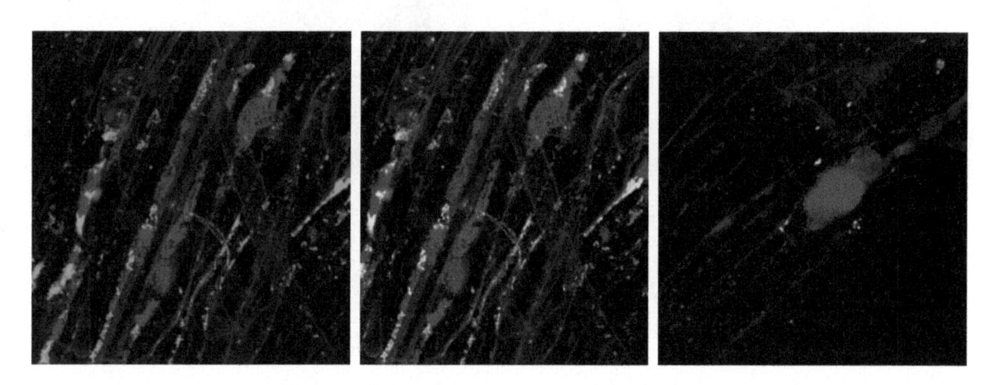

图 2-25　生菜根际微生物分布的激光共聚焦显微镜照片（Orgiazzi et al.，2016）

不同颜色代表不同微生物类群

2. 植物菌根

土壤中广泛存在着高等植物根系与丝状真菌形成的共生体——菌根（图 2-26）。形成菌根的真菌可以帮助宿主植物从土壤中获取矿质养分和水分，而宿主植物可以给真菌提供碳水化合物，两者互利互助、互通有无。杜鹃花菌根和兰花菌根被称为内生菌根，真菌寄生在植物根系内部，处于根部皮质细胞之间，一般不会引起根系形态的明显变化。相比之下，外生菌根通常会导致根系形态发生明显变化，不用显微镜也能观察到。以丛枝菌根为代表的内生菌根在热带森林、草原、沙漠、农田等土壤中广泛分布，而外生菌根则在温带和北方森林中占主导地位。球囊菌门（Glomeromycota）真菌包括 *Glomus*、*Sclerocystis*、*Gigaspora* 等 17 个属，约 240 个种，是土壤中最丰富的菌根真菌，可与大多数植物形成丛枝菌根，能在植物根系中形成特化的菌丝体——囊泡和丛枝（图 2-26）。在草原和农业用地土壤中，球囊菌门约占土壤微生物生物量的 20%～30%。目前已知大约有 6000 种真菌能够和植物形成外生菌根，几乎存在于所有土壤环境中。有研究估算了外生菌根真菌菌丝体的生物量，每公顷可达到 700～900 kg。

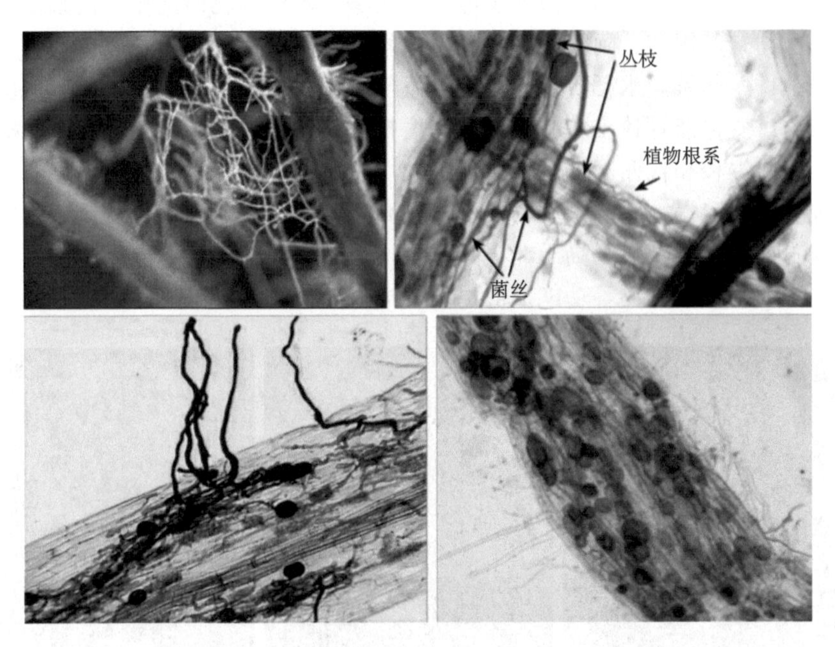

图 2-26　植物根系-丛枝菌根真菌 SEM 照片（Orgiazzi et al.，2016）

3. 根瘤

土壤中的原核固氮微生物也可以侵入一些植物根系形成共生体——根瘤。根瘤菌在植物根系根皮层中繁殖，刺激皮层细胞分裂，导致根组织膨大突出，形成瘤状突起的根瘤（图 2-27）。根瘤一般可分为豆科植物根瘤和非豆科植物根瘤，与豆科植物结瘤的共生固氮细菌称为根瘤菌（*Rhizobium*）。根瘤菌属于厌氧菌，可以从根瘤中获得生存所需要的养分、水分和厌氧环境，能固定氮气合成植物能利用的含氮化合物（即固氮作用），满足豆科植物对氮素的需求。目前，已知的能够与豆科植物结瘤的根瘤菌有四十余种，隶属变形菌门，包括根瘤菌属（*Rhizobium*）、中华根瘤菌属（*Sinorhizobium*）、慢生根瘤菌属（*Bradyrhizobium*）等类群。

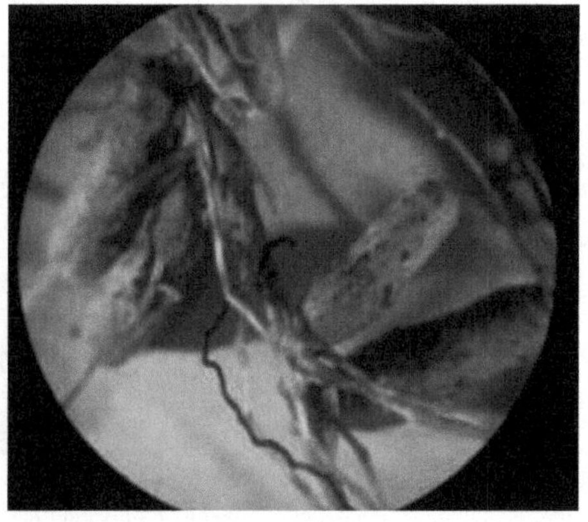

图 2-27　豆科植物（花生）的根瘤（Orgiazzi et al.，2016）

非豆科植物根瘤中的寄生菌主要是放线菌，其中弗兰克氏菌属（*Frankia*）是最主要的结瘤放线菌（图 2-28）。目前，已发现桤木属、杨梅属、木麻黄属等 200 多种非豆科植物能被弗兰克氏菌属放线菌侵染结瘤，也具有固氮能力。生物固氮是地球上最主要的固氮方式之一。据估算，目前每年生物固氮总量约占全球活性氮产生量（主要是生物固氮和工业合成氮肥）的 50%以上。

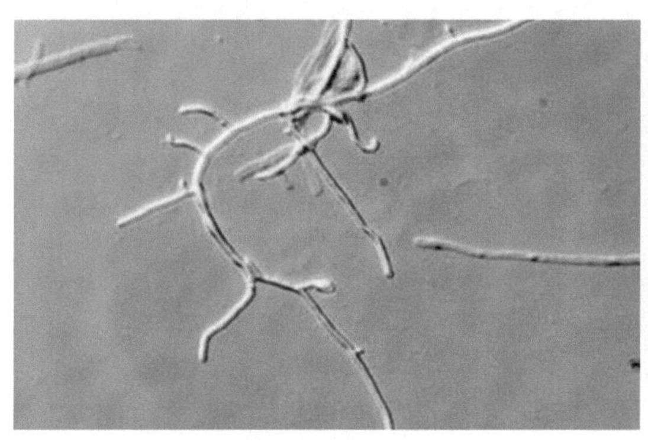

(a) 桤木弗兰克氏菌 (*Frankia alni*)　　(b) 桤木根瘤

图 2-28　非豆科植物（桤木）与放线菌形成的根瘤（Orgiazzi et al.，2016）

思考与讨论

1. 土壤具有酸碱缓冲性和速效矿质养分含量的缓冲性，请结合本章所学内容，论述土壤具有缓冲性的原因及其影响因素。结合自身经历，谈谈如何在学习、工作、生活中缓冲各种压力，如何提升自己应对压力的能力。

2. 土壤学人物介绍

照片源自中国科学院南京土壤研究所网站

我国土壤电化学研究的创始人于天仁院士（1920～2004）

于天仁先生是著名的土壤学家，长达59年的科研生涯为我国土壤电化学的发展做出了重大贡献。他从1953年开始系统研究水稻土的氧化还原性质。他认为，水稻土中氧化还原状况的周期性剧烈变化是水稻土不同于旱地土壤的主要特点，也是影响水稻生长和水稻土形成的主要化学因素。1958～1960年，在他的主持下，组织科技人员深入农村，总结农业丰产经验，在田间和室内进行了多学科、综合性的调查和研究，取得了大量实验研究材料，编写了《水稻丰产的土壤环境》一书。该书研究领域广、材料丰富，是一部重要的参考书籍。

于先生勤于学习，勇于探索。他结合土壤化学的发展和个人的科研实践，创造性地提出了研究土壤中带电质点之间的相互作用及其化学表现可以揭示土壤中化学现象的本质，并为土壤的合理利用和改良以及环境保护提供科学依据。在他的建议下，南京土壤研究所于1961年建立了国际上第一个土壤电化学研究室。从此，我国的土壤电化学研究进入一个新阶段。于先生作为学科带头人，与全室科研工作者共同努力，对土壤电化学开展了全面、系统的研究，取得很大进展，土壤电化学学科日趋成熟，并在国内外学术界产生了广泛影响。他开拓土壤电化学研究领域和研制离子选择性电极时，这两项工作在国际上尚处于萌芽阶段，在国内还未被人们所认识和接受。他通过科学分析，预见到这些工作的广阔前景。在重重困难面前，他坚韧不拔，信心十足，埋头苦干，终于取得突破。

于先生治学严谨，严于律己，对工作具有高度责任感。他提出的研究课题都经过深思熟虑，有的还做了预备性实验。向青年科技工作者布置任务时，不仅提出目标和要求，还指出解决问题的可能途径，并经常和他们一起进行实验、试制或野外现场测定等工作。对他们的工作从研究方法到结果的处理总是详细了解，认真指导；对他们撰写的论文，更是严谨审阅，为国家培养了一批土壤学科研人才。

第三章　土壤形成和发育

土壤是成土母质在一定的水热条件和生物作用下，经由岩石风化过程和生物因素主导的成土过程形成的。在土壤形成发育过程中，成土母质与其所处环境之间会发生一系列的物质和能量交换，从而形成层次分明的土壤剖面，并出现肥力特性。土壤作为独立的历史自然体，有其自身特有的发生和发展规律及地理分布规律。土壤形成和发育主要研究土壤发生演变规律及其与外在环境条件之间的耦合关系，是土壤学研究的基础。明确土壤发生演变和地理分布规律对于充分认识土壤的发生和演变过程，掌握其自然属性，合理地利用和保护土壤资源，指导农业生产等均具有重要的理论意义和实践价值。本章主要介绍成土因素、土壤形成和发育过程、土壤分类和我国主要土壤类型及其地理分布规律。

第一节　土壤形成因素

在对土壤的调查、研究过程中，学者们逐渐发现土壤的形成受气候、生物、地形、母质等多种因素的影响，在此基础上提出了成土因素学说，该学说成为现代土壤地理学的重要理论基础。本节主要介绍成土因素学说的提出、发展和各成土因素在土壤发生过程中的作用。

一、成土因素学说的提出与发展

19 世纪后半叶，俄罗斯土壤学家 B. B. 道库恰耶夫在进行综合土壤调查时发现，气候条件和植被类型相似的情况下，相同或相似的土壤可以在不同的地理空间上发生和发育，在此基础上提出了著名的成土因素学说，即土壤是气候、生物、地形、母质和时间五种自然成土因素综合作用的产物（图 3-1）。同时，该学说明确指出，所有的成土因素同时同地、不可分割地影响着土壤的形成和发育，它们具有同等重要和不可替代的作用，且随着成土因素的变化，土壤是不断演化和发展的，并呈现出一定的地带规律性。

20 世纪 40 年代，美国著名的土壤学家汉斯•詹尼在深入研究土壤与成土因素关系的基础上，提出了詹尼方程，进一步充实和发展了道库恰耶夫的成土因素学说。詹尼方程又称詹氏成土因素方程，其表达式为

$$S=f\,(cl, o, r, p, t, \cdots)$$

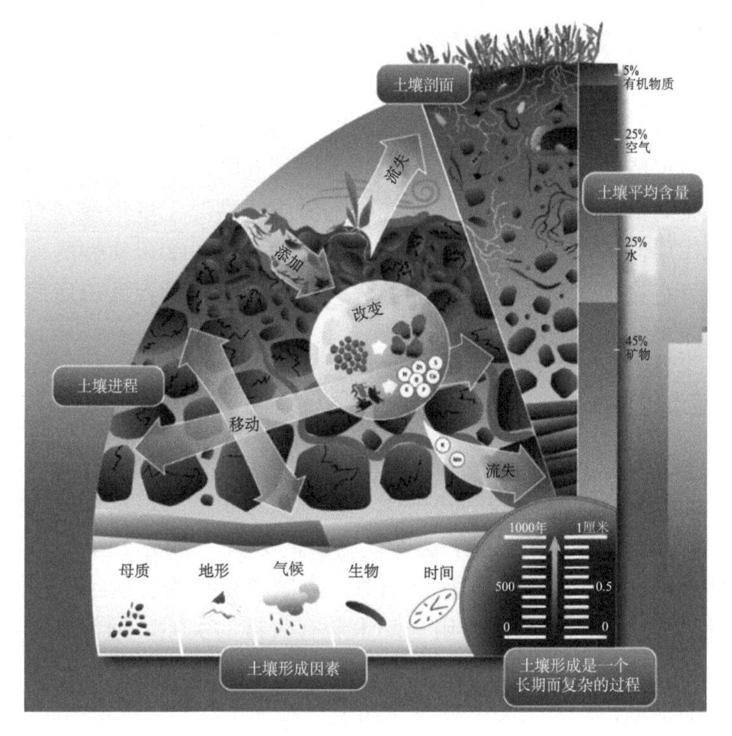

图 3-1　土壤形成因素（改编自 Weil and Brady, 2016）

式中，*cl* 为气候因素；*o* 为生物因素；*r* 为地形因素；*p* 为母质因素；*t* 为时间因素；…表示未确定的其他因素；*f* 为土壤形成因素函数。该表达式简称为 Clorpt 函数。

20 世纪 80 年代初，汉斯·詹尼创造性地将土壤作为生态系统的组成部分，把成土因素看作生态状态因子，大大拓展了成土因素涵盖的范畴，并对 Clorpt 函数进行了修正，提出了单变量成土函数的概念，建立了土壤的发生系列，包括气候系列、生物系列、地形系列、岩成系列、时间系列等，使其更能反映土壤发生与成土因素之间的内在关系。到 20 世纪 90 年代初期，随着信息技术的快速发展和研究的进一步深入，Clorpt 函数逐渐被应用于土壤属性的空间预测领域。

此外，伴随人类对土壤利用程度的提高，人类活动对土壤发生发展的影响越来越突出，其影响土壤的速率或幅度远高于自然成土因素。

二、成土因素在土壤发生中的作用

（一）母质对土壤发生的作用

成土母质是指地表岩石经风化作用形成的风化物或堆积物，是土壤形成的物质基础和植物矿质营养元素的最初来源。母质被风化、侵蚀、搬运和堆积的过程会对成土过程施加影响，在土壤形成发育和土壤特性上留下烙印。一般而言，土壤的发育程度越高，土壤与母质的性质差别就越大，但母质的某些性质仍然会顽强地保留在所形成的土壤中。在生物气候条件相同时，母质对土壤性状将起决定性作用。母质对土壤的影响主要体现在：①母质类型对土壤形成发育的方向和速率有决定性作用，即母质类型决定了发育的土壤类型；②母质性质（矿物组成和化学成分）将直接决定所形成土壤的养分含量和矿物组成；③母质层次性通常会得到保留从而影响土壤剖面构造。

（二）气候与土壤发生的关系

气候因素主要包括水、热条件，直接影响着土壤物质迁移转化的过程，是母质风化、成土过程强度和方向的决定因子。气候对土壤形成的影响主要体现在两个方面：①直接参与母质的风化，影响矿物质的分解、合成及物质的淋失与积累。如水热条件越丰富，矿物的风化程度越深，土壤中黏粒的含量越多，1∶1 型黏土矿物的含量越高；土壤的淋溶作用与降水量有直接的关系，通常降水越多，淋溶层越厚，阳离子的淋失程度越高，土壤酸性越强，养分含量较低。②控制植物生长和微生物的活动，影响土壤中有机质和氮的积累与分解，决定物质循环的速度。如干旱少雨地区，植物生长弱，有机质和氮难以积累，物质循环慢。

温度和降水是对土壤形成具有普遍意义的因素，根据温度、降水量和生物之间的相互关系，可将地球表面划分出土壤的生物气候带。不同生物气候带中土壤的形成和发展有显著的差异，称为地带性土壤。我国不同热量带和不同湿度带分布着不同的地带性土壤。

（三）生物因素在土壤发生中的作用

在土壤形成过程中，生物对土壤肥力特性和土壤类型具有独特的作用。生物因素是促进土壤形成和发展最活跃的因素，其对土壤形成的影响主要体现在三个方面：①植物在成土过程中最重要的作用是将分散在母质、水圈和大气圈中的营养元素选择性地吸收起来，利用太阳辐射能合成有机物质，从而将太阳辐射能转变为化学潜能并引入成土过程之中；植物代谢产物和残体归还土壤，构成生物小循环，使土壤中营养元素相对富集，改善土壤性状，提升土壤肥力。②土壤动物参与了土壤中有机质和能量的转化过程。③微生物分解复杂有机质促使其矿质化，释放矿质养分；同时参与合成土壤腐殖质，促进团聚体结构的形成，改善土壤结构；还可加速物质循环，使有限的矿质养分发挥了无限的营养作用。总的来讲，植物和微生物在土壤发生发展过程中的作用更为关键。

（四）地形与土壤形成的关系

在土壤形成过程中，地形是影响土壤系统和环境之间物质和能量交换的一个重要因素，它与母质、生物和气候因素不同，不直接提供任何新的物质。它在土壤形成过程中的作用是引起地表物质和能量的再分配，简言之，就是通过影响其他成土因素对土壤形成起作用，主要体现在：①影响母质的搬运和堆积，使之重新分配；②支配着地表径流，影响水分的重新分配；③影响大气作用中的水热条件，引起植物生长状况的变化。

（五）成土时间对土壤形成的影响

时间因素对土壤形成没有直接影响，但可以体现在土壤的不断发展上，即随着成土时间的不断延长，其他成土因素的累积作用逐渐加强，土壤剖面的发育也日趋完善，与母质的差异也不断增大。时间因素常用土壤年龄来表征。土壤年龄是指土壤发生发育的时间长短，常将其分为绝对年龄和相对年龄。前者是指该土壤在当地新鲜风化层或新母质上开始发育时迄今所经历的时间，通常用年表示；后者是指土壤的发育阶段或发育程度。我们通常所说的土壤年龄是指土壤的相对年龄，可用土壤剖面分异程度加以区分，一般可分为幼年阶段、成年阶段和老年阶段（图 3-2）。

图 3-2　土壤发育的阶段性（张甘霖供图）

（六）人类活动对土壤形成的影响

除了五大自然成土因素以外，人类活动对土壤的形成和发展，特别是在土壤性质、肥力和发展方向等方面有着深刻的影响，甚至起着主导作用。需要指出的是，人类活动与其他五大自然成土因素有着本质的区别，不能简单地将人类活动作为第六个成土因素，其原因是：①人类不可能单独创造土壤，必须是在自然土壤的基础上进行改造；②人类在改造自然土壤的过程中具有主观能动性，且对自然土壤的改造幅度受到社会技术发展水平及人类需求的影响；③人类对土壤的影响速度比较快，如土壤酸化的幅度、机械移土；④人类对土壤的影响具有双重性，合理利用可提高土壤质量，不合理利用则导致土壤退化，且目前后者的影响比较严重。

上述各种成土因素可概括为自然成土因素（母质、气候、生物、地形和时间）和人为活动因素，前者存在于一切土壤形成过程中，产生自然土壤；后者是在人类社会活动的范围内起作用，对自然土壤进行改造，可改变土壤的发育方向和发育程度。各种成土因素虽在土壤形成过程中扮演的角色不同，但都不是独立存在，而是相互影响、互相制约的。综上所述，土壤形成的物质基础是母质，能量的基本来源是气候，生物的功能是物质循环和能量交换，使无机物转变为有机物，太阳能转变为生物化学能，促进有机物质积累和土壤肥力产生，地形、时间和人为活动则影响土壤的形成速度、发育方向和发育程度。

第二节　土壤形成过程

土壤形成过程是地质大循环与地表物质的生物小循环的对立统一过程。本节介绍土壤形成中常见的成土过程。

一、土壤形成过程中的地质大循环和生物小循环

土壤形成是个综合性的过程，其实质是以矿物风化为特征的地质大循环和以生物作用为特征的生物小循环矛盾统一的结果。地质大循环是指出露地表的岩石矿物风化后，其风化产物经淋溶、搬运、沉积，最后在成岩作用下重新形成岩石的循环过程。生物小循环指植物营养元素在生物体与土壤之间的循环，植物吸收岩石风化过程中释放的矿质养分，同化形成有机体供动物生长，而动植物死亡后的有机残体又回归到土壤中，经微生物的分解作用重新释放出可供植物吸收利用的矿质养分的过程。地质大循环时间长（10^6～10^8年）、范围广，养分元素向下分散；而生物小循环时间短（10^0～10^2年）、范围小，养分元素向上积累。地质大循环产生土壤的骨架——矿物质，使土壤具有初步肥力；而生物小循环产生土壤活性物质——有机质，进一步提高土壤肥力。正是这两个循环过程的对立统一使土壤肥力得以产生和发展。地质大循环和生物小循环的共同作用是土壤发生的基础，在土壤形成过程中，两种循环过程相互渗透、不可分割地同时进行着，通过土壤相互联结在一起（图 3-3）。

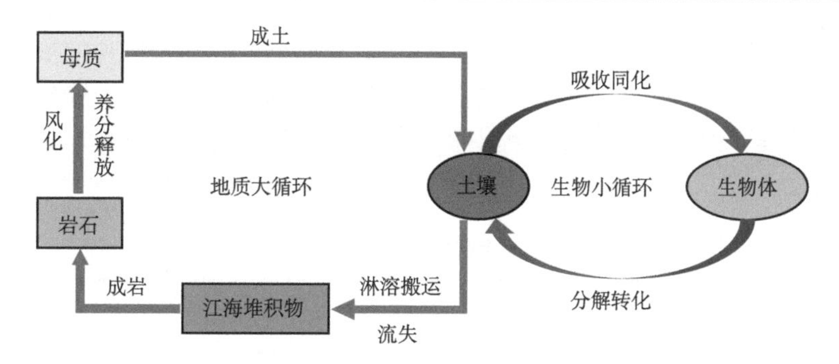

图 3-3　土壤形成过程中的地质大循环和生物小循环（黄昌勇和徐建明，2010）

二、自然土壤形成过程

土壤形成过程是指地壳表面的岩石风化体及其搬运沉积体，受其所处环境因素的作用，形成具有一定剖面形态和肥力特征的土壤的历程。在一定的环境条件下，土壤形成有其特定的或者占优势的物理、化学和生物作用，因而构成了各种特征性的成土过程。

如图 3-4 所示，按照物质迁移和转化的特征，成土过程可分为四大类：①物质输入土体；②物质输出土体；③物质在土体内转化；④物质在土体内迁移。这

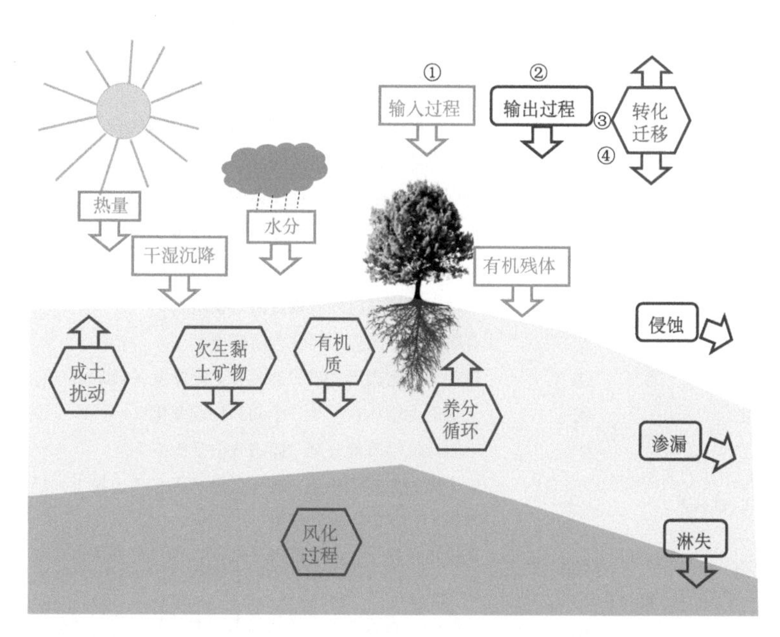

图 3-4　成土过程中物质迁移转化图示（改编自 Gerrard, 2000）

些过程主要包括有机质的形成与分解、原生矿物的分解与黏土矿物的形成、可溶性盐分和土壤颗粒的移动与淀积，以及由于组分不均衡迁移导致的物质相对积累和损失的过程。根据土壤形成过程中物质的迁移和转化特征，可将常见的成土过程归纳为表 3-1。下面主要介绍我国土壤形成中常见的成土过程。

表 3-1　常见的成土过程（引自 Boul et al., 1980）

成土过程	物质迁移转化过程归类（图 3-4）	概述
淋溶	③	物质自剖面的某一层段移除并具漂洗迹象
淀积	③	物质迁入剖面某一层段而形成淋溶黏化层或灰化淀积层
淋洗	②	可溶性物质自土体内淋失
富集	①	可迁移物质聚集于土体某一部分
表蚀	②	物质从土表移失
堆积	①	风、水等动力或人为作用把矿质土粒加于土表
脱钙	③	从土层中去除 $CaCO_3$ 的过程
钙积	③	在土层中积聚 $CaCO_3$ 的过程
盐化	③	易溶性盐在土层中积聚而形成盐化层或盐土
脱盐	③	易溶性盐从土壤盐化层中移去或减少
碱化	③	土壤胶体中钠饱和度提高
脱碱	③	碱化层中钠离子及易溶性盐淋失
黏粒悬迁	③	硅酸盐黏粒分散于水中，自 A 层迁至 B 层积聚
搅拌	③	生物活动、冻融交替或干湿交替作用使土壤物质搅匀
灰化	③,④	淋溶层中铁铝及有机物质发生化学迁移而损失，使 A 层富硅化
脱硅（富铁铝化）	③,④	全土层内 SiO_2 的化学迁移，造成铁铝氧化物的相对积累
分解	④	土壤中矿物质及有机质的分解
合成	④	土壤中新生黏粒及有机胶体的形成
暗色化	①,③	有机物质的混合作用，使浅色矿物质变为暗色
淡色化	③	暗色有机质的消失或迁出，使土色变浅
残落物形成	①	在地表积聚有机残落物及腐殖物质
腐殖化	③	有机残体在土体内转化为腐殖质
有机沉积	④	以腐泥或泥类形式沉积的具有一定厚度（<30 cm）的过程
成熟化	④	土壤肥力增加的化学、生物和物理变化
矿化	④	土内有机物质被分解，固态残留于土中
富铁化(棕化、红化)	③,④	原生矿物的释铁作用，释出的游离铁包于土粒上，经氧化、水化变为棕色、红色、棕红色等
潜育化	③,④	在淹水条件下，氧化铁发生还原，土色变为蓝色或灰绿色，土壤糊化，有亚铁反应
疏松化	④	动植物和人类活动及冻融交替或其他物理作用或物质淋失增大了土壤孔隙的过程
硬化	④	物质堵塞了孔隙或使大孔隙崩溃，使土壤板结、密实化

（一）原始土壤形成过程

从岩石露出地表着生微生物和低等植物开始到高等植物定居之前的成土过程，称为原始成土过程。原始成土过程是土壤形成作用的起始点，与岩石风化过程同时进行，通常这一过程与碎屑风化壳相伴随。根据岩面着生或定居生物的变化，可把原始土壤形成过程分为三个阶段。

首先是“岩漆”阶段，岩面上出现岩漆就是原始成土过程开始的标志，该阶段出现的生物为自养型微生物，如绿藻、硅藻等，以及与其共生的固氮微生物，可将许多营养元素吸收到生物地球化学循环中。

其次是“地衣”阶段（图 2-22），岩面上着生地衣类植物标志着原始成土过程进入第二个发展阶段。在这一阶段，各种异养型微生物，如细菌、黏菌、真菌、地衣组成的原始植物群落，着生于岩石表面与细小孔隙中，通过生命活动促使矿物进一步分解，不断增加细土和有机质，为苔藓植物的着生提供了物质基础。

最后为“苔藓”阶段，随着苔藓植物的生长和繁殖，岩石的生物风化与成土过程的速度大大加快，细土层不断增厚，为高等植物的生长准备了肥沃的基质。原始土壤的形成随着高等植物的生长繁殖而告终。

在高山冻寒气候条件下的成土作用以原始过程为主，我国的原始土壤主要分布在高原、高寒地区，如东北长白山及青藏高原的部分地区。

（二）有机质积聚过程

有机质积聚过程广泛存在于各种土壤中，是指在木本或草本植被下，有机质在土体上部积累的过程。根据成土环境的差异，我国土壤中有机质积聚过程可分为 6 种类型：①荒漠植被下土壤有机质积聚过程，其特征是土壤表层有机质含量在 10 g/kg 以下，甚至低于 3 g/kg，胡敏酸/富里酸小于 0.5；②草原植被下土壤有机质积聚过程，其特征是土壤有机质集中在 30 cm 以上土层，含量为 10～30 g/kg；③草甸植被下土壤有机质积聚过程，其特征是土壤表层有机质含量达 30～80 g/kg 或更高，腐殖质以胡敏酸为主；④森林植被下土壤有机质积聚过程，其特征是地表有枯枝落叶层，有机质积累明显，且积累与分解保持动态平衡；⑤高寒草甸植被下土壤有机质积聚过程，其特征是土壤剖面上部有毡状草皮层，有机质含量可高达 100 g/kg 以上，腐殖化作用弱；⑥泥炭积聚过程，多发生于长期积水和草甸或沼泽植物茂密生长条件下，因残落物不易分解，导致泥炭层不断积累变厚。

（三）黏化过程

黏化过程是土壤剖面中黏粒形成、迁移和淀积的过程，可分为残积黏化和淀积黏化。前者是土内风化作用形成的黏粒产物未经迁移，就地残积于土体层中，多发生在半湿润和半干旱地区；后者是风化和成土作用形成的黏粒，由上部土层向下悬迁和淀积而成，多发生在湿润地区。

（四）钙积和脱钙过程

钙积过程是由于季节性的淋溶条件，钙以碳酸盐（或硫酸盐）的形式在土体内移动淀积的过程，多发生于干旱、半干旱地区。通常钙积层的碳酸盐含量较高，为 10%～20%。

与钙积过程相反，在降水量大于蒸发量的生物气候条件下，土壤中的碳酸钙将转变为重碳酸钙从土体中淋失，称为脱钙过程。

（五）盐化和脱盐过程

盐化过程是指地表水、地下水及母质中含有的盐分，在强烈的蒸发作用下，通过土壤水的垂直迁移和水平迁移，逐渐向地表积聚，或是已脱离地下水或地表水的影响，而表现为残余盐积特征的过程。前者称为现代盐积作用，后者称为残余盐积作用。盐化土壤中的盐分主要是一些中性盐，如 $NaCl$、Na_2SO_4、$MgCl_2$、$MgSO_4$ 等。

脱盐过程是指土壤盐化层中可溶性盐通过降水迁移到下层或排出土体的过程。

（六）碱化和脱碱过程

碱化过程是交换性钠或交换性镁不断进入土壤吸附性复合体的过程，又称为钠质化过程。碱化过程的结果是形成碱积层，交换性钠饱和度≥30%，pH≥9.0，表层土壤含盐量不高（<5 g/kg）。

脱碱过程是指土壤碱化层中钠离子和易溶性盐类减少，胶体的钠饱和度降低的过程。

（七）富铝化过程

富铝化过程是指热带、亚热带湿热气候条件下，土壤形成过程中原生矿物强烈分解，盐基离子和硅酸大量淋失，铁、铝在次生黏土矿物中不断形成氧化物并相对富集的过程。该过程包括两方面的作用：脱硅作用和铁铝相对富集作用，故又称为脱硅过程或脱硅富铝化过程，是富铁土纲和铁铝土纲的主要成土过程。

（八）灰化过程

灰化过程是指在寒温带、寒带针叶林植被和湿润的条件下，土壤中的铁铝与有机酸性物质螯合淋溶淀积的过程。剖面表层形成灰白色的淋溶层，称之为灰化层；剖面下部形成较密实的棕褐色腐殖质铁铝淀积层。灰化过程是灰土纲的主要成土过程。

（九）潜育化和潴育化过程

潜育化过程是土壤长期渍水，有机质嫌气分解，铁锰强烈还原，形成灰蓝-灰绿色土体的过程。该过程主要出现在排水不良的水稻土和沼泽土中，往往发生在剖面下部，是潜育土纲和有机土纲的主要成土过程。潜育作用的发生需要具备水分饱和及存在一定的有机质两个条件。

潴育化过程是地下水位周期性上升下降，土壤中氧化还原反应交替进行，使得土体内出现大量锈纹锈斑、铁锰结核和红色胶膜等物质的过程，其实质是氧化还原交替过程。

（十）白浆化过程

白浆化过程是在季节性还原淋溶的条件下，黏粒与铁锰的淋淀过程，其实质是由于季节降雨或人工灌水而导致氧化还原交替所产生的潴育淋溶。白浆化过程又称为漂白淋洗过程或假灰化过程。

三、人为土壤形成过程

自从人类活动介入以后，土壤发育方向和发育程度受到了不同程度的影响。特别是工业革命以后，由于人口不断增加，人为作用对土壤的影响越来越深刻。总的来说，人为作用方式多种多样，除直接作用外，主要是通过影响和改变五大成土因素间接对土壤形成过程产生作用，如改变成土物质组成，影响地表形态，改变土壤水、气、热状况，改变生物活动，延缓或缩短成土时间。下面举例说明人为活动对土壤形成过程的影响。

（一）熟化过程

熟化过程是指在耕作条件下，通过耕作、培肥与改良，促进水、肥、气、热等肥力因子不断协调，使土壤朝有利于作物高产方向转化的过程，包括旱耕熟化过程和水耕熟化过程。

（二）退化过程

退化过程是指因自然环境不利因素和人为利用不当引起土壤肥力下降、植物生长条件恶化和土壤生产力衰退的过程。土壤退化可分为三大类，即土壤物理退化（坚实硬化、侵蚀、沙化等）、土壤化学退化（酸化、盐渍化、肥力衰退、化学污染等）和土壤生物退化（微生物活性和多样性下降、群落失衡等）。

第三节　土 壤 发 育

地表的岩石风化物及其再积体受所处环境因素的影响，形成具有一定剖面形态和肥力特性的土壤，称为土壤发育。具体表现为土体内物质的转化和迁移。

一、土壤个体发育

土壤个体发育是指具体的土壤从岩石风化产物或其他新的母质上开始发育的时候起，直到目前状态的具体历程。在不存在任何破坏作用的情况下，这种具体的土壤个体便向着具有与当地成土条件组合相适应的土壤类型方向发展。土壤个体发育分为三个阶段（图 3-5）：

（1）母质为风化不彻底有机质层的基岩，经进一步风化后被植物着生，开始了有机质积累过程并逐渐发育出淋溶层（A 层），这一阶段为幼年阶段，主要成土过程为有机质积累、分解及矿物变质过程。

（2）随着成土过程的继续进行，土壤开始形成次生黏土矿物并逐步发育出以黏粒淀积为主的黏化层（Bt 层），此时土壤进入成年阶段。

（3）在湿润条件下，土壤剖面中的下行水流导致淋溶作用发生并逐步发育出硅酸盐黏粒、铁铝等物质明显淋失的漂洗层（E 层），而这个阶段 Bt 层实质上已经发育成以相关物质淋溶淀积为主的淀积层（B 层），土壤进入老年阶段。

需要注意的是，土壤发育至老年阶段进入当地典型土壤行列并不是土壤发育的终止，而只是土壤的发育与当地环境条件的发展取得了暂时的动态平衡。

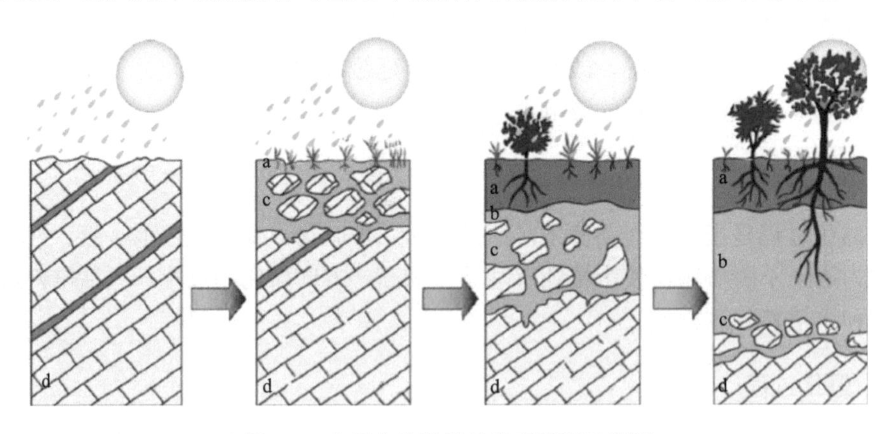

图 3-5　土壤个体阶段性发育过程示意图

从左至右依次为母质、幼年土壤、成年土壤、老年土壤（当地典型土壤）；a，淋溶层；b，淀积层；c，母质层；d，不受成土作用影响的碎屑层

二、土壤系统发育和土壤演替

土壤系统发育是指土壤圈中各土壤发生类型在地质历史时期内的发生和发展过程。土壤既是一个独立的历史自然综合体，同时也是整个地表自然环境系统的一个组成要素。因此，它是独立的而不是孤立的。土壤具有自己特殊的发展规律，但这种发展不是孤立进行的，而是与周围环境因素，特别是生物因素中的植物因素互为外在条件的相互影响、相互作用，辩证地发展着。例如，植物与其他成土因素的共同作用，创造了一种土壤类型，并在植物生长过程中继续向土壤提供物质，当这些物质积累到一定程度时，土壤就从一种类型转变为另一种类型。这种转变反过来作用于生物等环境因素，刺激新的生物种类的形成，后者又会塑造新的发生土类。由此可见，在漫长的地质时期内，土壤与环境要素之间的不断作用过程，也是新的土壤类型不断产生的过程。

土壤演替是指因地理环境变化引起的土壤或土被由一种类型转变为另一种类型的过程，具有明显周期性和节奏性。其中，气候变化和新构造运动在土壤演替方面发挥着重要的作用。以上所说的土壤个体发育、系统发育和土壤演替并不是孤立进行的，而是彼此之间有着发生上的联系。土壤的个体发育包括在土壤演替和系统发育之中；反过来，土壤系统发育又体现在土壤演替和个体发育之中。土壤演替是通过土壤个体发育来实现的，而土壤系统发育又是在土壤演替基础上进行的。

三、土壤发育的具体表现——土壤剖面形态特征

土壤在成土因素的作用下，产生一系列的土壤属性，这些属性的内在综合表现为肥力特性，而外在特征则反映于土壤的剖面形态。土壤剖面形态是土壤形成过程的产物，是土壤发育的具体表现，包括土壤剖面、发生层和土体构型。土壤剖面形态全面地反映了土壤发生学特征、物质组成、性质及其综合属性，以及成土环境条件的总体特征，是进行土壤性状诊断和土壤分类的重要依据。

（一）基本概念

1. 土壤剖面

土壤剖面是指从地表垂直向下至母质层的土壤纵断面，包括土壤发生层和母质层，深度一般在 2 m 以内。

2. 土壤发生层

土壤发生层是指土壤剖面中与地面大致平行的、物质及形状相对均匀的各层

土壤，简称土层。土壤发生层的形态特征一般包括颜色、质地、结构、新生体和紧实度等，土壤发生层分化越明显，土壤的发育程度就越高。

3. 土体构型

土体构型是指土壤剖面中土层的数目、排列组合形式和厚度，又称为土壤剖面构造。土体构型是土壤最重要的形态特征，显示了土壤发生过程和土壤类型的特征。

（二）土壤基本发生层

一个发育完善的土壤剖面，包括三个最基本的发生层，即淋溶层（A 层）、淀积层（B 层）和母质层（C 层）（图 3-6）。

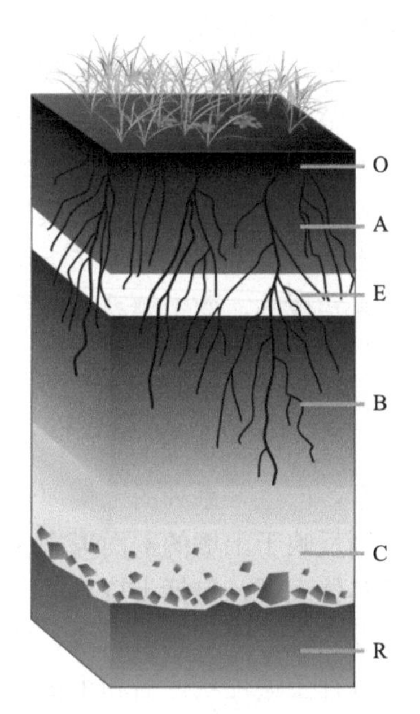

图 3-6　土壤剖面示意图

字母代表的意义见表 3-2

1. 淋溶层（A 层）

淋溶层位于土体最上部，包括有机质的积聚层和物质的淋洗层，是土壤剖面中最为重要的发生层，任何土壤都具有这一土层。在一个土壤剖面中该层生物活动最为强烈，有机质含量最高，颜色最深，土壤结构好而疏松，养分含量高，肥力最高。原始植被保存较好的地区，在 A 层之上还可出现有机质积聚层（O 层）。

2. 淀积层（B 层）

淀积层处于淋溶层的下面，是物质淀积作用形成的。淀积物质的种类可以是黏粒，也可以是钙、铁、锰、铝等，是区分土壤类型的最重要依据。

3. 母质层（C 层）

母质层位于土体的最下部，是没有发生明显成土作用的层次。

（三）其他土壤发生学层次

上述的淋溶层、淀积层和母质层只是土壤中的基本发生层，而构成土壤剖面的发生层类型很多，这与土壤发育时间和发育程度有关。如发育程度浅的土壤，剖面构型为 A-C；坡脚地带被埋藏的土壤可能出现 A-B-A-B-C 剖面构型；受强烈侵蚀的部位由于表土被冲刷，可能会产生 B-C 构型；只有在发育时间长且未受干扰的土壤中才可能出现较为完整的 O-A-B-C 构型剖面。迄今为止，国内外尚没有统一的表示土壤发生层的符号体系，表 3-2 和表 3-3 是常用的表示土壤剖面发生层层次和性状的符号标记。

表 3-2　土壤剖面发生层层次及其字母标记

符号	发生层的层位和性状
A	淋溶层（腐殖质层）
B	淀积层
C	母质层
O	有机质层（林下凋落物、毡状草皮）
H	泥炭层
E	漂洗层，硅酸盐黏粒遭破坏，黏粒、铁、铝三者皆有损失，而砂粒与粉粒聚集
G	潜育层
P	人工熟化层
W	潴育层
D	不受成土作用影响的碎屑层
R	母岩层

表 3-3　土壤剖面发生层形态或性状及其字母标记

符号	发生层的形态或性状
a	腐解良好的腐殖质层
b	埋藏层
c	结核形式的积聚

续表

符号	发生层的形态或性状
d	粗腐殖质层，粗纤维含量≥30%
e	水耕熟化的渗育层
g	氧化还原层（锈纹、锈斑或铁、锰结核）
h	矿质土壤的有机质自然积聚层
k	碳酸盐积聚层
m	强烈胶结、固结、硬化层
n	交换性钠积聚层
o	铁、铝的残余积聚层
q	次生硅酸盐积聚层
s	铁、铝的淋溶积聚层
t	黏化层
v	网纹层
w	风化过渡层
y	石膏积聚层
z	盐分积聚层

第四节　土 壤 分 类

土壤分类是根据土壤自身的发生发展规律，在分析比较的基础上对土壤进行的有效区分和归类。伴随土壤知识的更新、土壤信息技术的发展，土壤分类体系也在不断更新和发展。目前，土壤分类已逐步从传统分类走向数值分类，实现了土壤分类的定量化、数值化和信息化。本节主要概述土壤分类的目的和意义、世界土壤分类及我国土壤分类的发展情况，简要介绍我国现行的两套土壤分类系统，即土壤发生分类和土壤系统分类。

一、土壤分类概述

（一）土壤分类的目的和意义

由于不同地理区域内成土因素的强弱程度及其组合形式不同，造就了自然界中形形色色的土壤，它们在剖面形态特征、土体构型、理化性质、生产利用和环境效应等方面存在明显差异。需要对各种土壤进行识别与区分，以实现不同土壤资源的合理利用。土壤分类就是根据土壤自身的发生发展规律，系统地认识土壤，通过比较土壤之间的相似性和差异性，对各种土壤进行有效区分和归类。

土壤分类是土壤科学的重要基础，它反映土壤发生演化的规律，体现土壤类型间的联系和区别，是土壤科学发展水平的标志；其为充分认识、合理利用土壤资源、提升土壤质量和农业生产水平奠定了基础并提供了科学依据。土壤分类还是调查制图、资源评价及农业区划的基础。

（二）世界土壤分类概况

迄今为止，国际上还没有统一的土壤分类原则、分类系统和命名，存在多元分类体系。归纳起来主要有：

（1）以苏联土壤分类系统为代表的发生学分类，其基本观点是强调土壤与成土因素和地理景观之间的相互关系，将成土因素及其对土壤的影响作为土壤分类的理论基础，同时结合成土过程和土壤属性作为土壤分类的依据。

（2）以美国土壤系统分类为代表的土壤诊断学分类，其基本观点是将可直接感知和定量测定的土壤属性作为分类依据指标，并根据诊断层和诊断特性对土壤类型进行划分。

（3）土壤形态学发生学分类，其基本观点是根据与自然条件、成土过程有直接联系的土壤剖面形态进行分类，重视土壤水分状况、成土母质、风化类型及土壤有机质分解状态，并以土壤微形态作为土壤分类的重要依据。

（4）其他土壤分类体系，如西欧、联合国粮食及农业组织（FAO）等多种土壤分类系统，各有特色，但大多与上述主要分类体系有关联。

（三）我国土壤分类的发展

我国土壤分类有着悠久的历史和丰富的经验。2000多年前出现的《尚书·禹贡》和《管子·地员篇》等著作中就有最早的土壤分类的记载。中国近代土壤分类研究始于20世纪30年代，经历了马波特土壤分类、土壤发生分类和土壤系统分类三个阶段。

1. 马波特土壤分类

20世纪30年代，美国土壤学家梭颇（James Thorp）使用美国马波特土壤分类理论，对中国东部土壤进行了调查，建立了约2000个土系，并于1936年出版了中国近代最早的土壤分类专著《中国之土壤》。马波特分类一直沿用至20世纪50年代，其主要特点是根据生物气候条件划分高级单元——土类，根据土壤实体划分基层单元——土系。

2. 土壤发生分类

我国从1954年开始采用土壤发生分类系统，并结合我国国情陆续提出了一些新的土类，如黑土、黄棕壤、白浆土、砖红壤等，在对耕作土壤的普查下充实了水稻土的分类，明确了潮土、灌淤土等分类，大大推动了人为土分类的研究。随着国际交流的加强，我国的土壤分类研究工作也受到国外先进经验的积极影响，同时结合第二次全国土壤普查获得的大量土壤样本及数据，1984年全国土壤普查办公室草拟了《中国土壤分类系统》，并不断修订完善沿用至今。

3. 土壤系统分类

20世纪80年代，针对土壤发生分类存在的不足，由中国科学院南京土壤研究所主持，国内多家科研院所合作，历经多年研究，建成了以诊断层和诊断特性为基础，发生学理论为指导，面向世界和国际接轨并充分体现我国特色的中国土壤系统分类。最新版本为2001年的《中国土壤系统分类检索（第三版）》。

目前我国土壤分类处于土壤发生分类和系统分类并存的状态，前者属于发生学分类体系，后者属于诊断学分类体系。下面对我国现行的两种土壤分类系统分别予以简单介绍。

二、中国土壤发生分类

（一）分类原则

土壤发生分类遵循土壤发生学原则与统一性原则。采用成土因素、成土过程和土壤属性三结合的分类依据，并以土壤属性为基础，最大限度地体现土壤分类的客观性和真实性。在土壤分类中，将自然土壤和人为耕种土壤作为统一的整体进行土壤类型的划分，具体分析自然因素和人为因素对土壤的影响，力求揭示自然土壤与耕作土壤在发生上的联系及其演变规律。

（二）分类级别及划分依据

中国土壤发生分类系统采用七级分类制，即土纲、亚纲、土类、亚类、土属、土种、亚种。其中，土纲是具有共性的土类的归并，土类为基本单元，土种为基层单元，土属为土类与土种间的过渡单元，具有承上启下的作用。各分类级别的划分依据如下。

土纲，最高的土壤分类级别，根据成土过程的共同特点和土壤性质上的某些共性归纳，如铁铝土纲中的各土类均具有富铝化过程这一特点。

亚纲，同一土纲内，依据土壤形成过程中主要控制因素（如水热条件、岩性等）的不同导致的土壤属性重大差异进行划分，如铁铝土纲根据温度状况不同划分为湿润铁铝土和湿暖铁铝土两个亚纲。

土类，土壤高级分类的基本单元，根据成土条件、成土过程和发生属性的共同性划分。同一土类反映相同的成土条件和成土过程，具有特定的剖面形态及相应的土壤属性（特别是诊断层）、相似的肥力特征及改良利用途径，但土类间在性质上有明显的差异。

亚类，土类范围内的进一步划分，依据是主导土壤形成过程以外的次要成土过程。亚类反映同一土类处于不同发育阶段而使土壤表现出成土过程与剖面形态的差异，或不同土类之间的过渡。

土属，高级分类单元过渡到基层分类单元的一个中级分类单元，具有承上启下的特点。其主要根据母质、地形、水文等地方性因素来划分，可反映区域性变异对土壤的影响。

土种，土壤基层分类的基本单元，根据土壤发育程度进行划分，同一土种处于相同或相似的景观部位，是剖面形态特征在数量上基本一致的一群土壤实体。

亚种，土种范围内的细分，又称变种，根据土壤在某些性状上的差异进行划分。

从以上各级分类单元的划分标准可以看出，该分类系统的高级分类单元主要反映的是土壤在发生学方面的差异，而低级分类单元主要考虑土壤的生产利用性能。高级分类主要用于小比例尺的土壤调查制图，低级分类用以指导大、中比例尺的土壤调查制图。

（三）土壤命名和中国土壤发生分类系统表

该分类系统的土壤命名采用连续命名与分段命名相结合的方法，土类、土属、土种等均可单独命名。土纲名称由土类名称概括而成；亚纲名称在土纲名称前加形容词构成；土类名称以习惯用名称为主，部分采用经提炼后的土壤俗名；亚类名称在土类名称前加形容词构成；土属名称从土种中归纳；土种与亚种的名称主要从当地土壤俗名中提炼而来。连续命名以土类为基础。

我国现行土壤发生分类系统表于1992年由全国土壤普查办公室制订完成（表3-4）。

表3-4　中国土壤发生分类系统（土纲、亚纲、土类）

土纲	亚纲	土类
铁铝土	湿润铁铝土	砖红壤、赤红壤、红壤
	湿暖铁铝土	黄壤
淋溶土	湿暖淋溶土	黄棕壤、黄褐土
	湿暖温淋溶土	棕壤
	湿温淋溶土	暗棕壤、白浆土
	湿寒温淋溶土	棕色针叶林土、漂灰土、灰化土
半淋溶土	半湿热半淋溶土	燥红土
	半湿暖温半淋溶土	褐土
	半湿润半淋溶土	灰褐土、黑土、灰色森林土

续表

土纲	亚纲	土类
钙层土	半湿暖温钙层土	黑钙土
	半干温钙层土	栗钙土
	半干暖温钙层土	栗褐土、黑垆土
干旱土	干旱温钙层土	棕钙土
	干旱暖钙层土	灰钙土
漠土	干旱温漠土	灰漠土、灰棕漠土
	干旱暖温漠土	棕漠土
初育土	土质初育土	黄绵土、红黏土、新积土、龟裂土、风沙土
	石质初育土	石灰土、火山灰土、紫色土、磷质石灰土、石质土、粗骨土
半水成土	暗淡水成土	草甸土
	淡半水成土	潮土、砂浆黑土、林灌草甸土、山地草甸土
水成土	矿质水成土	沼泽土
	有机水成土	泥炭土
盐碱土	盐土	草甸盐土、滨海盐土、酸性硫酸盐土、漠境盐土、寒原盐土
	碱土	碱土
人为土	人为水成土	水稻土
	灌耕土	灌淤土、灌漠土
高山土	湿寒高山土	草毡土、黑毡土
	半湿寒高山土	寒钙土、冷钙土、冷棕钙土
	干寒高山土	寒漠土、冷漠土
	寒冻高山土	寒冻土

资料来源：徐建明，《土壤学（第四版）》。

三、中国土壤系统分类

中国土壤系统分类自1984年开始研究，于1991年出版了《中国土壤系统分类（首次方案）》，通过不断地补充修订，2001年推出《中国土壤系统分类检索（第三版）》。该分类系统是以诊断层和诊断特性为基础的系统化、定量化的土壤分类，在面向世界与国际接轨的同时，充分体现了我国特色。该系统分类共设立了11个诊断表层、20个诊断表下层、2个其他诊断层和25个诊断特性。

（一）分类级别及划分依据

中国土壤系统分类采用六级分类制，即土纲、亚纲、土类、亚类、土族和土系。其中，前四级为高级分类单元，后两级为基层分类单元。各分类级别的划分依据如下。

土纲，最高级土壤分类级别，根据主要成土过程产生的或影响主要成土过程的性质（诊断层或诊断特性）进行划分，共分出 14 个土纲。

亚纲，土纲的辅助级别，主要根据影响现代成土过程的控制因素所反映的性质进行划分，如水分、温度、岩性等。

土类，亚纲的续分级别，根据反映主要成土过程强度或次要成土过程或次要控制因素的表现性质的差异划分。

亚类，土类的辅助级别，主要根据是否偏离中心概念，是否具有附加过程的特性和是否具有母质残留的特性划分。

土族，土壤系统分类的基层分类单元，是在亚类范围内，主要反映与土壤利用管理有关的土壤理化性质发生明显分异的连续单元。

土系，最低级别的分类单元，由自然界中形态特征相似的单个土体组成的聚合体所构成，是直接建立在实体基础上的分类单元。

（二）土壤命名

该分类系统的土壤命名采用分段连续命名法，土纲、亚纲、土类、亚类为一段。其名称结构以土纲为基础，前面叠加反映亚纲、土类、亚类性质的术语，分别构成亚纲、土类和亚类的名称。土族命名采用在土壤亚类名称前冠以土壤主要分异特性的连续命名，土系则以地名或地名加优势质地名称命名。

（三）土壤系统分类表和检索方法

中国现行土壤系统分类共有 14 个土纲、39 个亚纲、141 个土类、595 个亚类（表 3-5）。

表 3-5　中国土壤系统分类系统（土纲、亚纲、土类）

土纲	亚纲	土类
有机土	永冻有机土	落叶永冻有机土、纤维永冻有机土、半腐永冻有机土
	正常有机土	落叶正常有机土、纤维正常有机土、半腐正常有机土、高腐正常有机土
人为土	水耕人为土	潜育水耕人为土、铁渗水耕人为土、铁聚水耕人为土、简育水耕人为土
	旱耕人为土	肥熟旱耕人为土、灌淤旱耕人为土、泥垫旱耕人为土、土垫旱耕人为土
灰土	腐殖灰土	简育腐殖灰土
	正常灰土	简育正常灰土
火山灰土	寒冻火山灰土	简育寒冻火山灰土
	玻璃火山灰土	干润玻璃火山灰土、湿润玻璃火山灰土
	湿润火山灰土	腐殖湿润火山灰土、简育湿润火山灰土
铁铝土	湿润铁铝土	暗红湿润铁铝土、简育湿润铁铝土

续表

土纲	亚纲	土类
变性土	潮湿变性土	盐积潮湿变性土、钠质潮湿变性土、钙积潮湿变性土、简育潮湿变性土
	干润变性土	腐殖干润变性土、钙质干润变性土、简育干润变性土
	湿润变性土	腐殖湿润变性土、钙积湿润变性土、简育湿润变性土
干旱土	寒性干旱土	钙积寒性干旱土、石膏寒性干旱土、黏化寒性干旱土、简育寒性干旱土
	正常干旱土	钙积正常干旱土、石膏正常干旱土、盐积正常干旱土、黏化正常干旱土、简育正常干旱土
盐成土	碱积盐成土	龟裂碱积盐成土、潮湿碱积盐成土、简育碱积盐成土
	正常盐成土	干旱正常盐成土、潮湿正常盐成土
潜育土	寒冻潜育土	有机寒冻简育土、简育寒冻潜育土
	滞水潜育土	有机滞水潜育土、简育滞水潜育土
	正常潜育土	含硫正常潜育土、有机正常潜育土、表锈正常潜育土、暗沃正常潜育土、简育正常潜育土
均腐土	岩性均腐土	富磷岩性均腐土、黑色岩性均腐土
	干润均腐土	寒性干润均腐土、黏化干润均腐土、钙积干润均腐土、简育干润均腐土
	湿润均腐土	滞水湿润均腐土、黏化湿润均腐土、简育湿润均腐土
富铁土	干润富铁土	钙质干润富铁土、黏化干润富铁土、简育干润富铁土
	常湿富铁土	富铝常湿富铁土、黏化常湿富铁土、简育常湿富铁土
	湿润富铁土	钙质湿润富铁土、强育湿润富铁土、富铝湿润富铁土、黏化湿润富铁土、简育湿润富铁土
淋溶土	冷凉淋溶土	漂白冷凉淋溶土、暗沃冷凉淋溶土、简育冷凉淋溶土
	干润淋溶土	钙质干润淋溶土、钙积干润淋浴土、铁质干润淋溶土、简育干润淋溶土
	常湿淋溶土	钙质常湿淋溶土、铝质常湿淋溶土、铁质常湿淋溶土
	湿润淋溶土	漂白湿润淋溶土、钙质湿润淋溶土、黏磐湿润淋溶土、铝质湿润淋溶土、铁质湿润淋溶土、简育湿润淋溶土
雏形土	寒冻雏形土	永冻寒冻雏形土、潮湿寒冻雏形土、草毡寒冻雏形土、暗沃寒冻雏形土、暗瘠寒冻雏形土、简育寒冻雏形土
	潮湿雏形土	潜育潮湿雏形土、砂姜潮湿雏形土、暗色潮湿雏形土、淡色潮湿雏形土
	干润雏形土	灌淤干润雏形土、铁质干润雏形土、斑纹干润雏形土、石灰干润雏形土、简育干润雏形土
	常湿雏形土	冷凉常湿雏形土、钙质常湿雏形土、铝质常湿雏形土、酸性常湿雏形土、简育常湿雏形土
	湿润雏形土	钙质湿润雏形土、紫色湿润雏形土、铝质湿润雏形土、铁质湿润雏形土、酸性湿润雏形土、暗沃湿润雏形土、斑纹湿润雏形土、简育湿润雏形土
新成土	人为新成土	扰动人为新成土、淤积人为新成土
	砂质新成土	寒冻砂质新成土、干旱砂质新成土、暖热砂质新成土、干润砂质新成土、湿润砂质新成土
	冲积新成土	寒冻冲积新成土、干旱冲积新成土、暖热冲积新成土、干润冲积新成土、湿润冲积新成土
	正常新成土	黄土正常新成土、紫色正常新成土、红色正常新成土、寒冻正常新成土、干旱正常新成土、暖热正常新成土、干湿正常新成土、湿润正常新成土

资料来源：中国科学院南京土壤研究所土壤系统分类课题组和中国土壤系统分类课题研究协作组，2001。

中国土壤系统分类是一个检索性分类，其各级类别是通过有诊断层和诊断特性的检索系统加以确定的。使用者只需根据土壤诊断层或诊断特性的表征，按照检索顺序，自上而下逐一排除那些不符合某一土壤要求的类别，就能找出其正确分类位置。

第五节　我国主要土壤类型

根据土壤系统分类，我国境内土壤可分为 14 个土纲、39 个亚纲和 141 个土类；根据土壤发生分类，我国境内土壤共分为 12 个土纲、30 个亚纲和 61 个土类。本节基于土壤发生分类系统，对我国主要土壤类型的地理分布、主导成土过程、剖面形态特征等进行简要介绍。

一、暗棕壤

（一）地理分布

暗棕壤分布于我国东北广大的天然针阔叶混交林区，包括小兴安岭、完达山系、长白山系（北部海拔 800 m 以下、南部 1100 m 以下），另在大兴安岭东坡有零星分布。此外，在秦岭、神农架、川西北和滇北的高山地区及青藏高原东南部的深切河谷的山地垂直带上也有暗棕壤分布。

（二）主导成土过程

1. 腐殖质和养分的累积

森林每年以枯落物的形式，将大量的有机物质归还土壤，形成林褥层。此外，林下草本植物每年在表土中遗留大量的根系残体。所以，腐殖质、氮素及矿物质在表土不断累积，逐渐形成了林下肥沃的腐殖质层。

2. 微酸性环境中元素的迁移

由于每年有大量钙、镁、钾、钠等碱金属和碱土金属归还到土壤中，中和了大部分有机酸，因而土壤溶液呈稳定的微酸性（pH 6.0 左右）。所以，土体中的铁、铝等元素处于较稳定的状态。季节性冻层的存在削弱了淋溶过程，一般情况下黏粒的下移不明显，不能形成黏化的 B 层。但是冻层的存在，形成暂时上层滞水，铁被还原为可溶性的亚铁化合物，一部分顺坡侧渗流失，一部分在土体渐干后氧化（Fe_2O_3）、析出，附着于土粒表面，由于氧化铁含量极少，氧化铁的胶膜少见。

（三）剖面形态特征

剖面构型通常为 O-Ah-AB-Bt-C（图 3-7）。

O 层厚度一般为 4～5 cm，由针阔乔木、灌木的枯枝落叶和草本植物的残体组成，可见白色菌体，疏松，有弹性，向下过渡明显。

Ah 层厚度为 8～15 cm，棕灰色，团粒结构，壤质，根系密集。

AB 层厚度小于 20 cm，比 Ah 层相对紧实，灰棕色，粒状结构，壤质。

Bt 层厚度为 30～40 cm，棕色，质地黏重、紧实，块状结构，结构体表面有不明显的铁锰胶膜。

C 层为棕色，半风化石砾很多，结构不明显，石砾表面可见铁锰胶膜。

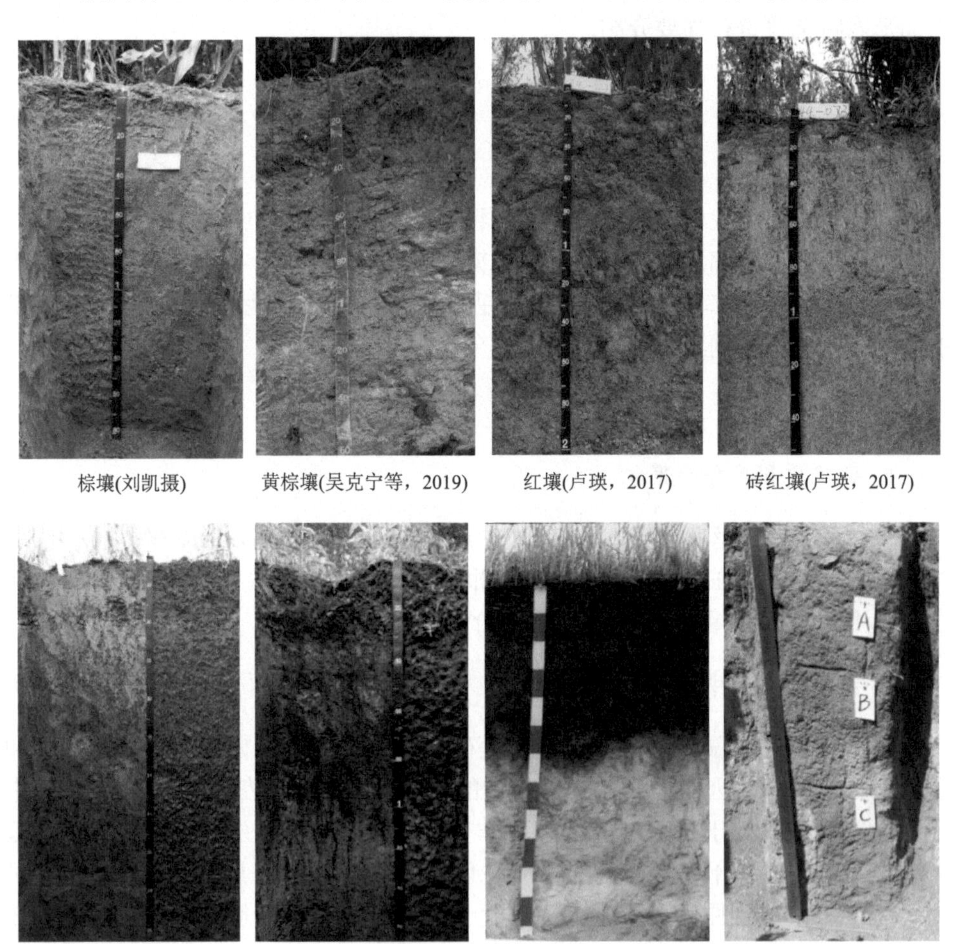

棕壤(刘凯摄)　黄棕壤(吴克宁等，2019)　红壤(卢瑛，2017)　砖红壤(卢瑛，2017)

暗棕壤(李娜摄)　黑土(李娜摄)　黑钙土(靳宇曦摄)　栗钙土(红梅摄)

图 3-7　主要土壤类型剖面

二、棕壤

（一）地理分布

棕壤集中分布在辽东半岛和山东半岛低山丘陵区，向南伸延到苏北丘陵区。棕壤分布区属于暖温带湿润气候区，地带性植被为落叶阔叶林和针叶、阔叶混交林。此外，在华北平原、黄土高原、内蒙古高原、淮阳古高原、淮阳山地、四川盆地、云贵高原和青藏高原等地的山地垂直带中也有广泛分布。

（二）主导成土过程

1. 淋溶与黏化过程

在棕壤成土过程中所产生的可溶性盐类、碱金属和碱土金属盐基等均被淋溶，土体中已无游离碳酸盐存在。土壤呈微酸性至中性反应。在成土过程中所形成的次生硅铝酸盐黏粒随土壤渗漏水下移，并在心土层淀积，形成黏化层，其黏粒（＜0.002 mm）含量高于表层。在黏粒形成和黏粒悬移过程中，铁锰氧化物也发生淋移。棕壤的全量铁锰、游离铁锰和活性铁锰自表层向下层略有增加的趋势，铁锰氧化物有微弱向下移动的特征。

2. 有机质积聚过程

棕壤分布区气候温暖湿润，在森林植被下的生物富集作用旺盛，土壤表层形成丰厚的腐殖质层，有机质含量一般在 50 g/kg 以上，高者可达 100 g/kg。

（三）剖面形态特征

棕壤具有明显的剖面发生层理，其剖面构型通常为 O-A-Bt-C 型（图 3-7）。

在森林植被下发育良好的棕壤剖面，O 层厚度一般为 2～10 cm，开垦后消失。

A 层厚度为 10～20 cm，灰棕色，壤质，粒状结构，疏松，无石灰反应。

Bt 层为黏化特征明显的心土层，厚度为 50～80 cm，色泽为红棕色或棕色，质地黏重，紧实，棱块状结构，结构面常被覆黏粒和铁锰胶膜，有时结构体中可见铁锰结核。

心土层之下为母质层（C），通常近于母质本色色泽，花岗岩半风化物多呈红棕色，而土状堆积物多呈鲜棕色，基岩风化物常含有一定量的砾石。

三、黄棕壤

（一）地理分布

黄棕壤分布区北起秦岭、淮河，南到大巴山和长江，西自青藏高原东南边缘，东至长江下游地带。黄棕壤分布区属于北亚热带湿润气候区，地带性植被为北亚热带落叶-常绿阔叶林。

（二）主导成土过程

1. 黏化过程

土壤黏化特征是黄棕壤形成的重要特征之一。由于黄棕壤中原生矿物转变为次生矿物的过程比较快，以及黏粒自上而下地移动淀积，在淀积层部位出现黏粒含量比其上下土层增高的现象。低山丘陵区黄棕壤的黏化程度比山地垂直带的黄棕壤显著。

2. 弱富铝化过程

弱富铝化特征是北亚热带黄棕壤的本质特征。低山丘陵区黄棕壤 B 层黏粒矿物组成中，高岭石与蒙皂石、伊利石等量，甚至更高，表现出黄棕壤向红壤过渡的土壤特征。山地垂直带的黄棕壤 B 层黏粒矿物组成中，高岭石与水云母、蛭石等量，甚至更高，同时有晶质铁铝氧化物三水铝石出现，表现出黄棕壤向黄壤过渡的土壤特征。

（三）剖面形态特征

典型黄棕壤的剖面构型为 O-A-Bt-C（图 3-7）。

O 层为不连续的薄层半分解凋落物层，其厚度为 1～20 cm，与植被类型密切相关。

A 层多为暗棕色腐殖质层，厚 10～20 cm，多为壤质，粒状或团块状结构，疏松。

Bt 层为棕色黏化层，棱块状或块状结构，结构面多红棕、暗棕色胶膜或有铁锰结核，质地较黏重、紧实。

C 层砾石含量较多，土壤裂隙及岩石碎块表面有少量铁锰胶膜。

四、黄褐土

（一）地理分布

黄褐土主要分布在北亚热带、中亚热带北缘及暖温带南缘的低山丘陵或岗地。其地域范围大致在秦岭－淮河以南至长江中下游沿岸，与黄棕壤处于同一自然地理区域。以河南和安徽的面积最大，其次为陕南、鄂北、江苏和川东北；在赣北九江地区沿长江南岸丘岗地也有小面积分布，这是黄褐土分布的南界。

（二）主导成土过程

1. 黏化过程

黄褐土的黏化特征是残积黏化和淀积黏化共同作用的结果。黏粒聚积层是黄褐土特有的剖面特征土层。据陕、皖、豫、鄂等省多点剖面统计，土壤淋溶层的黏粒（<0.002 mm）平均含量为30.7%左右，淀积层超过40%。

2. 弱脱硅富铝化过程

黄褐土黏粒（<0.002 mm）中氧化硅含量低于褐土，氧化铝含量明显高于褐土，低于黄、红壤，硅铝率[土壤中的 SiO_2 与三氧化物（如 Fe_2O_3、Al_2O_3）的分子比率，用以指示土壤脱硅富铝化程度]略高于黄棕壤而明显高于黄、红壤，表现出弱脱硅富铝化特征。

3. 氧化铁锰淋淀过程

在黄褐土矿物风化形成次生黏粒矿物的过程中，铁锰变价元素被释放，形成氧化物，在土壤湿润时还原为可溶性的低价化合物，随水向土体下部淋移；当土壤干旱失水后，氧化成难溶性的高价铁锰化合物，在土体一定深度淀积，形成暗褐色斑状胶膜和大小形状不等的结核新生体。这种剖面特征在AB层、B层和BC层均能见到，尤以B层和BC层最明显。

（三）剖面形态特征

典型黄褐土土体深厚，其剖面构型为A-Bt-C。

A层一般厚度为20～25 cm，呈棕色或红棕色，块状结构，壤质。

Bt层呈黄棕色、黄褐色或淡红棕色，中到大棱块状或棱柱状结构，结构体间垂直裂隙发达，表面有暗褐色黏粒胶膜和铁锰胶膜，土层致密黏实，有时可形成胶结黏磐，根系不易穿透。

C层色泽稍浅于Bt层，有砂姜体出现。

五、红壤

（一）地理分布

红壤是中国铁铝土纲中位置最北、分布面积最广的土类，主要分布于长江以南的低山丘陵区，包括江西、湖南两省的大部分，滇南、湖北的东南部，广东、福建北部及贵州、四川、浙江、安徽、江苏等的一部分，以及西藏南部等地，其中江西、湖南两省分布最广。红壤分布区属于中亚热带湿润气候区，地带性植被为常绿阔叶林或针阔叶混交林。

（二）主导成土过程

1. 脱硅富铝化过程

红壤主要分布区（即安徽、浙江、江西、湖南、福建、广东等省）的调研结果表明，由花岗岩风化物发育的红壤中，硅的迁移量一般在 50%～70%，钙、钾、钠的迁移量更高，可达 90%以上；同时，从风化体到土壤铁铝氧化物都有明显的聚积，表现出脱硅富铝化特征。由南到北，红壤中硅和盐基迁移量以及铁、铝氧化物的富集程度有逐渐变小的趋势。不同的成土母质，由于矿物组成不同，其富铝化强度也有一定的差异。

2. 生物富集过程

红壤区的植被以常绿阔叶林为主，其次为常绿阔叶-落叶阔叶林和针阔叶混交林，马尾松林的分布面积也很广。皖、浙、闽、湘、粤、滇、川等省的调研资料显示，在植被覆盖较好的常绿阔叶林下，凋落物（干物质）每年可达 12630 kg/hm^2。但因植被类型和生境条件的差异，生物富集情况也不相同。

（三）剖面形态特征

红壤土体深厚，典型的剖面构型为 A-Bs-C（图 3-7）。

A 层呈暗红色，一般厚度为 10～20 cm，碎块状或屑粒状结构，疏松，植物根系较多。

Bs 层为铁铝淀积层，是脱硅富铝化的典型发生层，其厚度为 0.5～2 m，呈均匀的红色或棕红色，紧实黏重，核块状结构，多铁锰胶膜。

C 层包括红色风化壳和各类岩石风化物，呈红色、橙红色；另外，在 B 层之下，有红色、橙黄色与灰白色相互交织的“网纹层”。

六、黄壤

（一）地理分布

黄壤广泛分布于北纬 30°附近的亚热带、热带山地和高原，所处海拔高于红壤，主要分布于四川、贵州两省，以及云南、福建、广西、广东、湖南、湖北、浙江、安徽、台湾等地，是我国南方山区主要的土壤类型之一。黄壤是在亚热带湿润气候条件下形成的地带性土壤。

（二）主导成土过程

1. 黄化过程

黄化过程是黄壤独有的特殊成土过程。由于成土环境相对湿度大，土壤经常保持潮湿，使土壤中的氧化铁高度水化形成一定量的针铁矿（FeO•OH），并常与有机质结合，剖面呈黄色或蜡黄色，以剖面中部的淀积层（B 层）最为明显。相同母质情况下，黄壤在森林植被下的黄化作用更明显；在同一母质和植被条件下，又以平缓地段土壤黄化作用最强。

2. 脱硅富铝化过程

脱硅富铝化是黄壤主要的成土特征之一，但较红壤弱。

3. 生物富集过程

生物富集作用对黄壤的发育起着重要作用。黄壤的有机质含量既取决于每年进入土壤的凋落物量，同时也随海拔上升而增加，这与随海拔升高温度降低、湿度增大，土壤有机质分解速率降低而有利于积累有关。

（三）剖面形态特征

黄壤土体较红壤浅薄，典型剖面构型为 O-Ah-Bs-C。

O 层厚 10～20 cm。

Ah 层厚 10～30 cm，呈暗灰棕色至淡黑色，屑粒状或碎块状结构。

Bs 层厚度在 15～60 cm，呈黄色或蜡黄色，多为块状结构，结构面上有带光泽的胶膜。

C 层保留母岩色泽，混杂不一。

七、砖红壤

（一）地理分布

砖红壤是我国最南端热带雨林或季雨林地区的地带性土壤。水平分布在北纬 22°以南的热带北缘，包括海南岛、雷州半岛及台湾南部、广西、云南的部分地区。

（二）主导成土过程

1. 强度脱硅富铝化过程

强度脱硅富铝化是砖红壤形成的主要过程。在热带气候条件下，土壤中的原生矿物强烈风化，硅酸盐类矿物分解比较彻底，硅和盐基大量淋失，铁、铝氧化物明显聚积，黏粒和次生矿物不断形成，经过长期风化，形成厚达数米甚至十数米的红色、富铝风化壳。具有以下四个方面的特征：

1）铁、铝氧化物高度富集

砖红壤土体化学组成分析结果表明，硅的迁移量平均为60%，高者可达80%以上；钙、钾、钠的迁移量均在90%以上；镁的迁移量平均为80%左右。随着硅和盐基的大量淋失，铁、铝氧化物相对高度富集。

2）风化淋溶作用强烈

土壤中可溶性盐类、碱金属和碱土金属元素大量淋失，土壤有效阳离子交换量低，其中以交换性酸为主，而交换性铝占交换性酸总量的90%以上。因此，土壤呈强酸性反应。

3）铁的游离度高

在风化成土过程中，原生矿物中的铁被分解游离，形成各种形态的氧化物。土壤中游离氧化铁含量可以反映砖红壤的风化强度。铁的游离度（即土壤中游离氧化铁占全量氧化铁的百分率）越高，表明原生矿物风化分解越彻底，砖红壤铁的游离度高达80%左右。

4）残积黏化及次生矿物形成

砖红壤的B层是风化成土作用形成的淋淀残积黏化层。B层的质地较黏，以壤黏土为主，尤其是玄武岩风化物发育的B层黏粒含量可高达50%以上(为黏土)。

2. 高度生物富集过程

砖红壤区的原生植被为热带雨林或季雨林，植物种类繁多，群落结构复杂。在热带气候条件下，植物生长繁茂，大量凋落物提供了土壤物质循环与养分富集的基础，表现出生物与土壤间强烈的物质交换，土壤的“生物自肥”作用十分强烈。但因土壤微生物和动物种群丰富，凋落物也易于迅速分解矿化，其物质循环具有有机质合成积累快、分解矿化也快的特点。

（三）剖面形态特征

典型的砖红壤剖面层次分化明显，具O-Ah-Bs-Bsv-C构型（图3-7）。

在林下O层一般有几厘米厚。

Ah层厚度为15～30 cm，呈暗红棕或暗棕色，屑粒状结构或碎块结构，疏松多根。

Bs层为氧化铁铝聚积层，紧实黏重，块状结构，结构面上有暗色胶膜，呈砖红色或暗红棕色，且伴有铁质结核，呈管状、弹丸状或蜂窝状，厚度1 m左右。

Bsv层为聚铁网纹层，较深厚，紧实，呈红、黄、白等杂色蠕虫状。

C 层呈暗红色，夹半风化母岩碎块。

八、黑土

（一）地理分布

黑土主要分布在呼伦贝尔草原、大小兴安岭、三江平原、松嫩平原和长白山地区，以黑龙江、吉林两省分布面积最广，内蒙古也有一定的分布面积。黑土区属温带半湿润大陆性季风气候，自然状态下的黑土区植被是森林草甸或草原化草甸，大部分以杂草类群落为主，种类多、生长繁茂且覆盖度大，有的地方称其为“五花草塘”。

（二）主导成土过程

1. 腐殖质积累过程

草原化草甸植物生长繁茂，地上及地下有机物质年累积量可达 15000 kg/hm^2；至漫长而寒冷的冬季，土壤冻结，微生物活动受到抑制，使每年遗留于土壤中的有机物质得不到充分分解，以腐殖质的形态积累于土壤中，从而形成深厚的腐殖质层。自然条件下，黑土表层有机质含量高达 60～80 g/kg，氮和灰分元素的积累量也很大，土壤团粒状结构发育良好，盐基交换量和盐基饱和度高，养分含量丰富，土壤自然肥力高。

2. 淋溶淀积过程

黑土形成的另一个特征是物质的迁移和转化。在临时性滞水和有机质分解产物的影响下，产生还原条件，使土壤中的铁锰元素发生还原，并随水移动，至干旱期又被氧化淀积。经过长期周期性的氧化还原交替，在土壤孔隙中形成铁锰结核，在有些土层中可见到锈斑和灰斑。此外，溶于土壤溶液中的硅酸也可随融冻水沿毛管上升，一旦水分蒸发，便以无定形白色粉末析出附于结构面上，这些现象说明黑土具有水成土壤的某些特征。黑土土体中的铁、铝及多种元素在淀积层中有富集的趋势，有些黑土黏粒也有一定下移，有轻微的淋溶淀积特征。

（三）剖面形态特征

黑土典型剖面由腐殖质层、过渡层、淀积层和母质层组成，属 Ah-ABh-Bts-C 剖面构型（图 3-7）。

Ah 层呈黑色，厚度一般为 30～70 cm，团粒结构良好，疏松多孔，多植物根系，无石灰反应。

ABh 层为过渡层，颜色较表层稍淡，多呈暗灰棕色，厚度为 20～50 cm，核块状结构，有铁锰结核（1～2 mm）和二氧化硅粉末，可见少量锈色斑纹。

Bts 层为灰棕色或黄棕色，厚度为 50～100 cm，黏重紧实，棱块状结构，结构表面有白色二氧化硅粉末，多铁锰结核，在淀积层到母质层还可见到黄色锈斑、胶膜和灰色斑纹。

C 层多为黏土、亚黏土，无结构。

九、黑钙土

（一）地理分布

黑钙土主要分布于大兴安岭中南段东西侧的低山丘陵、松嫩平原的中部和松花江、辽河的分水岭地区，向西延伸至燕山北坡和阴山山地的垂直带谱上，在行政区划上主要分布在内蒙古、吉林、黑龙江、新疆、青海及甘肃等省份。黑钙土发育于温带半湿润半干旱气候区，地带性植被为草甸草原和草原植被。

（二）主导成土过程

1. 腐殖质积累过程

黑钙土形成的主要特征为腐殖质积累和钙的淀积。由于植物生长较茂密，年地上部分的生物量干重为 11250～18000 kg/hm^2，而且地下部总量远大于地上部，加上适宜的水热条件，腐殖质积累较多。腐殖质层的厚度在 30 cm 以上，有机质含量平均在 45 g/kg 左右，高者达 70 g/kg 以上，这是黑钙土的重要特征之一。

2. 碳酸钙的淋溶和淀积过程

黑钙土的水分条件属半淋溶型，盐基淋溶不完全，土壤胶体为钙、镁所饱和，并在土体中淀积形成钙积层。由于各亚类水分条件的不同，钙的淋溶和淀积状况有很大差异。

（三）剖面形态特征

黑钙土典型剖面由腐殖质层、舌状过渡层、钙积层、母质层组成，剖面属 Ah-ABh-Bk-Ck 构型（图 3-7）。

Ah 层呈黑色或暗灰色，厚度为 30～50 cm，具有团粒状结构。

ABh 层，灰棕色与黄灰棕色相间分布，厚度为 30～40 cm，有明显的腐殖质舌状下伸，小团块状结构，微弱石灰反应。

Bk 层为钙积层，呈灰黄色、灰棕色、灰白色，厚度为 40～60 cm，团块状结构，碳酸钙呈假菌丝状、斑纹或粉末状淀积，有明显石灰反应。

Ck层，形态因母质类型不同而差异较大，有石灰反应。

十、栗钙土

（一）地理分布

栗钙土主要分布在内蒙古高原的东部和中部，大兴安岭东南部的丘陵地带，鄂尔多斯高原东部，以及阴山、贺兰山、祁连山、阿尔泰山、天山、准噶尔界山、昆仑山的垂直带与山间盆地。分布区属温带半干旱大陆性气候，植被是典型的干草原。

（二）主导成土过程

1. 腐殖质积累过程

栗钙土是在半干旱气候、多年生丛生禾草为主的草原植被下形成的，雨热同季利于植物生长和残体分解，冬季漫长又有利于腐殖质的累积，地上生物量的干重为450～1800 kg/hm^2，地下生物量是其地上的10～15倍，高者达20倍，并主要集中在0～30 cm土层内，为土壤腐殖质的形成和累积提供了丰富的物质来源。栗钙土腐殖质层厚度一般为25～35 cm，变幅在15～45 cm内；腐殖质层有机质含量为4.5～50 g/kg，平均在20～30 g/kg。

2. 碳酸钙淋溶与淀积过程

虽然栗钙土地区年降水量较低，但集中于夏秋两季，因而土壤形成过程中母质所存贮的钙和植物残体分解释放的钙，在此季节便以碳酸氢钙的形态向下淋溶。由于淋洗水量有限，使钙以碳酸钙的形态淀积于心土层中，形成钙积层。钙积层的厚度一般为20～70 cm；出现的深度为20～50 cm不等，深者达100 cm；碳酸钙含量在50～200 g/kg，具有层状钙积层的土壤含量可高达400～500 g/kg。

碳酸钙的淀积形态有粉末状、菌丝状、网纹状、斑点状、砂姜状、斑块状和层状，通常以后三者的碳酸钙含量较高。农民称具有层状钙积层的土壤为“白干土”，其水肥条件最差。碳酸钙淀积的部位和淀积量与成土母质、地形部位及降水量的多少有密切关系。

（三）剖面形态特征

栗钙土典型剖面由腐殖质层、钙积层和母质层组成，属Ah-Bk-C剖面构型（图3-7）。

Ah 层呈暗栗色至淡栗色，厚度为 25～50 cm，从东向西逐渐变薄，壤质，粒状或团块状结构。

Bk 层为钙积层，呈灰棕色至浅灰色，厚度为 30～50 cm，从东向西逐渐变厚，紧实，少根系，多呈网纹、斑块状，也有假菌丝体或粉末状。

C 层呈灰黄色、黄色或淡黄棕色，常随不同基岩风化物的色泽而异。

十一、棕钙土

（一）地理分布

棕钙土是温带干旱草原向荒漠过渡区，具有薄层棕色腐殖质层和白色薄的碳酸钙淀积层的土壤，主要分布在内蒙古高原中西部、鄂尔多斯高原西北部及新疆北部，青海柴达木盆地东部、甘肃河西走廊也有分布。植被具有草原向荒漠过渡的特征，分为邻近干草原的荒漠草原和向荒漠草原过渡的草原化荒漠两个亚带。

（二）主导成土过程

1. 腐殖质积累过程

虽然棕钙土的植被较差，但仍能对土壤有机质的积累起作用，如内蒙古高原的棕钙土，其植被的鲜草产量为 450～1200 kg/hm^2，每年进入土壤中的枯落物和残根平均为 2850 kg/hm^2。在植被作用下，棕钙土表土形成薄腐殖质层，其平均厚度为 27.7 cm。

2. 碳酸钙、石膏和易溶盐类的淋溶与淀积过程

在降水作用下，土壤中的碳酸钙以重碳酸钙的形态随重力水下移，因降水有限，加之重碳酸钙溶解度低，在土体中下移的深度不大，一般在腐殖质层以下发生淀积，形成钙积层。腐殖质层碳酸钙的含量低，只有 10～50 g/kg，而钙积层则富含碳酸钙，其含量可达 100 g/kg 以上。

（三）剖面形态特征

棕钙土的典型剖面由腐殖质层、钙积层和母质层组成，属 Ah-Bk-Cyz 剖面构型。

Ah 层，厚度一般为 20～35 cm，棕色或红棕色，向下过渡较栗钙土急速而整齐，块状或碎块状结构，植物根系甚多。

Bk 层为钙积层，呈灰白色，平均厚度为 35 cm，碳酸钙呈粉末状或斑块状淀积，很紧实，植物根系很少。

Cyz 层，岩石风化母质层较薄，洪积冲积物堆积形成的母质层较厚，有少量

碳酸钙淀积，有的还出现石膏结晶。

十二、灰钙土

（一）地理分布

灰钙土的分布是不连续的，分东、西两个区，为荒漠土壤所间断。东区主要分布在银川平原、青海东部湟水河中下游平原、河西走廊武威以东地区。在毛乌素西南部起伏丘陵、宁夏中北部一些低丘和甘肃屈吴山垂直带也有分布。西区仅限于伊犁谷地。以甘肃省面积最大，其次为宁夏，新疆、青海、内蒙古及陕西也有分布。分布区属温带干旱大陆性季风气候，植被以荒漠植被为主。

（二）主导成土过程

1. 弱腐殖质积累过程

在地面着生的地衣、苔藓作用下，灰钙土有一定的有机质积累。地衣和苔藓雨季生长旺盛，冬季干旱时，枯残物积聚地面，使结皮层具有较高的有机质，其含量一般为20～30 g/kg。禾本科植物根系是灰钙土中有机质的重要补给源。由于根系分布较深，灰钙土剖面的有机质相应的积累也较厚，平均厚度为26.4 cm，厚者可达50 cm左右；有机质平均含量为10.9 g/kg。

2. 通体钙化过程

灰钙土地区的降水量虽少，但多以阵雨降落，对土壤中的盐类有一定的淋溶作用。降水时土壤中的钙和植物残体分解释出的钙，以重碳酸钙的形态随重力水下移。因降水量不够大，雨水下渗深度有限，加之溶解度小，故在土壤剖面中下部的孔壁或结构面上，碳酸钙以假菌丝状或斑点状沉淀，有时会形成斑块状的碳酸钙淀积层。此层在剖面中的出现深度平均为31.7 cm，碳酸钙含量一般为150～200 g/kg，平均为180.9 g/kg。

（三）剖面形态特征

灰钙土剖面发育微弱，但仍可见结皮层、腐殖质层、钙积层和母质层，其典型剖面构型为Al-Ah-Bk-Cy（或Cz）。

Al层为结皮层，色泽灰暗，厚2～3 cm，有较多海绵状孔隙（干旱地区土壤表层由于特有的水分汽化和微生物呼吸产生的海绵状结皮）。

Ah层为腐殖质层，呈灰黄棕色或淡灰棕色，平均厚度为26 cm，块状或碎块状结构，少数粒状结构，植物根系较多。

Bk 层为钙积层，平均厚度为 39 cm，较 Ah 层及母质层紧实，块状结构，植物根系很少，在结构面或孔壁可见到白色假菌丝状或斑块状石灰质新生体（无明显淀积而成层），有时还有少量雏形砂姜。

Cy 层因母质类型不同，形态各异。

第六节　土壤地理分布规律

土壤是气候、生物、地形、母质、时间等成土因素综合作用的产物，因此土壤的形成、分布与其所处的自然条件密切相关。这种与气候、生物等因素的地带性分布规律相适应的土壤分布特征，称为土壤的地带性分布规律，包括水平地带性分布规律、垂直地带性分布规律和地域性分布规律。我国幅员辽阔，地形起伏，南北地跨多个温度带，东西干湿状况差异明显，因此土壤具有明显的空间分布规律。下面对我国土壤地理分布规律做简要介绍。

一、土壤水平地带性分布规律

土壤在水平方向上随生物气候带发生的规律性变化称为土壤水平地带性分布规律。我国土壤的水平地带性分布分为由寒温带到热带的热量带谱和湿润海洋性气候逐步向干旱内陆性气候的降水量带谱。寒温带到热带的地带谱又称土壤纬度地带性，东南沿海到内陆的地带谱又称土壤经度地带性，两者之间有过渡性的土壤地带谱（图 3-8）。

（一）土壤的纬度地带性分布规律

土壤的纬度地带性分布规律是指土壤高级类别（土纲、亚纲）或地带性土类（亚类）随纬线方向延伸，按纬度方向逐渐变化的规律。不同纬度地表接收的太阳辐射量不同，因而温度随纬度带发生规律性的变化，生物和土壤也相应地呈带状分布。这种分布规律在我国东部沿海湿润地区表现较为明显（图 3-9）。由南向北，自热带经南亚热带至中亚热带，植物类型分布依次是热带雨林、季雨林至常绿阔叶林，土壤类型依次是砖红壤、赤红壤、红壤与黄壤，以红壤带幅最宽；北亚热带植被类型是具有过渡性特征的落叶与常绿阔叶混交林，土壤类型是黄棕壤和黄褐土；至湿润暖温带，植物类型是落叶阔叶林，土壤类型为棕壤；至东北湿润温带区，植被类型为针阔叶混交林，土壤类型为暗棕壤；最北部寒温带针叶林植被下，土壤类型为棕色针叶林土。

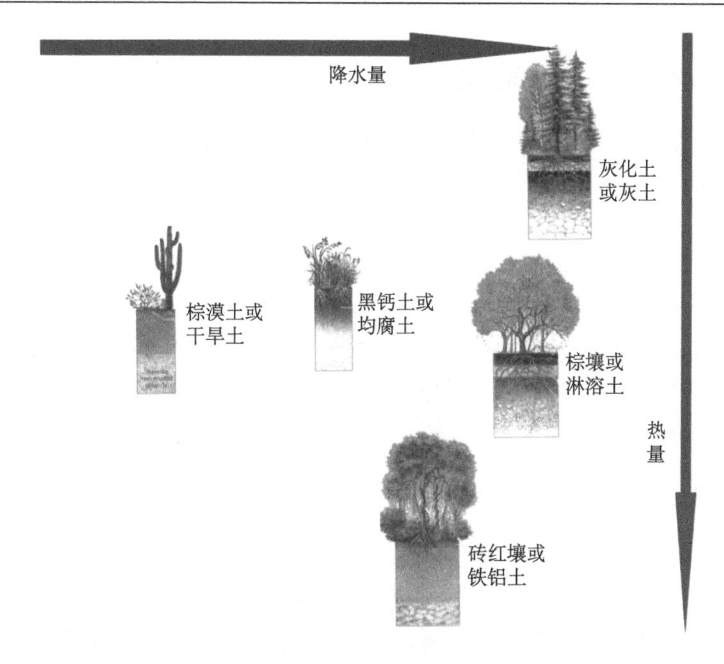

图 3-8　欧亚大陆广域土壤分布模式图（李天杰等，2004）

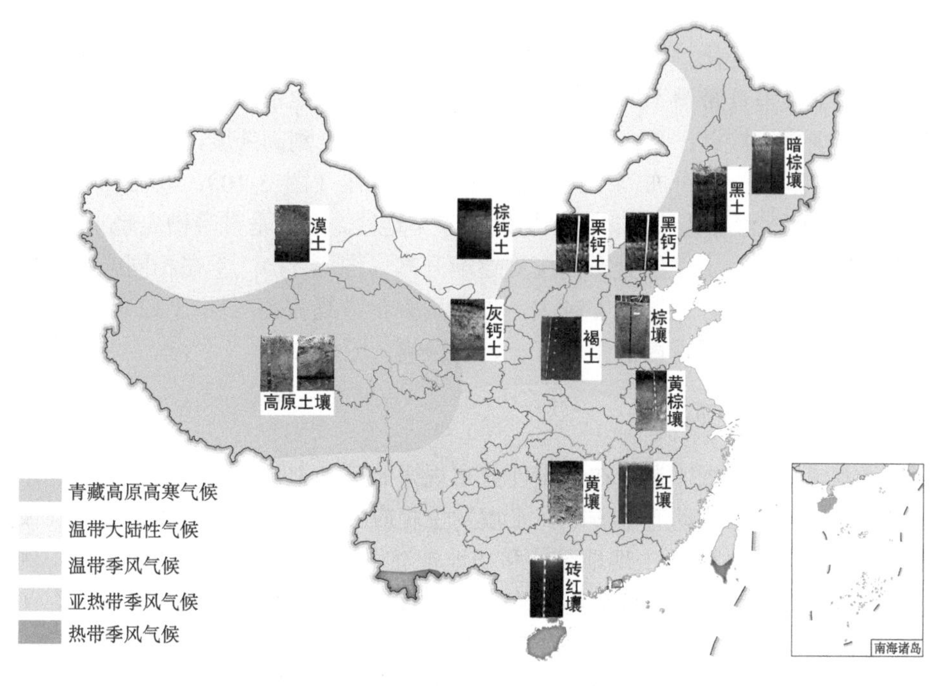

图 3-9　中国主要土壤类型分布图示

（二）土壤的经度地带性分布规律

土壤的经度地带性分布规律是指地带性土类（亚类）随经线方向延伸，按经度方向由沿海向内陆逐渐变化的规律。这一规律主要出现在干旱内陆地区，由于水分随经度发生明显变化，引起植被类型和土壤类型也产生相应的规律性变化。在我国北方规律性最为明显，从东部的湿润温带区森林下发育的暗棕壤起，向西到松嫩平原湿润“五花草塘”下形成的大面积黑土，再向西到松嫩平原西部草甸草原下发育的黑钙土，随后逐渐过渡到干草原，在不同干草原下，土壤中碳酸钙积累成层形成栗钙土、棕钙土。向西进入漠境时，更趋干旱少雨，植被覆盖率更低，出现灰漠土和灰棕漠土。

二、土壤垂直地带性分布规律

我国是多山国家，山地类型多样，随着山体海拔的升高，热量骤减，降水在一定高度内递增，引起植被等成土因素随海拔发生有规律的变化。这种因山体海拔变化引起的气候-生物带状分异所产生的土壤带状分布规律，称为土壤垂直地带性分布规律。土壤垂直带谱中，位于山地基部、与当地的地带性土壤相一致的土壤带，称为基带。垂直带谱的结构随基带生物气候的不同以及山体高度、坡向和形态差异呈规律性变化。纵观我国主要山地土壤垂直带谱，有如下特点：①地理位置不同，土壤垂直带谱不同；在相同的生物气候土壤地带内，土壤垂直带谱的组成和排列规律较接近；②在相似的经度上，从低纬度到高纬度，土壤垂直带谱呈由繁到简、同类土壤分布高度由高到低的分布规律（图 3-10）；③在相似的纬度上，从湿润地区经半湿润、半干旱地区到干旱地区，土壤垂直带谱先趋于复杂，随后趋于简单，同类土壤的分布高度则逐渐升高（图 3-11）；④在相同或相似的地理位置，山体越高，相对高差越大，土壤垂直带谱越完整（图 3-12）；⑤山地坡向、山体形态对土壤垂直带谱也有一定的影响（图 3-13）。

三、土壤地域性分布规律

土壤地域性分布规律是指在地带性分布规律的基础上，由于地形、母质、水文、成土年龄及人为活动等的影响，土壤发生相应变异，形成非地带性土壤（或称隐域性土和泛域性土），出现地带性和非地带性土壤的镶嵌或交错分布现象。例如，在四川盆地存在黄壤和紫色砂页岩母质发育的紫色土组合；江西红壤区存在红壤和水稻土（人为土）组合；大兴安岭地区海拔 400 m 以上通常分布着暗棕壤，400 m 以下的各级阶地上则分布着白浆土、沼泽土和黑土等；从太行山横穿华北平原到海边，依次分布着地带性土壤——褐土，以及由于地下水位和水质等变化形成的潮土和滨海盐土等非地带性土壤。

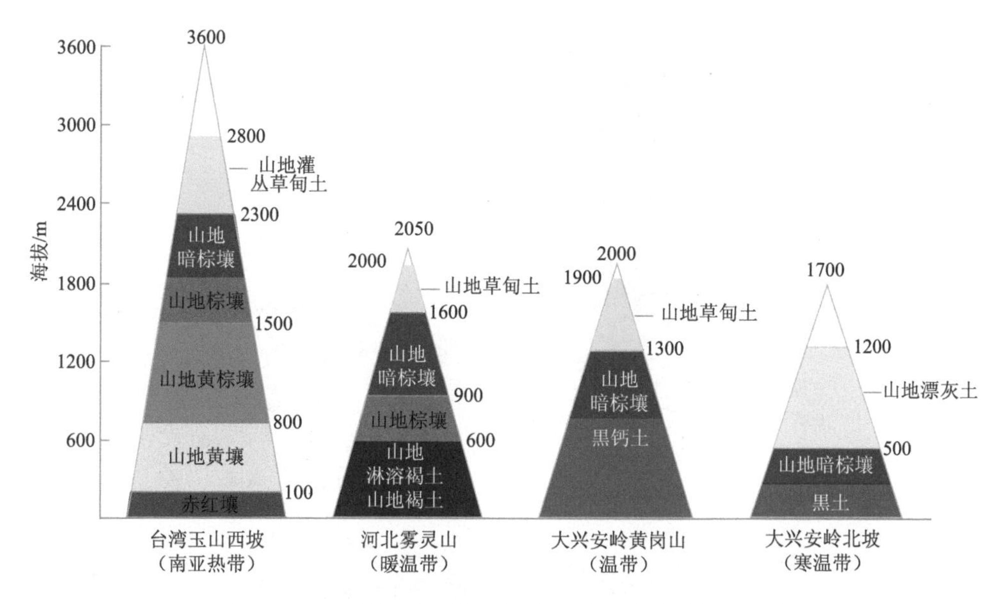

图 3-10　相似经度不同纬度高山土壤垂直带谱变化规律

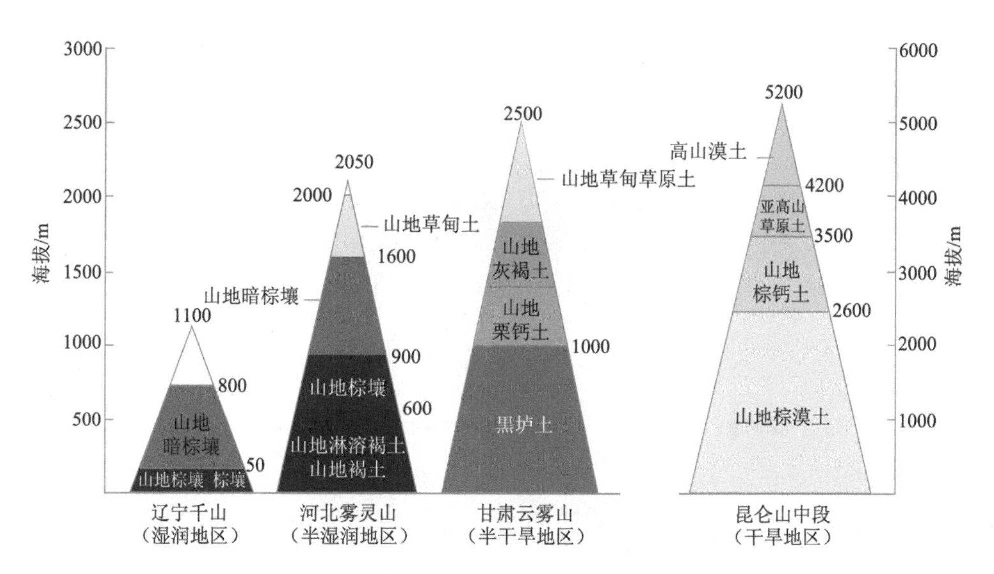

图 3-11　相似纬度不同气候区高山土壤垂直带谱变化规律

*指阳坡

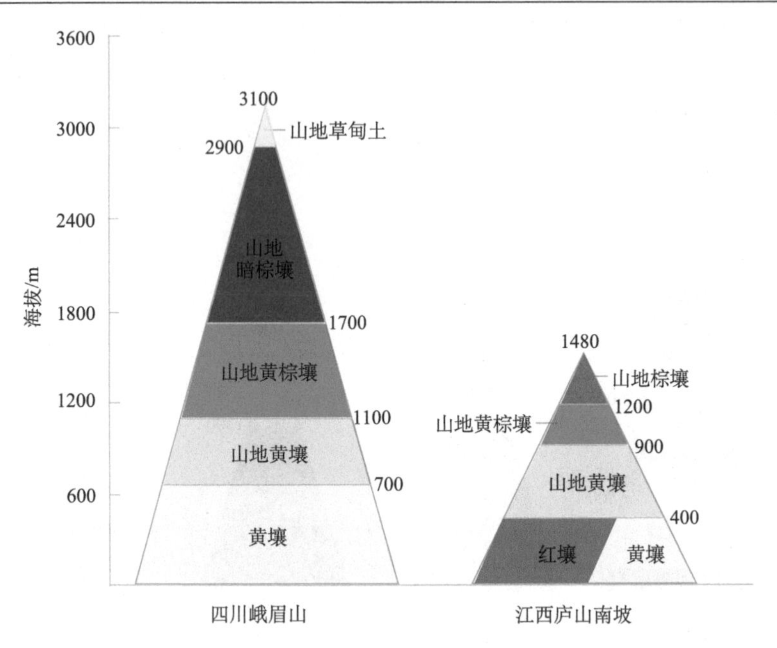

图 3-12　相似地理位置不同海拔高山土壤垂直带谱

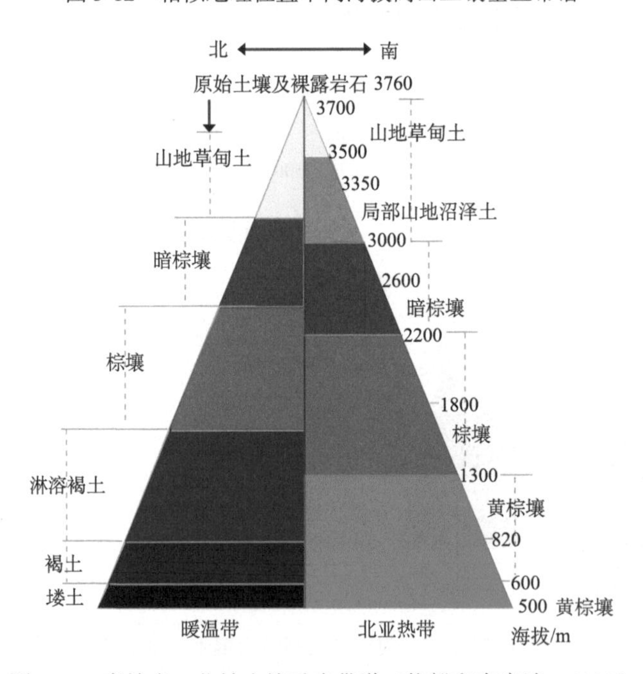

图 3-13　秦岭南、北坡土壤垂直带谱（熊毅和李庆逵，1987）

思考与讨论

颜色是土壤最明显、易于辨别的一个特性，能够为土壤性质的判断提供线索。我国地域辽阔，土壤的颜色丰富多彩，青、红、黄、白、黑五种颜色的土壤称为五色土，是华夏传统文化的典型符号。在我国古代，以五色土建成的社稷坛包含着古人对土地的崇拜，代表着整个中华大地。北京中山公园内保留着明代所建的社稷坛，最上层五丈见方，铺垫着五种颜色的土壤：东方为青色、南方为红色、西方为白色、北方为黑色、中央为黄色。

请结合所学知识，谈谈土壤颜色的形成原因？为什么五色土能代表中华大地？结合所学知识和自己的经历，谈谈土壤的主要功能及其重要性。

社　稷　坛

社稷坛建于明永乐十八年（1420年），按《周礼》“左祖右社”的营国定制建造于故宫午门之外西侧，是中国现存唯一的封建帝王祭祀社稷神的国家祭坛。社，为土神；稷，为谷神。祭坛为正方形，三层，青白石砌筑，高0.96米。上层按东青、南红、西白、北黑、中黄铺设五色坛土，俗称“五色土”，象征“普天之下，莫非王土”。坛台中央立“社主石”，亦称“江山石”，上锐下方，表示“江山永固”。明清两朝皇帝每年的农历二月、八月在此举行祭祀仪式，祈求五谷丰登、国泰民安。

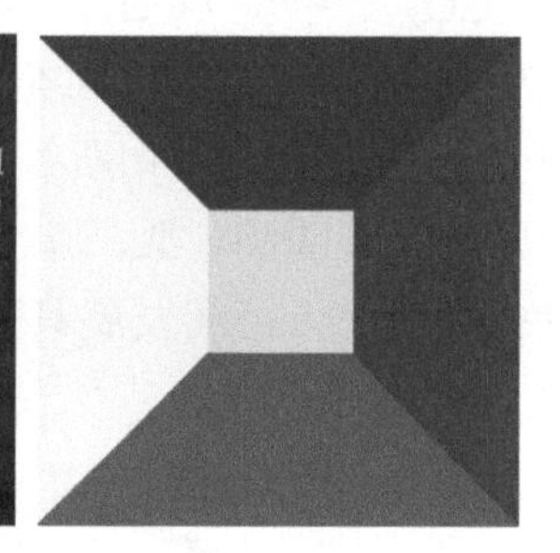

北京中山公园内保留的明代社稷坛介绍和五色土示意图

第四章　土壤主要生源要素生物地球化学循环

土壤生源要素生物地球化学循环是指土壤中碳、氮、硫、磷等生源元素的迁移、转化与物质交换过程。它决定着土壤的发生、形成及土壤肥力和土壤质量等的变化，并受岩石圈、水圈、生物圈和大气圈的影响；同时也影响其他圈层（图 4-1）。例如，在大气降水或灌溉水的驱动下，土壤圈元素（如氮、磷）会向水圈输出，造成地表水富营养化和地下水硝酸盐污染；由于人为活动等的影响，二氧化碳（CO_2）、甲烷（CH_4）、氧化亚氮（N_2O）等温室气体向大气圈大量释放，从而产生明显的温室效应，对全球气候变化产生重大影响（黄昌勇和徐建明，2010）。因此，研究土壤圈物质循环对生态环境、资源利用及全球变化的影响，最大限度地减少土壤圈碳、氮、磷等活性物质向水圈和大气圈的扩散，对人类社会、经济、生态环境的可持续发展具有极其重要的意义。

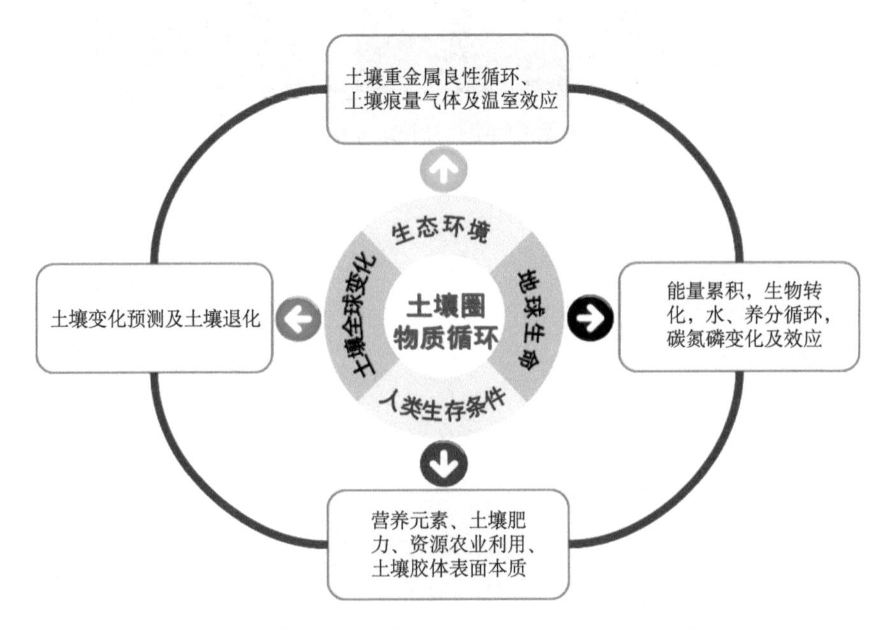

图 4-1　土壤圈物质循环的发展（赵其国，1991，有修改）

第一节　土壤碳循环

碳是一种重要的生命元素。自然界碳循环的基本过程是：大气中的二氧化碳（CO_2）被陆地和海洋中的植物吸收，经光合作用转化为葡萄糖，合成为植物体的碳化合物，经食物链传递，成为动物体的碳化合物；植物和动物通过呼吸作用将部分碳转化为 CO_2 释放回大气，另一部分则构成生物的机体或在机体内贮存；动植物残体中的碳，通过微生物的分解作用也可转化为 CO_2 回到大气（图 4-2）。由于人类活动和化石燃料的燃烧，以 CO_2 为主的温室气体在大气中的浓度明显增加，导致全球变暖加剧，如何减缓大气“温室效应”是全球环境问题中最重要且亟待解决的问题之一。土壤碳库作为全球碳循环的核心，直接影响全球碳循环。

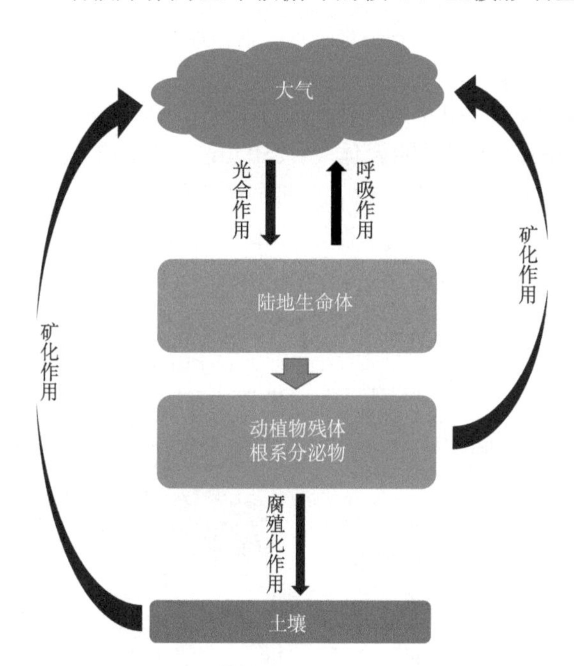

图 4-2　土壤碳生物地球化学循环

一、土壤碳的组成与性质

一般地，土壤有机质与土壤有机碳可以通用。土壤有机质具有数量和质量的双重意义，一般为农业工作者采用；土壤有机碳仅具有数量概念，更多为全球变化研究者采用。有机质与有机碳之间存在一定的数学关系，我国目前沿用 van Bemmelen 因数 1.724，即假定土壤有机质的含碳量为 58%，两者间换算公式为：

土壤有机碳=土壤有机质/1.724。土壤碳库包括有机碳库和无机碳库，其中有机碳库是最重要的组成部分。土壤有机化合物具有高度复杂性、多样性及易变性，难以精确衡量其分子组成。研究者们根据需要将土壤有机碳进行分组，探究各组分的特性及其在土壤中的功能。土壤有机碳分类方法各异，大体分为物理、化学和生物三类分组方法。在实际研究中通常将三种方法结合，综合表征土壤有机碳的组成和性质。

（一）物理分组

物理分组方法基于有机碳与矿物颗粒之间的结合状态，采用物理分散的方法，获得不同组分，分组过程中不破坏有机碳成分和结构，能较好地反映有机碳在土壤中的分配、迁移和转化。常用的物理分组方法有团聚体分组法和密度分组法。

1. 团聚体分组法

表层土壤中近 90%的有机碳分布在团聚体中。很多研究以 250 μm 为界，分为大团聚体（> 250 μm）和微团聚体（< 250 μm）。利用湿筛法可分为> 2000 μm、250～2000 μm、53～250 μm 和< 53 μm 四个粒级的水稳定团聚体。大团聚体是由多糖、作物根系和微生物菌丝黏结微团聚体形成的集合体，而微团聚体主要由有机-矿物复合体组成（图 4-3）。

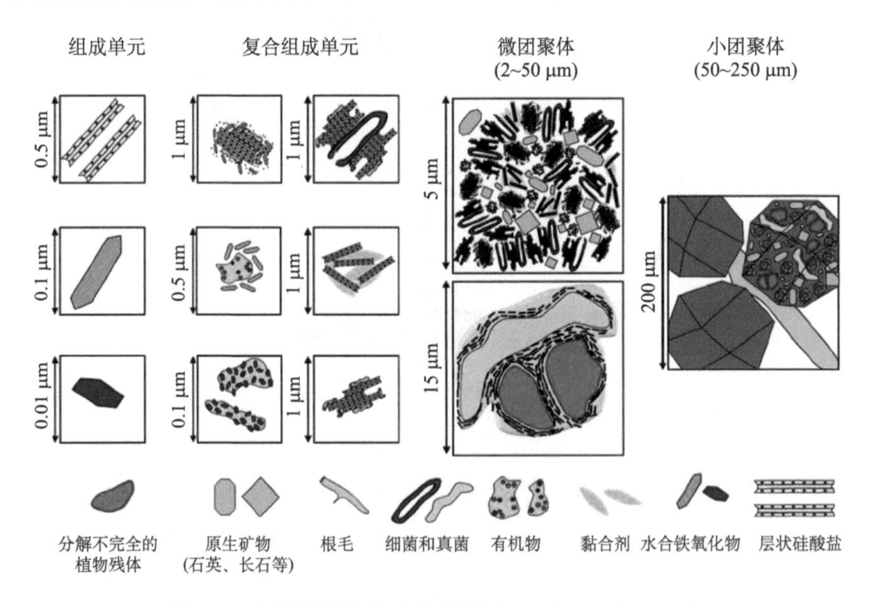

图 4-3　土壤团聚体组成示意图（Totsche et al., 2018）

2. 密度分组法

与矿物结合后，有机物质的结构、占比和结合紧密度都会影响形成的土粒密度。因此，采用密度梯度离心的方法可以区分与矿物结合和未结合的有机物质。将土壤样品与一定密度的重液混合后离心，悬浮液为轻组有机碳，沉淀部分为重组有机碳。国际上通常采用密度为 1.7 g/cm^3 的聚钨酸钠溶液作为重液。通常认为轻组有机碳是具有较高活性的碳。

（二）化学分组

化学分组基于浸提剂与土壤有机碳的相互作用，将其区分为具有不同化学性质的组分。常用浸提剂包括水、酸、碱、盐、有机溶剂等。

1. 水溶性有机碳

水溶性有机碳（DOC）是指溶解在土壤溶液中，或用去离子水浸提得到，并且粒径小于 0.45 μm 的含碳有机化合物。水溶性有机碳占土壤有机碳的比例一般不超过 2%。微生物直接同化利用的碳源主要是水溶性的单体化合物，因此 DOC 是土壤有机碳中活性最高的组分，极易被微生物利用或发生光降解作用而矿化。

2. 酸碱溶解有机碳

根据在酸、碱溶液中溶解性的差异，土壤有机碳分为富里酸、胡敏酸和胡敏素。富里酸可溶解于碱溶液和酸溶液，分子量较小，呈黄色至棕红色；胡敏酸溶解于碱溶液，但不溶于酸溶液，具有较大的分子量，呈暗棕色至黑色；胡敏素在酸碱溶液中均难以溶解，呈现高度聚合状态且通常与土壤黏粒结合存在。

3. 易氧化有机碳

易氧化有机碳是利用化学氧化方法测定的活性有机碳组分，通常是指能够被 333 mmol/L 的高锰酸钾溶液氧化的有机碳。易氧化有机碳周转时间较短，易被氧化分解，受植物、微生物等影响强烈，可以敏感地指示环境变化后土壤有机碳的动态。也可以采用不同浓度的氧化剂（常用的是 33 mmol/L、167 mmol/L 和 333 mmol/L 的高锰酸钾溶液）对易氧化有机碳进行进一步分组。

（三）生物分组

生物分组有两种含义，一是测定微生物生物量；二是基于土壤有机碳的微生物可降解性，将其分为活性有机碳、稳定性有机碳和惰性有机碳。

1. 微生物生物量碳

土壤微生物生物量碳（MBC）是指土壤活的细菌、真菌、藻类和微型动物体内所含的碳，占土壤有机碳的比例很小，一般为0.3%～7%。但是由于微生物是土壤碳循环的直接参与者，这部分活性碳可用来指示土壤碳库的平衡状态或转化活性。

2. 可矿化有机碳

可矿化有机碳是土壤易分解有机碳最直接的指标，一般定义为在一定条件下单位时间内土壤中能够被微生物分解的各种含碳有机化合物的总量。通常采用培养法进行测定，即在一定温度（25℃）下，土壤在一定时间内消耗的 O_2 量或者排放的 CO_2 量。基于 CO_2 排放量，利用指数模型可以把土壤碳库分为活性有机碳、稳定性有机碳和惰性有机碳。

二、土壤碳的内循环

土壤碳的内循环主要包括：土壤呼吸作用和土壤碳的固定，涉及植物光合作用、碳矿化、腐殖化、分解、吸附、解吸等关键过程，以及由这些过程调控的惰性有机碳、活性有机碳和无机碳三种碳形态之间的转化（图4-4）。

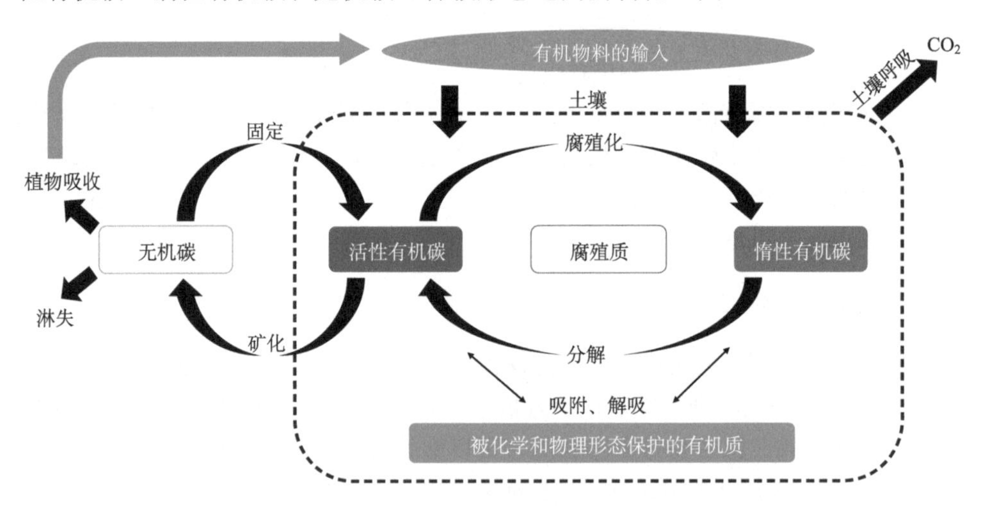

图4-4　土壤碳的内循环（徐建明, 2019）

三、土壤碳循环的关键过程

（一）光合作用

绿色植物吸收太阳光的能量，同化 CO_2 和水，制造有机物质并释放氧气的过程，称为光合作用。光合作用产生的有机物质主要是糖类（土壤有机碳的最初来源），是土壤碳循环中重要的碳同化途径。

（二）土壤呼吸作用

碳以 CO_2 形式从土壤向大气圈的流动是土壤呼吸作用的结果。土壤呼吸由植物根呼吸、土壤微生物呼吸、土壤动物呼吸和含碳物质的化学氧化作用 4 个过程组成。土壤呼吸作用释放的 CO_2 中有 30%～50%来自根系自养呼吸及根系分泌物的微生物异养呼吸作用，其余部分主要来源于土壤微生物对有机质和凋落物的分解作用。土壤呼吸作用强度可以通过直接测定从土壤表面释放出的 CO_2 量得到。影响土壤呼吸作用的直接因素是土壤环境，包括土壤质地、酸度、有机碳含量、水热条件等，气候、植物和人为活动也会通过影响土壤环境间接对土壤呼吸作用产生重要影响。

（三）土壤碳固定

植物通过光合作用吸收大气中的 CO_2，将大气中的碳固定到土壤碳库中，同时植物和土壤通过呼吸作用，可将储存在土壤碳库中的有机碳以 CO_2 的形式排放到大气中去。当进入土壤的由光合作用同化固定的碳量大于呼吸作用消耗的碳量时，即发生碳在土壤中的固定。在全球变化的背景下，提高土壤的固碳能力和潜力，是实现“碳中和”的重要措施之一。实现土壤固碳的关键在于促进光合作用并减少呼吸作用，延长有机碳在土壤中的存留时间。土壤固碳能力受土壤物理性质、化学性质等自然因素，以及人类活动等社会因素的影响。关于土壤碳库和固碳措施的内容将在第六章第五节详细介绍。

第二节　土壤氮循环

氮元素是蛋白质的基本组成部分，是生命体生存和活动所必需的元素之一，也是地球生命最主要的限制元素之一。自然界中的氮可分为惰性氮和活性氮。活性氮指的是能够被生物吸收利用、具有生态环境和气候效应、能影响人类健康的含氮化合物中的氮，其化学价均不为零，如铵态氮、硝态氮、有机氮、NH_3、N_2O；而惰性氮包括占大气成分 78%的氮气及存在于地质库中的氮，如石油、煤炭含有的氮，它们基本不影响人类健康和生态环境，且不产生气候效应(蔡祖聪等，2018)。活性氮和惰性氮之间可以互相转化（图 4-5）。在自然条件下，惰性氮转化为活性氮的主要途径是闪电作用和生物固氮，而在人类活动影响下，活性氮的主要产生途径则是工业固氮（Haber-Bosch 过程）和矿物燃料燃烧。活性氮转化为惰性氮的已知途径是反硝化和厌氧氨氧化过程，其中前者是最主要的过程。不同形态的氮在大气圈、水圈、土壤圈和生物圈的相互转化称为氮的生物地球化学循环，简称氮循环。和其他元素的循环过程相比，氮循环过程非常复杂、循环性能非常完善，参与的生物最多（图 4-6）。

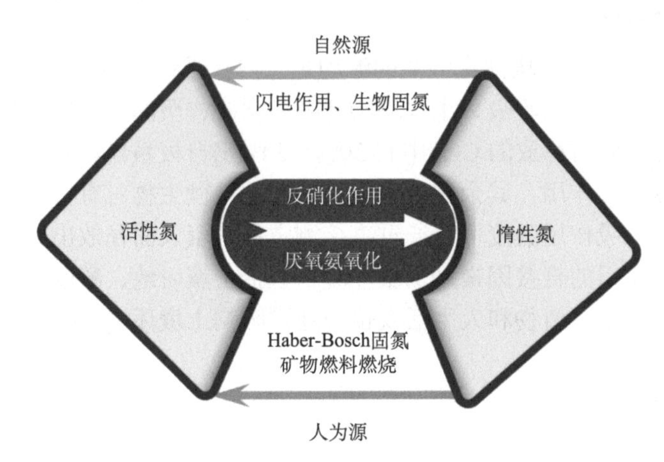

图 4-5　活性氮和惰性氮之间的互相转化过程

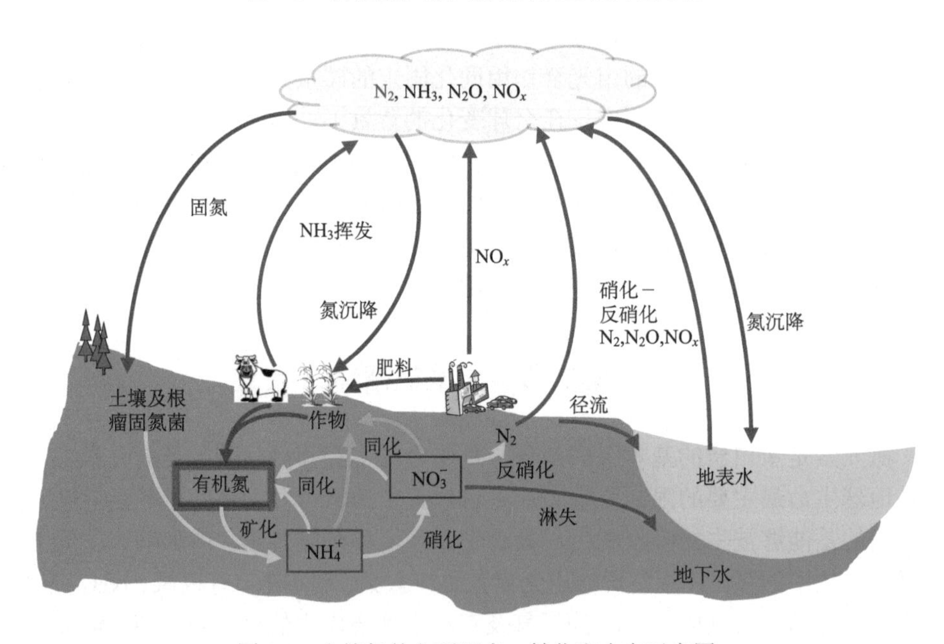

图 4-6　土壤氮的主要形态、转化和去向示意图

蓝色箭头为氮输入过程；红色箭头为氮输出过程；绿色箭头为植物氮吸收过程；浅蓝色箭头为土壤内部氮循环过程

一、土壤氮库

氮元素在生物圈内主要分布在大气、地壳和海洋沉积物中。氮气约占大气成分的 78%，大气是最大的氮库。大气中的氮气难以被生物直接利用，需通过固氮作用，与氢结合形成氨或与氧结合形成硝酸盐和亚硝酸盐，才能被植物利用。土壤和陆地植被也能储存氮，但与大气氮库相比，氮的储量较小。各氮库氮的储量从大到小的顺序依次为：大气>沉积物>海洋>土壤>陆地生物量>海洋生物量。另外，各氮库的周转周期差异也很大，大气氮库（N_2）和沉积物氮库的周转时间最长，其次是土壤氮库。

土壤中的氮主要由有机氮和无机氮组成。其中，有机氮的含量约占 95%以上，包括氨基态氮、酸解和非酸解态氮；无机氮的含量远低于有机氮，在表土中仅占 1%～2%，主要包括铵态氮（NH_4^+）、硝态氮（NO_3^-）和亚硝态氮（NO_2^-）。土壤中不同形态的氮进行着各种物理、化学和生物转化过程，主要包括有机氮矿化、硝化、反硝化、植物和微生物吸收固定、黏土矿物对 NH_4^+的吸附固定及腐殖质的形成等过程。

二、土壤氮的生物地球化学循环

土壤氮的生物地球化学循环是指氮元素通过不同途径进入土壤生态系统，经过迁移转化等一系列过程后，最终以不同形式离开土壤的过程，包括土壤氮输入、输出过程和氮形态转化过程（图 4-5）。

（一）氮输入过程

就土壤而言，氮素是“外来户”， 土壤中氮的输入主要有生物固氮、动植物残体、大气沉降、施用氮肥等途径（图 4-5）。

固氮作用可分为生物固氮和工业固氮。生物固氮主导的微生物是自由生活的固氮菌（*Azotobacter*）、与豆科植物和其他一些植物共生的根瘤菌（*Rhizobium*）及蓝细菌（*Cyanobacteria*）。固氮作用将无法被植物直接利用的分子氮（N_2）转变为可利用氮，通过食物链进入生物循环。工业固氮是在催化剂、高温、高压下把 H_2 和 N_2 合成氨的过程。这一过程为保障粮食安全做出了重大贡献，但是氮肥的大量施用，严重干扰了全球氮循环，在环境和生态上造成负面效应。

大气沉降是指大气中气态和颗粒态活性氮，通过大气沉降（干沉降）或降雨降雪（湿沉降）进入土壤。

（二）土壤氮转化过程

各种来源的氮进入土壤后会进行复杂的转化过程，主要包括有机态氮矿化、硝化、反硝化及无机态氮的生物同化等过程（图 4-6）。

有机氮矿化作用包括氨化作用和硝化作用两个过程。氨化作用是各种复杂的含氮化合物，在微生物酶的水解作用下，逐步降解为氨基化合物，最终释放出氨的过程。氨化作用是将有机氮化合物转变为无机氮化合物的关键过程。硝化作用是氨的氧化过程，可分为两个阶段。第一阶段是亚硝化过程，将氨转化为亚硝酸盐，主要参与者是土壤中的亚硝化单胞菌（*Nitrosomonas*）和海洋中的亚硝化球菌（*Nitrosococcus*）；第二阶段是硝化过程，将亚硝酸盐进一步氧化为硝酸盐，主要由土壤中的硝化杆菌（*Nitrobacter*）和海洋中的硝化球菌（*Nitrococcus*）参与完成。不仅自养型微生物能进行硝化作用，土壤中还有大量异养型的微生物也能将氨或有机氮氧化为硝酸盐，称为异养硝化。异养硝化过程的效率低于自养硝化。在硝化作用过程中，还会产生 N_2O 气体，这是一种重要的温室气体，其百年尺度增温潜势约是 CO_2 的 265 倍（IPCC, 2013）。

有机氮矿化过程（主要是氨化过程）控制着土壤对植物的可利用氮供应强度，硝化作用的速率决定了土壤无机氮是铵态氮主导型还是硝态氮主导型。硝化过程弱的土壤，无机氮一般以 NH_4^+ 为主；而硝化过程强的土壤，无机氮则以 NO_3^- 为主。

反硝化作用是指在嫌气条件下，NO_3^- 在反硝化细菌作用下生成 NO_2^-、NO 等中间产物，最后还原为 N_2O 或 N_2 的过程，也称脱氮过程，是活性氮转化为惰性氮（N_2）的主要途径。反硝化作用可分为生物反硝化和化学反硝化。生物反硝化由微生物主导，反硝化微生物通过这一过程获得能量，异养型的兼性厌氧细菌是主要的反硝化微生物。真菌也具有反硝化的能力，但其主要生成产物是 N_2O。生物反硝化作用一般发生在缺氧或渍水的土壤和淡水、海水生态系统的底泥中。化学反硝化是硝化过程中间产物（NH_2OH 或 NO_2^-）的化学分解及 NO_2^- 与有机（如酚类化合物、腐殖质等）或无机分子（如 Fe^{2+}、Cu^{2+}等）的化学反应，一般发生在 NO_2^- 累积的酸性土壤中。

生物同化过程是微生物或植物吸收利用无机氮合成有机物的过程，是活性氮钝化的过程。微生物氮库既相对稳定，又能在养分缺乏时快速释放出无机氮，是一个重要的过渡态氮库。

氮循环作为过程最复杂、性能最完善的元素循环，上述这些过程仅是土壤氮循环的主要途径。随着研究方法和分析技术的进步，土壤中新的氮转化途径不断被发现，如厌氧氨氧化过程、全程氨氧化过程、铁氨氧化过程、硝酸盐异化还原为铵等，不断加深了人们对氮元素生物地球化学循环的认识。

（三）土壤氮的输出

输入土壤的氮，除极少部分残留在土壤中外，绝大部分以不同的形态进入生物、大气和水体。土壤氮通过植物吸收途径进入生物体，通过径流和淋溶途径进入水体，通过氨挥发、气态氮氧化物和氮气排放途径进入大气（图 4-6）。土壤氮转化过程能够控制土壤中无机氮的形态，进而调配氮去向。

化学氮肥生产（约占工业固氮量的 80%）是人为活性氮的最主要生产过程，其养活了全球近一半的人口（Erisman et al., 2008）。据估算，2010 年我国工业固氮过程输入的活性氮已达 37.1 Tg N（1 Tg=10^{12} g），约占全球的 30%（蔡祖聪，2018）。相比而言，我国的氮肥利用率仅为 25%，远低于欧美等发达国家（52%～68%）（Zhang et al., 2015）。活性氮大量进入环境会带来空气污染、水污染、土壤酸化、生物多样性丧失和全球变暖等问题（图 4-7 和图 4-8），已经成为全球环境和气候问题的主要成因之一，每年造成万亿美元以上的环境和健康损失。如何既保障生产出足够的食物，又有效抑制活性氮向其他圈层扩散，保持水圈和大气圈活性氮浓度在较低和安全的水平，是人类利用和管理活性氮的目标。关于农田土壤面源污染、土壤温室气体排放、土壤氨排放、土壤酸化等内容将在第六章和第七章详细介绍。

图 4-7　与氮循环关联的生态环境问题（参考欧洲氮评估报告，有修改）

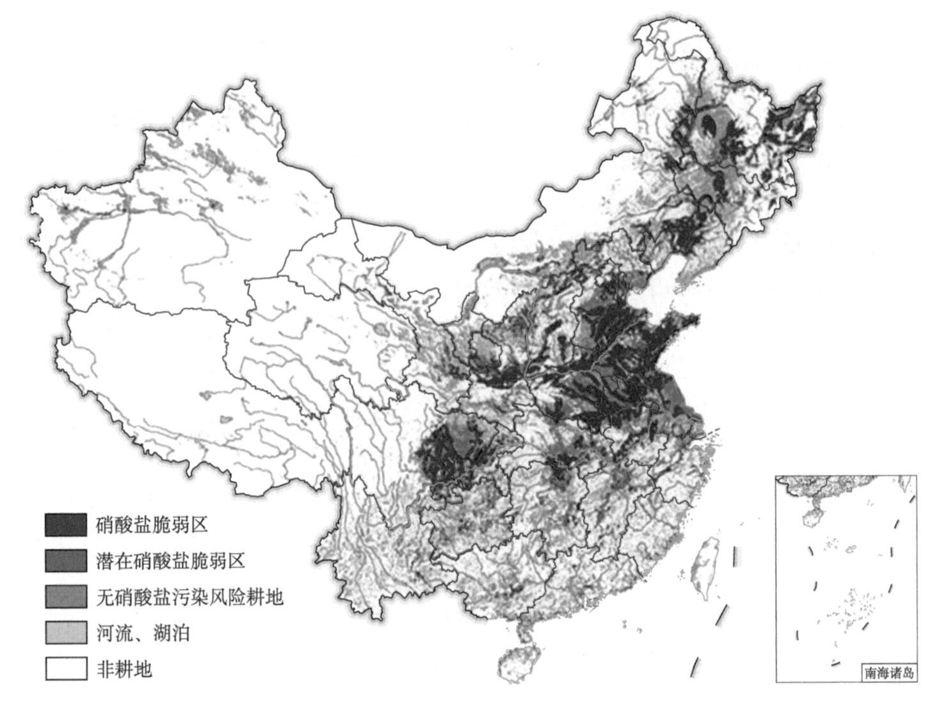

图 4-8　我国硝酸盐脆弱区分布图（马林等, 2018）

第三节　土壤磷循环

磷是所有生命体的必需元素，是构成许多生物大分子如脱氧核糖核酸（DNA）、核糖核酸（RNA）、二磷酸腺苷（ADP）、三磷酸腺苷（ATP）和磷脂的关键元素。磷也是光合作用、呼吸作用等重要生命过程的参与者，在能量贮存、迁移和转化过程中起着重要作用。土壤中磷的含量和可利用率都很低，是陆地生态系统生物生长和重要生态过程的限制因子。农业生产中磷肥的应用增加了土壤磷素肥力，能够保障作物的正常生长和粮食产量。但长期大量地施用磷肥，也增加了土壤磷素向水环境释放的风险，造成水体的富营养化。认识土壤中磷的形态和不同形态磷之间的相互作用，是实现磷素可持续利用和应对相关资源与环境危机的基础。

一、土壤磷的形态

土壤含磷化合物种类繁多，根据其化学结构，分为有机磷和无机磷。不同土壤中有机磷和无机磷的含量及占比差异很大，大多数土壤中无机磷占全磷的 50%以上。

（一）土壤有机磷

土壤中的有机磷绝大部分来自微生物和植物，大多数有机磷化合物不能直接被生物吸收利用，需要转化为无机磷后才具有生物有效性。关于土壤中有机磷化合物的形态组成，目前只有不到一半为我们所知，主要包括磷酸单酯[(RO)PO_3H_2]和磷酸二酯[(RO)(R′O)PO_2H]，其化学多样性的差异主要体现在不同的有机官能团（R 和 R′）上。土壤中常见的磷酸单酯有肌醇磷酸盐，磷酸二酯有核酸和磷脂。

肌醇磷酸盐在土壤中最为丰富，包括从一磷酸盐到六磷酸盐的一系列磷酸盐化合物，其中以植酸盐（即肌醇六磷酸盐）最为常见。植酸盐由植酸与钙、镁、铁、铝等离子结合而成，普遍存在于植物中。由于其具有高度稳定性以及容易与腐殖质中的富里酸和腐殖酸相结合，植酸盐生物有效性较低，常常在土壤中累积，其含量占有机磷的 40%左右。

核酸是一类含磷、氮的复杂有机化合物，包括 DNA 和 RNA。土壤中的核酸与动植物和微生物中的核酸组成和性质基本相似，被认为直接由生物残体，特别是微生物中的核蛋白分解而来。土壤中的核酸含量占有机磷的 1%～10%，游离态核酸很容易被核酸酶水解，但吸附在腐殖质和土壤矿物上的核酸可在土壤中留存较长时间。

磷脂是一类醇、醚溶性有机磷化合物，普遍存在于动植物与微生物组织中，常见的如卵磷脂和脑磷脂等。土壤中磷脂的含量不高，一般约占有机磷总量的 1%。磷脂类化合物容易发生化学水解或在微生物作用下发生酶解，产生甘油、脂肪酸和磷酸。

（二）土壤无机磷

土壤无机磷包括原生矿物磷灰石和次生的无机磷酸盐。土壤无机磷酸盐几乎全部为正磷酸盐，除极少量为水溶态以外，绝大部分以吸附态或固体矿物态存在。根据土壤无机磷在不同化学提取剂中的溶解性，可将其划分为以下 4 组：①磷酸铝类化合物（Al-P），包括磷铝石等矿物及富铝矿物（如三水铝石、水铝英石等）结合的磷酸根；②磷酸铁类化合物（Fe-P），包括粉红磷铁矿及吸附于水合氧化铁等富铁矿物表面的磷酸根；③磷酸钙（镁）类化合物（Ca-P），包括钙镁磷酸盐（如磷灰石类）及磷酸二钙、磷酸八钙等；④闭蓄态磷（O-P），包括被水合氧化铁胶膜包被的各种磷酸盐。

土壤中难溶性无机磷大多被铁、铝、钙元素束缚。酸性土壤中无机磷主要以 Al-P 与 Fe-P 的形态存在，碱性土壤中主要以 Ca-P 的形态存在，对植物的有效性很低。在中性条件下，无机磷与钙、镁形成易溶性化合物，对植物的有效性最高。

二、土壤磷的生物地球化学循环

土壤中的磷循环包括生物循环和地球化学循环，其中溶解态磷是磷素循环的核心，土壤溶液的磷浓度受制于物理化学和生物化学过程。如图 4-9 所示，土壤磷循环的过程主要包括：①植物吸收土壤溶液中的有效态磷；②以化肥施用、植物残体归还、厩肥或污泥农用等方式返回土壤中的磷的再循环；③土壤有机磷矿化；④土壤黏粒和铁铝氧化物对无机磷的吸附与解吸；⑤难溶性磷、易溶性磷及土壤溶液磷之间的沉淀与溶解；⑥土壤高稳性有机磷或难溶性无机磷的微生物转化等。

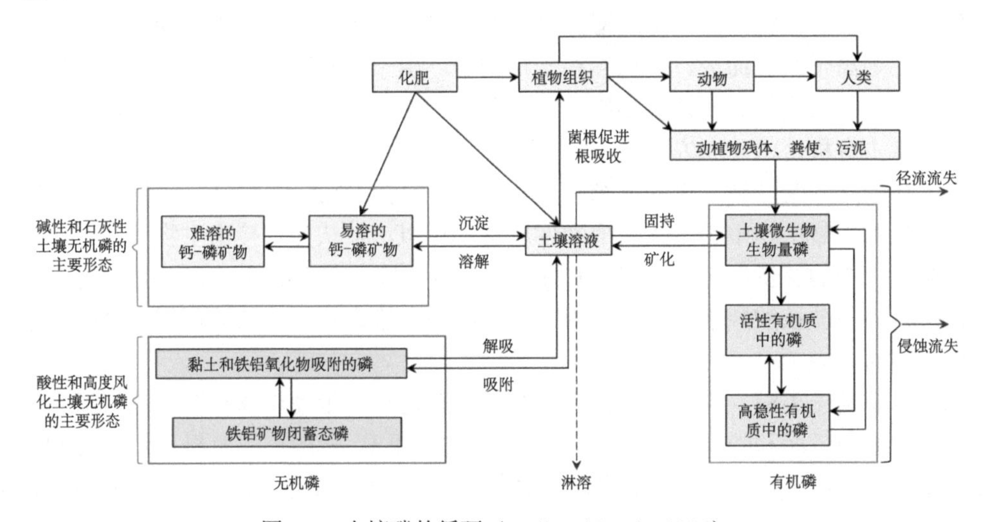

图 4-9　土壤磷的循环（Weil and Brady, 2016）

土壤磷循环有着明显不同于土壤碳、氮循环的特点，主要表现在以下几个方面：

（1）由于磷容易与土壤中的钙、镁、铁、铝等结合而被固定，所以土壤中有效态磷的含量通常很低。

（2）土壤磷没有明显的气体状态。

（3）土壤磷的转化通常没有化合价的变化，只有形态的改变。

（4）土壤微生物在土壤有机磷的矿化及难溶性无机磷的溶解过程中起着重要作用。

三、土壤磷循环的重要过程

土壤磷循环包括一系列的化学转化与生物转化过程。土壤中磷的化学转化过程实际上是沉淀与溶解、吸附与解吸的过程。土壤磷的生物转化过程是在微生物参与下的有机磷矿化、无机磷固持和溶解过程。

（一）土壤磷的化学转化

土壤对含磷化合物的吸附作用是磷在土壤中被固定的主要机制之一，可分为专性吸附和非专性吸附。在酸性条件下，土壤中的铁铝氧化物能获得H^+使自身带正电荷，并通过静电引力吸附磷酸根阴离子，发生非专性吸附。磷的专性吸附是磷酸根离子置换黏土矿物或铁铝氧化物表面金属原子配位壳中的—OH或—$[OH_2]^+$配位基，同时发生电子转移形成共价键，被固定在矿物表面。无论土壤矿物带正电荷还是负电荷，专性吸附均能发生，其吸附过程较慢。随着时间的推移，专性吸附由单键吸附逐渐过渡到双键吸附，磷的活性降低，最后形成晶体状态。在土壤溶液中磷与阳离子浓度均较低时，吸附作用占主导地位。

土壤磷的解吸是磷从土壤固相向液相转移的过程，它是土壤中磷释放的重要过程之一。由于植物的吸收，土壤溶液中的磷浓度降低，土壤磷原有的吸附平衡被打破，使反应向磷溶解释放的方向进行。当土壤中其他阴离子的浓度大于磷酸根离子时，也可通过竞争吸附作用，导致吸附态磷的解吸，吸附态磷沿浓度梯度扩散进入土壤溶液中。

土壤磷的沉淀作用是磷在土壤中被固定的重要机制。一般在土壤溶液中磷的浓度较高、有大量可溶态阳离子存在，且在土壤pH较高或较低的条件下，沉淀作用是引起磷在土壤中被固定的决定因素。在石灰性和中性土壤中，磷的沉淀由土壤钙镁体系控制，生成磷酸钙类化合物（Ca-P）。随着转化过程的进行，生成的水溶性磷酸一钙逐步依次转化形成磷酸二钙、磷酸八钙、磷酸十钙及磷灰石，土壤磷素的有效性降低。在酸性土壤中，磷的沉淀由土壤铁铝体系控制，生成一系列溶解度较低的Fe-P/Al-P化合物，如磷酸铁铝、盐基性磷酸铁铝等，进一步转化为晶质的磷铝石和粉红磷铁矿。

（二）土壤磷的生物转化

土壤中磷的生物转化过程主要包括有机磷矿化及无机磷固持和溶解(图4-10)。土壤有机磷矿化和无机磷生物固持是两个方向相反的过程，前者使有机磷转化为无机磷，后者使无机磷转化为有机磷。

土壤中的有机磷化合物不能被植物和微生物直接吸收利用，要依靠微生物驱动的有机磷矿化作用，分解转化为无机磷才能被利用。有机磷矿化速率取决于土壤微生物的活性，因此影响微生物活性的环境因素，如土壤温度、湿度、pH、氧气浓度、有机物组成、无机磷和其他营养元素等，均强烈地影响有机磷的矿化过程。

土壤磷素的生物固持是指土壤中的可溶性磷被微生物吸收利用，转化为微生物生物量磷的过程。土壤磷素矿化与固持同时发生，反应平衡决定无机磷的净释放量。一般地，当有机物碳磷比（C/P）<200时，发生磷的净矿化，即有机物中

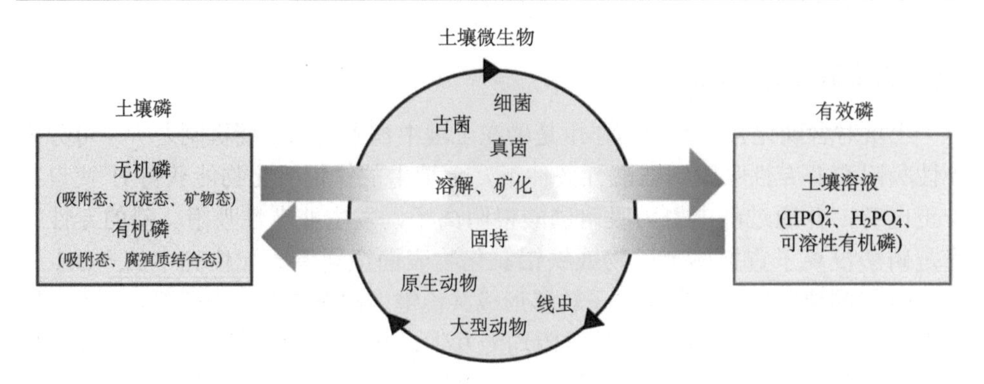

图 4-10　土壤磷的生物转化（Richardson and Simpson, 2011）

的磷被净释放；如果 C/P > 300，会发生磷的净固持，即微生物会与植物竞争吸收土壤溶液中的无机磷。

土壤中难溶性无机磷的溶解主要受土壤微生物和植物根系的影响。溶磷微生物通过分泌小分子有机酸、质子交换和络合作用等途径，溶解土壤中的难溶性无机磷。植物根系也可分泌分子质量相对较低的有机酸。有机酸既能够降低土壤溶液的 pH，又可与难溶性无机磷中的铁、铝、钙、镁等离子结合，从而使难溶性磷酸盐溶解。相对于 Fe-P 和 Al-P 化合物，Ca-P 化合物更容易被溶解。不同微生物的溶磷能力差异很大，通常真菌的溶磷能力比细菌强。

土壤中的磷绝大部分以吸附态和固体矿物态存在，多数情况下土壤剖面淋溶液中的磷浓度很低。一般来说，农田土壤中磷的淋溶损失量只占磷肥施用量的 2%左右。农业生产中磷肥的当季利用率不高，一般在 10%～25%，大部分施入土壤中的磷肥积累于土壤中。当磷大量积累时，便会通过地表径流、土壤侵蚀及渗漏淋溶等途径进入水体（Alewell et al., 2020）。磷是大多数淡水水体中藻类生长的主要限制因子。一般认为，水体中磷的浓度达到 0.02 mg/L 时就可能产生富营养化。在一些地区，以农田排磷为主的非点源磷污染（也称面源污染）已经成为水体中磷的最主要来源，对水体富营养化的贡献突出。据估算，全球农田土壤由于水力侵蚀造成的磷损失高达 6.3 Tg/a，占土壤总磷损失的比例超过 50%，其中有机磷和无机磷损失分别为 1.5 Tg/a 和 4.8 Tg/a（Alewell et al., 2020）。关于磷的面源污染问题将在第六章第二节详细介绍。

第四节　土壤硫循环

硫元素在维持细胞结构和生理生化功能中具有不可替代性，它参与蛋白质合成、光合作用、呼吸作用、生物固氮、糖代谢等重要生物化学过程。除此之外，硫的一些化合物，如二氧化硫（SO_2），还与环境污染有密切关系。因此，土壤硫的循环过程也逐渐受到人们的重视。本节简要介绍土壤硫的形态和主要循环过程。

一、土壤中硫含量和形态

（一）土壤硫的含量

土壤硫主要来自成土母质、灌溉水、大气干湿沉降和施肥等。温暖湿润地区，在强风化、强淋溶条件下，含硫矿物大部分分解淋失，可溶性硫酸盐很少聚集，硫主要存在于有机质中。矿质土壤的含硫量一般为0.1～0.5 g/kg，一些有机质含量高的土壤硫含量可超过5 g/kg。人口密度大的城市和工矿区附近的土壤硫含量通常比远离工矿区的土壤高。滨海酸性硫酸盐土的硫含量可高达10 g/kg以上。植物对硫的需要量及矿质土壤的硫含量都和磷近似，但土壤缺硫现象却不像缺磷那样常见，主要原因是：①土壤对硫的固定远不如磷强；②化肥（如硫酸铵、硫酸钾等）、厩肥的施用及降雨和灌溉等途径会补给土壤一定的硫。

（二）土壤硫的形态

土壤中的硫可分为无机态硫和有机态硫两大类。

1. 无机态硫

（1）难溶态硫（固体矿物硫），如黄铁矿（FeS_2）、闪锌矿（ZnS）等金属硫化物和石膏等硫酸盐矿物。

（2）易溶性硫，主要为硫酸根（SO_4^{2-}）及游离的硫化物（S^{2-}）等。

（3）吸附态硫，土壤矿物胶体吸附的SO_4^{2-}，与溶液中SO_4^{2-}保持平衡，吸附态硫容易被其他阴离子交换。

2. 有机态硫

有机硫含量随土壤有机质含量增加而增加。土壤有机硫经微生物矿化后才可被植物吸收利用。在湿润地区，土壤硫以有机硫为主，如我国南方地区水稻土表土有机硫占全硫含量的82%～95%，但在北方干旱、半干旱地区土壤硫则以无机硫（$CaSO_4$、$NaSO_4$）为主。

二、土壤中硫的循环和转化

土壤中硫的输入与输出和各种形态硫之间的相互转化构成了土壤中硫的循环，其中硫酸根（SO_4^{2-}）具有特别重要的作用（图4-11）。

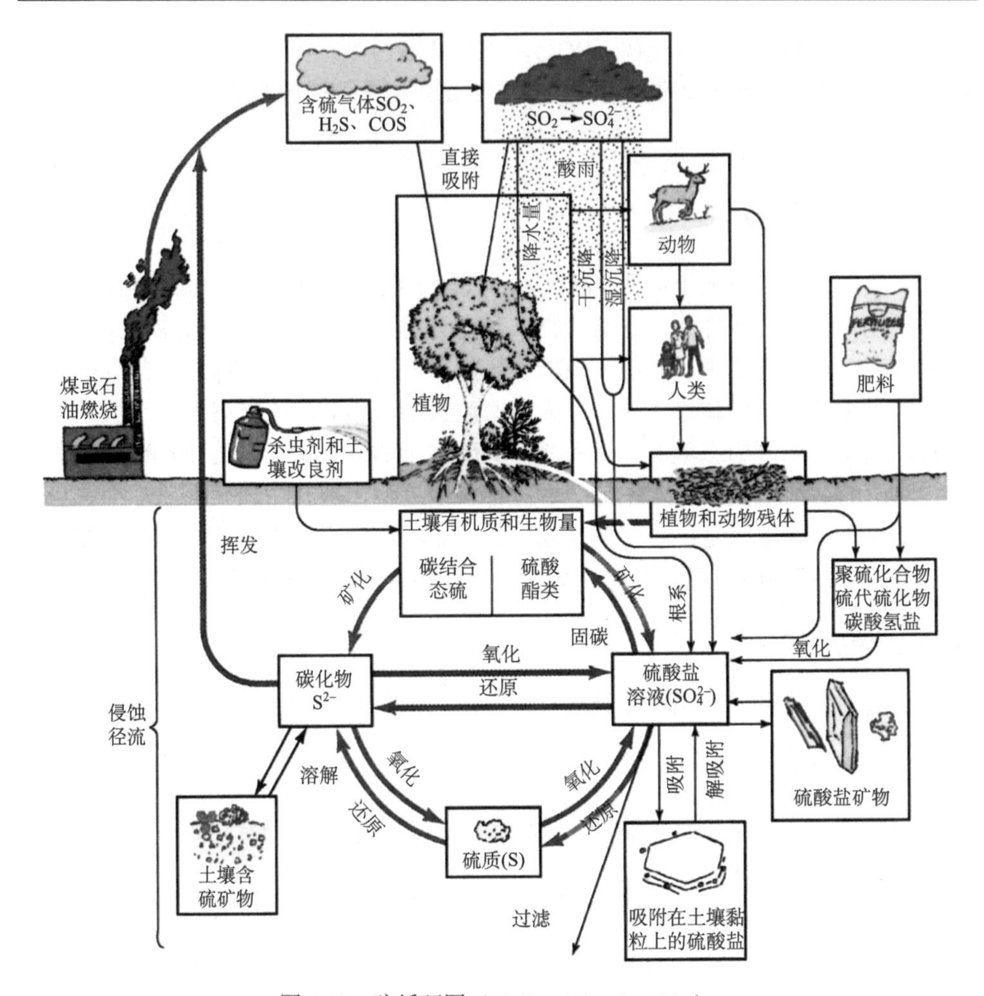

图 4-11　硫循环图（Weil and Brady, 2016）

（一）土壤硫的输入与输出

1. 土壤硫的主要输入途径

1）大气无机硫的干湿沉降

大气中的无机硫来自火山爆发、土壤和湿地排放、海洋排放和人为排放。特别值得注意的是燃煤、燃油、矿冶等工业活动造成的 SO_2 沉降。土壤硫循环过程也会产生气态硫化物并进入大气，主要包括 H_2S、COS（羰基硫）、CH_3SH（甲硫醇）、$(CH_3)_2S$（二甲基硫醚）、CS_2（二硫化碳）、$(CH_3)_2S_2$（二甲基二硫醚）和 SO_2。在大气中 SO_2 易氧化转化成硫酸或硫酸盐，是我国大气酸沉降的主要成分，约占 70%～90%。大气酸沉降是导致土壤酸化的重要因素之一（陈怀满等，2018）。

相关内容将在第七章第三节介绍。

2）含硫矿物质和生物有机质

含硫矿物质包括过硫酸钙、硫酸铵、硫酸钾、硫酸镁、石膏（$CaSO_4 \cdot 2H_2O$）等。含硫生物有机质包括各种动植物残体。

2. 土壤硫的主要输出途径

土壤硫最主要的输出途径是以硫酸根（SO_4^{2-}）形态被植物吸收。此外，因硫酸根带负电荷，不易被吸附在土壤胶体表面，容易淋失。土壤气态硫化物排放也会输出一定量的硫。

（二）土壤中硫的转化

1. 有机硫的矿化与固定

与有机氮、磷的矿化和固定相同，有机硫的矿化是有机硫转化为无机硫的过程，无机硫固定是微生物吸收利用无机硫，转化为微生物生物量硫的过程。土壤硫矿化与固定同时发生，反应平衡决定无机硫的净释放量。硫的矿化与固定受土壤 pH、湿度、温度、通气状况、土壤性质等多种因素的影响。其中有机质本身的碳硫比（C/S）是一个重要的指标。有机质的 C/S <300 时，有利于有机硫的矿化和净释放；当 C/S >400 时，则有可能发生生物对硫的净固定。

2. 矿物质硫的吸附和解吸

在富含铁、铝氧化物和水化氧化物、水铝英石及 1∶1 型黏土矿物为主的土壤中，SO_4^{2-} 有可能被带正电荷的土壤胶体吸附，但吸附的 SO_4^{2-} 容易被其他阴离子交换，发生解吸。

3. 硫化物和元素硫的氧化

土壤中硫化物的溶解度虽然很小，但在酸性条件下，仍有极少量的硫化物可溶解释放。在有氧条件下，溶解态硫化物会被迅速氧化成 SO_4^{2-}，导致土壤酸化。土壤 Eh 和 pH 是影响硫化物氧化的重要因素。在排水不良、还原性强的土壤中，硫以还原过程，尤其是硫酸盐的异化还原为主，其产物硫化物能还原 Fe、Mn 等金属氧化物，导致微量元素和重金属元素的释放，对土壤和周围水体造成潜在的污染。酸度过高的土壤则不利于硫的生物氧化反应。

第五节　土壤微量元素

在土壤学中微量元素有双重含义，一是泛指所有含量极低的化学元素，二是专指具有生物学意义的微量元素，即动物和植物正常生长所必需的微量元素。微量元素在植物中多作为酶、辅酶的组成成分和活化剂，它们的作用有很强的专一性，一旦缺乏，植物便不能健康生长。本节简要介绍土壤中微量元素的数量、存在形态和循环过程。

一、土壤中微量元素的数量和影响因素

土壤微量元素指在土壤中含量（最高不超过千分之几）及其可给性很低的化学元素。植物营养学中，通常把需求量很小的植物必需元素称为微量元素，一般仅占生物体总质量的0.01%以下。现已证明，植物必需的微量元素有铁、锰、铜、锌、硼、钼、氯和镍。事实上，微量元素通常是相对于植物营养而言的，铁和锰元素在岩石圈和土壤圈中属丰富元素，但其有效含量低，植物吸收量也很少，故仍列为微量元素。

土壤中微量元素含量主要与成土母质和土壤矿物组成有关，此外也受气候、地形、植被等成土因素的影响。土壤质地也会影响微量元素含量，细粒部分大多来自于易风化的矿物，是微量元素的主要来源；沙粒部分多来源于难以风化的矿物，微量元素含量较低。土壤有机质含量也会影响微量元素含量，一般有机质含量高，微量元素含量也高。在不同地区，甚至同一地区的不同土壤中各种微量元素含量差别很大。

二、土壤中微量元素的存在形态

微量元素大部分存在于矿物晶格中，不能被植物吸收利用，在生物学意义上是无效的。因此，全量只是土壤中微量元素的储量指标，不能反映其有效性，需要进行形态区分。通常使用溶剂提取法对土壤微量元素进行形态区分，可分为水溶态、吸附态、有机态和矿物态，或分为水溶态、交换态、专性吸附态、有机态、铁锰氧化物结合态和矿物态。不同类型土壤的微量元素形态区分也有区别，如对碳酸盐含量高的土壤常分出碳酸盐结合态，对渍水土壤常区分出硫化物结合态等。

（一）水溶态

存在于土壤溶液中或可用水提取的微量元素离子或分子，含量一般在5 mg/L以下，多数为离子形态。但由于一些微量元素化合物的离解度很高，其水溶态中也会有相当数量分子形态，如H_2BO_3等。此外，微量元素还可与有机、无机配位

体配合，形成水溶态化合物，如铜和锌在 pH 较高的土壤溶液中与有机功能基的配位化合物可分别达到水溶态总量的 98%～99%和 84%～99%。铁在土壤溶液中除与有机化合物配位外，还存在无机配位态。

（二）交换态

吸附于胶体表面可被其他离子交换的微量元素。土壤交换态微量元素含量为 1～10 mg/L。交换态钼和硼以 $HMoO_4^-$、MoO_4^{2-} 和 $H_2BO_4^-$ 等形式存在，它们可以被其他阴离子所交换，所以黏土矿物表面吸附的硼很容易被水浸提。

（三）专性吸附态

在有机或无机胶体双电层内层通过共价键结合被吸附的微量元素。吸附态微量元素不能和其他交换性离子发生交换，但比晶格中的矿物态容易释放。层状硅酸盐、铁锰铝氧化物和有机物表面的羟基是主要的专性吸附位置。Cu^{2+}、Zn^{2+}等阳离子或 MoO_4^{2-}、$H_2BO_4^-$ 等阴离子较易产生专性吸附。

（四）有机态

存在于动植物残体、微生物体、土壤腐殖质中的微量元素。动植物残体中的微量元素含量一般为：硼 2～100 mg/kg、钼 0.5～5 mg/kg、铁 30～250 mg/kg、锌 1～20 mg/kg、铜 0.5～10 mg/kg、锰 10～500 mg/kg。土壤有机态微量元素含量及其形态大致和植物体内相似，以络合态或吸附状态存在，当有机质分解时，较容易释出，因此有效性较高。

（五）铁锰氧化物结合态

包裹在铁锰氧化物中的微量元素。如亲铁元素钼常与铁共存，当铁从原生矿物中风化释放，形成非晶形含水氧化铁，逐渐结晶时，钼便被包被在氧化铁的结晶中。包被态微量元素只有在包膜破坏后才得以释放，实际上接近于矿物态。

（六）矿物态

存在于固体矿物中不能被其他离子交换的微量元素。土壤原生矿物、次生黏土矿物和金属氧化物中均含有一定数量的微量元素，这些矿物很难溶解。土壤的酸碱条件对发挥矿物态微量元素的有效性影响很大。

三、土壤中微量元素的循环

在成土过程中，土壤母质中的微量元素经历一系列的化学和生物化学反应，其形态发生转化、移动和再分配，构成了土壤微量元素的循环。土壤中微量元素主要来自岩石和矿物。矿物中的微量元素都是固结、无效的，必须在风化成土过程中分解活化后才可能被植物吸收利用。大气干湿沉降（包括气溶胶和尘埃等）是土壤中微量元素的另一输入途径。除此之外，耕地施肥也是土壤中微量元素的一个重要来源。施用石灰、有机肥、粪肥、杀虫剂等也会带来相当数量的微量元素。植物吸收、收获物带走及淋洗、侵蚀等过程则是土壤中微量元素的主要输出途径。土壤-植物系统中的微量元素和其他元素相同，处于动态变化之中。

微量元素在土壤矿物与溶液之间的平衡主要受溶度积控制，以溶解-沉淀反应为主，当土壤溶液中存在 Fe、Mn、Cu、Zn 等时，沉淀产物主要是氢氧化物、碳酸盐、硫化物及少量的磷酸盐、硅酸盐等。微量元素与土壤黏粒矿物、有机质表面间的反应，主要是吸附-解吸反应。

思考与讨论

通过本章的学习，我们知道了氮肥是一把双刃剑，施用氮肥可以提高农作物产量，满足粮食需求，但是，氮素过量也会引发严重的环境问题，说明任何事物都有两面性。结合自己所学知识，谈谈土壤氮素循环过程，讨论农业生产中氮肥的去向和主要影响因素，利用所学知识为实现氮肥的合理利用献计献策。

下篇　土壤资源利用与保护

第五章　土壤与农业生产

土壤是农业生产的基本资料，可以说没有土壤就没有农业。植物利用光能同化 CO_2 并从土壤中吸收养分、水分，合成有机物质，生产粮食、棉花、蔬菜、水果、药材等人类赖以生存的必需品；同时可以为牧业和渔业提供饲料，生产肉、蛋、乳、皮、毛等各种动物性产品。林业也是以土壤为基础，为人类提供木材和燃料，同时还能发挥涵养水源、保持水土、防风固沙、保护农田和草场的作用。由此可见，土壤是农、林、牧、渔各业的基础。本章主要介绍土壤在农业区划、养分供应、水肥管理措施三个方面的作用及相应的调控措施。

第一节　土壤与农业区划

农业生产通常受土壤、气候等自然条件、社会经济条件和农业科学技术的强烈影响，具有明显的地域性。只有按照区域综合特点，因地制宜地规划和指导农业生产，才能够扬长避短，充分发挥地区优势。因此，需要根据不同地区的自然条件与社会经济条件、农业资源和农业生产特点等地域因素，在全国或一定地区范围内对农业生产条件和类型进行不同等级的空间区分，即农业区划。其中，土壤是农业生产的基础，其区域分布特征是决定农业区划的重要因素之一，所以土壤区划是农业区划的基础。

一、土壤区划

（一）土壤区划概述

土壤区划是对土壤群体所做的地理上的区分，主要划分依据是各地区的土壤发生特点、地理分布规律、土壤资源特点和生产力。按照上述因素的差异性和共同性，把全国或一个区域（省或县）的土壤划分成具有不同概括程度的区域等级单位，即将相同或相似的土壤群体划归为同一单元区。需要注意的是，土壤区划所划分出的土壤区域与土壤类型的概念不同，区划着眼于各种土壤类型的共性在一定地域上的具体表现，有特定的区域位置，在空间分布上不重复出现。土壤区划是农业区划的重要基础之一。

（二）我国土壤区划的划分方案

我国是世界上开展土壤区划工作比较早的国家之一。从 20 世纪 30 年代开始，土壤工作者开展了大量的研究工作。1958 年马溶之和文振旺提出了中国土壤区划的基本原则。20 世纪 70 年代后期，由于国家发展的需要，土壤区划工作得到快速发展，学者们相继提出了多种方案。1996 年席承藩和张俊民在总结以往全国土壤区划研究成果的基础上，重新制定了中国土壤区划方案（图 5-1），分为高级土壤区划单元和基层土壤区划单元两大部分，并制定了各单元区划依据。

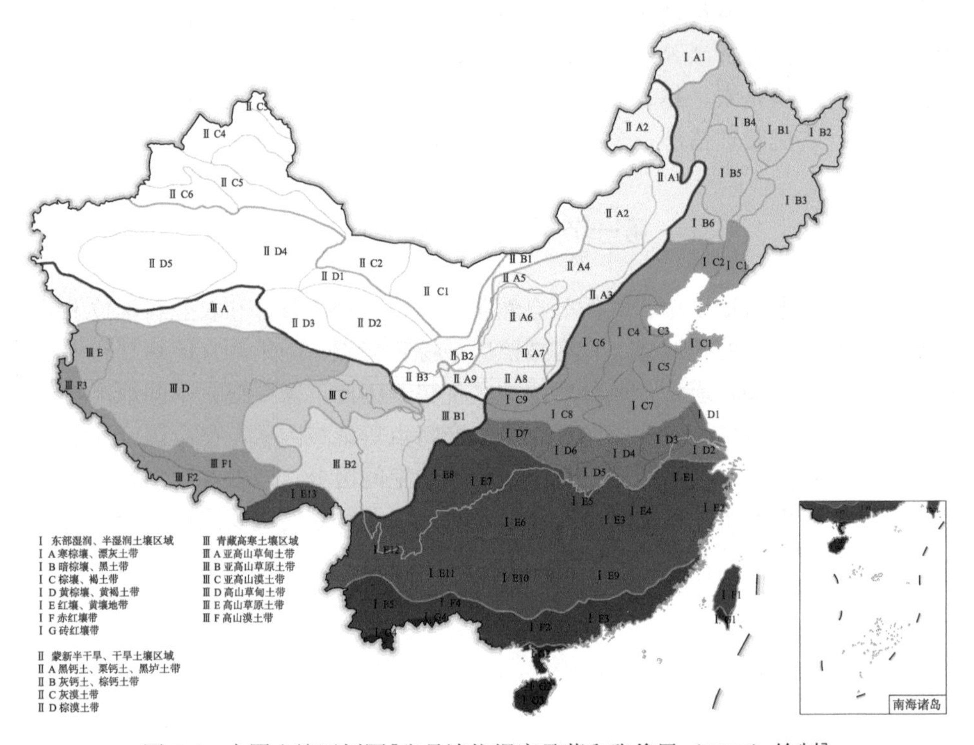

图 5-1　中国土壤区划图［张晶清依据席承藩和张俊民（1996）绘制］

Ⅰ，东部湿润、半湿润土壤区域，位于中国东部，属于湿润、半湿润气候。本区域地势较低，人口密集，交通便捷，水土条件和经济基础都较好，共划分 7 个土壤带：ⅠA 寒棕壤、漂灰土带，ⅠB 暗棕壤、黑土带，ⅠC 棕壤、褐土带，ⅠD 黄棕壤、黄褐土带，ⅠE 红壤、黄壤地带，ⅠF 赤红壤带，ⅠG 砖红壤带。Ⅱ，蒙新半干旱、干旱土壤区域，自内蒙古至新疆，属于半干旱、干旱气候，从东至西分布着不同类型的草原土壤和漠境土壤，共划分 4 个土带：ⅡA 黑钙土、栗钙土、黑垆土带，ⅡB 灰钙土、棕钙土带，ⅡC 灰漠土带，ⅡD 棕漠土带。Ⅲ，青藏高寒土壤区域，本区域的主要特点是地势高，气候寒冷，分布着各种高山土壤，共划分 6 个土壤带：ⅢA 亚高山草甸土带，ⅢB 亚高山草原土带，ⅢC 亚高山漠土带，ⅢD 高山草甸土带，ⅢE 高山草原土带，ⅢF 高山漠土带

高级土壤区划单元包括土壤区域、土壤带和土壤地区，具体依据如下。

土壤区域为国家土壤区划系统中的一级区，反映土纲组合与大农业生产的概

括特征。不同的土壤区域体现了生物气候条件大范围内的不平衡性及其影响的土壤性状与农、林、牧业布局的重大差异。

土壤带为国家土壤区划系统中的二级区，反映土壤区域内部由于生物气候条件不同而引起的较大范围内地带性土类组合的差异。同一土壤带具有大体相近的水热条件和 1 个或 2～3 个地带性土类，农、林、牧业发展的方向较为一致。

土壤地区为国家土壤区划系统中的三级区，反映土壤带内由于地方性因素（如地形、水文、成土母质等非地带性因素）所引起的地带性土类与非地带性土类组合的差异。在同一个土壤地区内，具有比较相近的水热条件和土壤生产力，农、林、牧业的配置和土壤利用开发及改良的途径相似。

基层土壤区划单元包括土区、土片和土组，分别属于全国土壤区划系统中的四级区、五级区和六级区，一般用于地（市）、县级以下。这三级单元与土壤利用改良的途径和措施联系紧密，也被称为土壤利用改良分区。

二、农业区划

（一）农业区划概述

农业区划是根据不同地区的自然条件与社会经济条件、农业资源和农业生产特点等因素，按照区别差异性、归纳共同性的办法，把全国或一个省、一个地区、一个县划分成若干在生产结构上各具特点的农业区，对这些区域内农业发展、农业资源开发和生产力布局做总体部署。

农业区划一般包括 4 个方面的内容：

（1）农业资源条件区划，主要分析土壤、气候、水文等自然条件与农业布局的关系。

（2）农业部门区划，主要分析农、林、牧、渔各农业生产部门和主要农作物的适宜范围、布局特点和地域分布规律。

（3）农业技术改造区划，主要开展农业技术改革的方向和途径分析，包括土壤改良、农业机械化、农业水利化和化肥、农作物品种、植物保护、农村能源等。

（4）综合农业区划，以前三项工作为基础，综合分析，通过区别差异性、归纳共同性，划分各具特点的综合农业区。

农业区划的 4 个方面既有区别，又有联系。前三个是综合农业区划的基础，综合农业区划是整个农业区划的主体和核心。

（二）我国主要农业区划方案举例

依据我国不同时期的经济与农业发展需求，学者们开展了一系列的农业区划研究工作，提出了一些区划方案，具有代表性的是 1981 出版的《中国综合农业区划》。该区划将全国划分为 10 个一级农业区（图 5-2）和 38 个二级农业区。一级农业区概括地揭示了我国农业生产最基本的地域差异，既反映土壤条件等自然条件大的地带性特征，也反映通过长期历史发展过程形成的农业生产的基本地域特点；二级农业区着重反映了农业生产发展方向和建设途径的相对一致性，综合分析农业生产的条件、特点和问题。

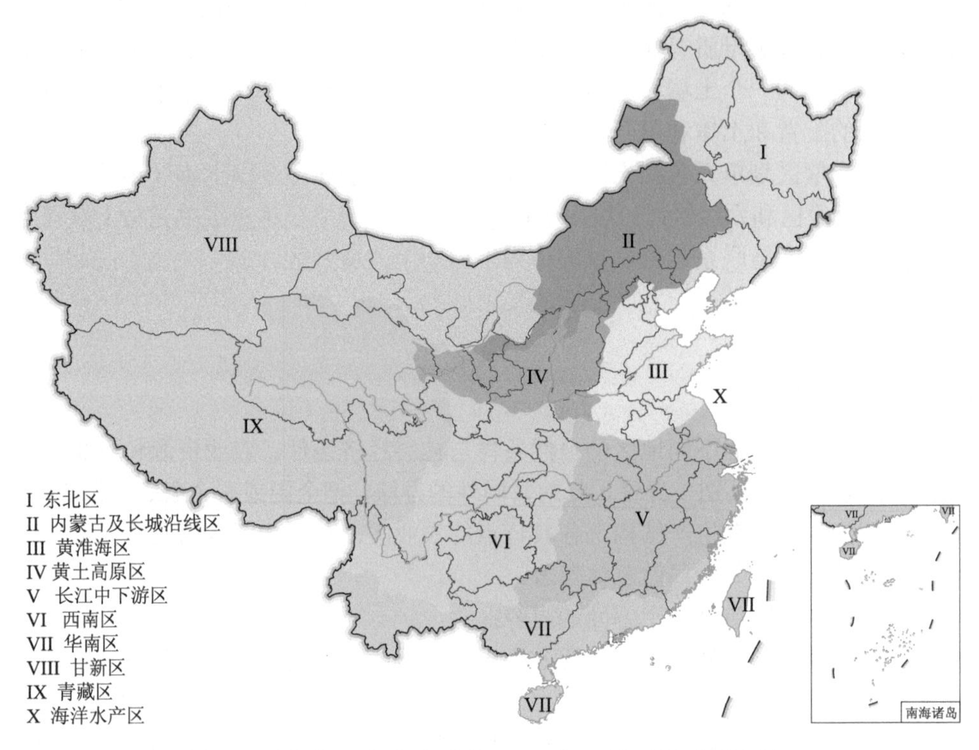

图 5-2　中国综合农业区划图（1981 版）（张晶清重新绘制）

I～IV 区位于秦岭、淮河以北，是我国各种旱粮作物的主产区；V～VII 区位于秦岭、淮河以南，是我国水稻及亚热带、热带经济作物主产区，这 7 个区位于我国东部地区，是人口、耕地、农、林、牧、渔业分布集中的地区。VIII 和 IX 区属于西部地广人稀、以放牧畜牧业为主的地区

随着我国经济社会转型和工业化、城镇化的快速发展，农业生产要素组织和发展的地域空间发生了显著变化。针对这一问题，刘彦随等（2018）提出了新时期中国现代农业区划的原则和方法，并制定了全国现代农业区划方案（图 5-3）。该方案建立了农业自然要素与农业地域功能耦合测度指标体系，应用聚类分析和定性评判等综合手段划分出 15 个一级农业区。在此基础上，以城镇化、工业化、农业现代化状况为主导，划分出 53 个二级农业区。

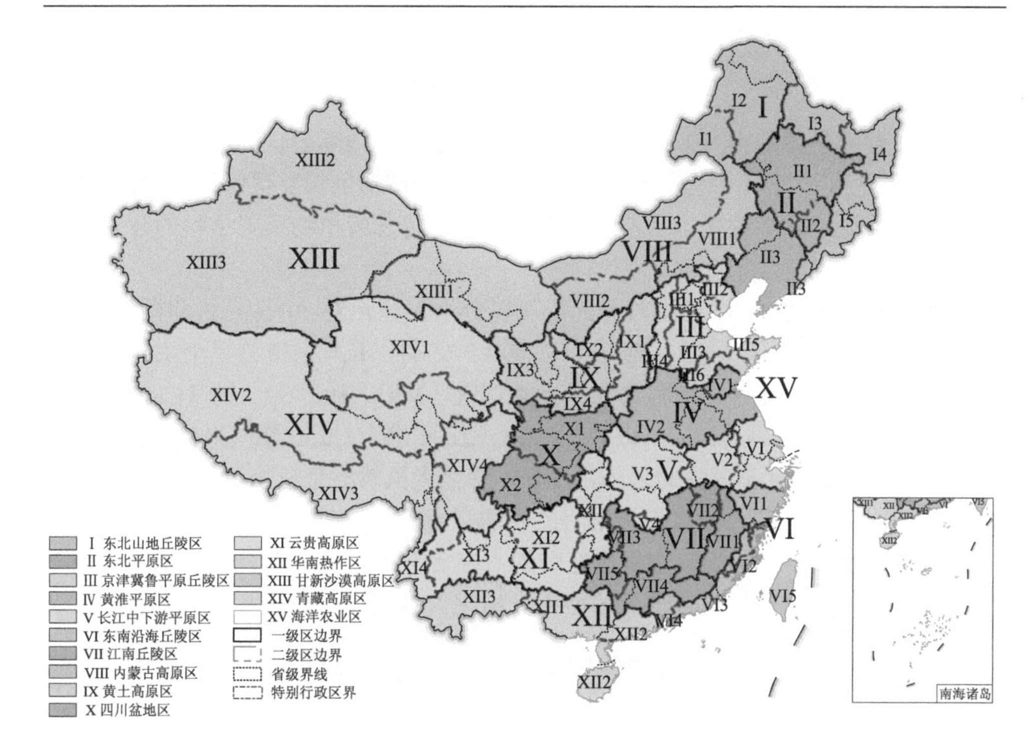

图 5-3　刘彦随等（2018）提出的中国现代农业区划方案

第二节　土壤养分供应与调控

土壤养分是四大土壤肥力因子之一。植物生长所必需的 17 种营养元素，除碳（C）、氢（H）、氧（O）外，主要来自土壤。主要由土壤提供的植物必需的营养元素称为土壤养分。土壤养分的持续、协调供应能力取决于土壤中有效养分的多少和同种养分不同形态之间的相互转化，以及不同养分间的平衡关系。本节主要介绍植物营养的基础定律和土壤氮、磷、钾等主要养分元素的供应与调控措施。

一、植物营养的基础定律

植物对各种养分元素的吸收具有一定的规律，某种养分元素无论是缺乏还是过多都可能影响植物生长，因此要实现养分的科学管理，首先需要认识植物营养的基础定律。植物营养的基础定律主要有：①矿质营养学说；②同等重要、不可替代律；③最小养分律；④最大养分律和报酬递减律；⑤养分归还学说；⑥因子综合作用律。

（一）矿质营养学说

矿质营养学说是由 19 世纪德国杰出的化学家、国际公认的植物营养学奠基人尤斯图斯 • 冯 • 李比希提出的，认为无机物质是植物生长发育所需要的最原始、最基本的养分。该学说揭示了植物营养的本质，标志着植物营养学科的建立，为肥料工业的发展奠定了基础。

根据需求量的不同，植物营养元素可以分为大量元素、中量元素和微量元素。碳（C）、氢（H）、氧（O）、氮（N）、磷（P）、钾（K）是植物整个生长过程中需求量较大的营养元素，被称为大量元素；镁（Mg）、硫（S）、钙（Ca）称为中量元素；铁（Fe）、锰（Mn）、硼（B）、锌（Zn）、铜（Cu）、钼（Mo）、氯（Cl）、镍（Ni）称为微量元素。除此之外，还有一些元素虽然不是植物生长的必需元素，但是它们对于植物有一定的营养作用，如钠（Na）、硅（Si）、硒（Se）等，称为有益元素。土壤不仅要为植物供应充足的“主食”（N、P、K），同时也要搭配丰富的“杂粮”，只有搭配合理，才能保证植物营养全面、平衡（图 5-4）。

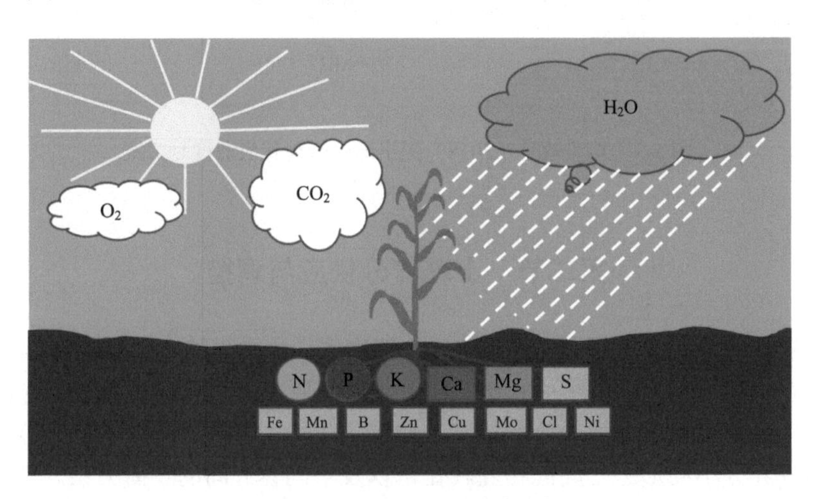

图 5-4　土壤养分供应示意图

（二）同等重要、不可替代律

各种营养元素在植物体内有各自的功能，相互之间不能代替。对于植物生长而言，不论是大量元素，还是中量或微量元素都是同等重要、缺一不可的。缺乏任何一种植物必需的元素，即使是一种微量元素，都会使植物产生元素缺乏症，影响植物生长，有的表现为生长不良，有的不能开花结果，严重的会直接死亡（图 5-5）。

图 5-5　植物元素缺乏症[图片引自种植农业（微信号：zzny1218），文字有修改]

（三）最小养分律

最小养分律也是李比希提出的，它的核心内容是作物产量主要受土壤中最缺乏的（相对含量最小的）那种营养元素所控制，产量在一定限度内随着该养分元素含量的增减而相对变化。如果无视这个限制因素的存在，即使继续增加其他养分元素也难以明显提高作物产量。

最小养分律可用装水的木桶来形象地描述（图 5-6），以组成木桶的木板表示作物生长所需要的养分，木板的长短表示某种养分的相对供应量，最大盛水量表示产量。很显然，最短木板的高度会决定木桶的盛水量。要增加盛水量，必须首先增加最短木板的高度。因此，最小养分律也被称为木桶理论。木桶理论让我们知道，要提高作物产量，必须首先找到影响产量的最小养分，进而才能有针对性地采取措施。

图 5-6　木桶理论示意图

（四）最大养分律和报酬递减律

当最小养分元素的含量逐步增加时，作物产量也会相应增加，最终达到一个平衡点（图 5-7）。超过这个平衡点，随着该养分供应量的继续增加，作物产量可能不仅不增加，反而减少。一个最主要的原因可能是，另一个养分元素成为了最小养分。而且，通常最小养分供应量较低时，产量增幅会较大，随着供应量的增加，产量增幅会逐渐变小，超过平衡点后，可能会出现负增长。这一现象被称为最大养分律和报酬递减律。

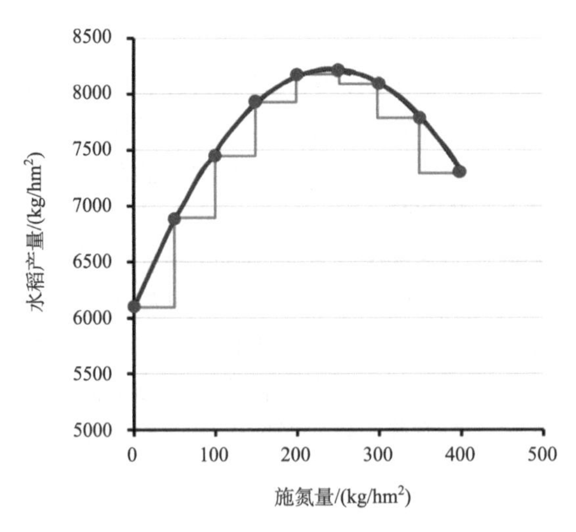

图 5-7　水稻产量随氮肥用量的变化（最大养分律和报酬递减律）

（五）养分归还学说

养分归还学说，又叫养分补偿学说，也是李比希提出的。它的核心观点是，作物收获物从土壤带走的养分必需“返还”土壤，才能维持土壤生产力。主要包括三个方面的含义：①作物收获必然要从土壤中带走一定量的养分；②若不及时归还作物从土壤中带走的养分，土壤肥力会逐渐下降，产量也会越来越低；③为了保持土壤元素平衡，维持地力和作物产量，应该通过各种措施“归还”土壤养分。

养分归还学说告诉我们，土壤虽是个巨大的养分库，但并不是取之不尽，用之不竭的。农业生产中必须通过施肥、秸秆还田等措施，把作物带走的养分“归还”土壤，才能保持土壤有足够的养分供应容量和强度。该学说对合理施肥、维持土壤生产力具有深远的指导意义。

（六）因子综合作用律

土壤肥力是土壤养分条件（肥）、环境条件（水、气、热）和土壤性质等众多因子综合作用形成的，这些因子纠缠在一起，因子之间既能相互促进，又能相互制约，而且不断发生变化，共同决定土壤养分供应和协调作物生长（图 5-8）。

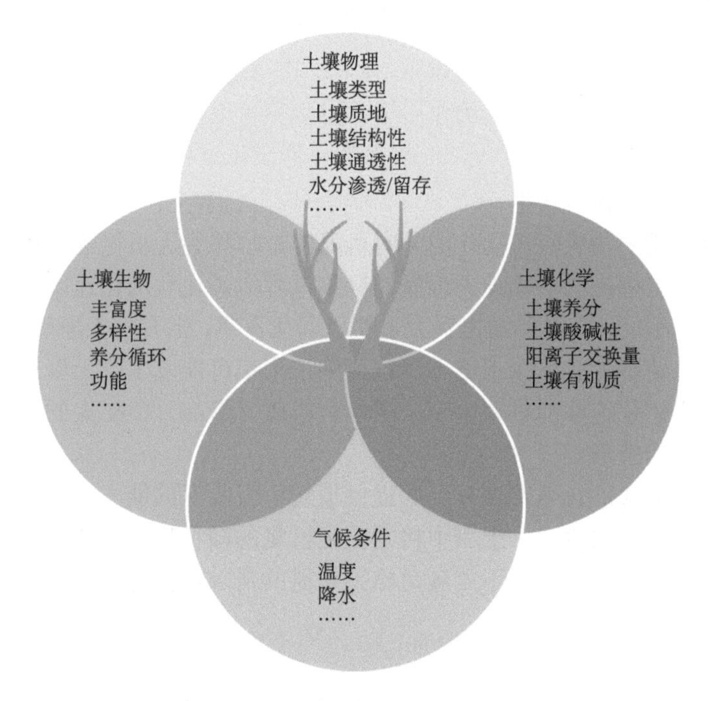

图 5-8　因子综合作用示意图

二、土壤氮素供应与调控

（一）土壤氮素供应

第四章第二节已经比较全面地介绍了土壤氮循环过程，在此只作简要回顾。土壤中的氮以有机态和无机态形式存在。有机氮的组成极为复杂，生物有效性很低；无机氮组成相对简单，主要为铵态氮（NH_4^+）和硝态氮（NO_3^-）。无机氮仅占土壤全氮含量的极小部分（<5%），却是植物吸收的主要氮形态，无机氮含量是土壤供氮水平的关键指标。有机氮矿化和无机氮同化两个过程是决定土壤无机氮含量的关键过程。有机氮矿化过程是土壤有机氮转化为无机氮的主要过程，其速率大小控制着土壤对植物的可利用氮供应强度。有机氮含量是影响氮矿化速率的重要土壤性质之一，通常氮矿化速率随有机氮含量的增加而增大。氮矿化过程又可分为氨化作用和自养硝化作用两个过程。氨化过程是微生物分解含氮有机物产生氨（铵）的过程，该过程是最基本的土壤氮转化过程，几乎在所有土壤中都可发生。自养硝化作用是氨在氨氧化微生物的驱动下转化为 NO_3^- 的过程，其速率决定了土壤无机氮是 NH_4^+ 主导型还是 NO_3^- 主导型。土壤酸碱性是影响自养硝化速率的关键因素，一般酸性土壤自养硝化速率较小，土壤无机氮通常以 NH_4^+ 为主；而中性和碱性土壤自养硝化速率较大，土壤无机氮通常以 NO_3^- 为主。除了有机氮氨化过程外，在异养硝化细菌的作用下，有机氮可以不经过氨化过程而直接硝化成为 NO_3^-，称为异养硝化过程。有机氮的异养硝化过程主要发生在酸性土壤中，中性和碱性土壤中较少发生。

无机氮被微生物吸收、同化成为有机氮的过程称为无机氮的同化过程。土壤中同时进行着有机氮的矿化与无机氮的同化过程，矿化和同化速率的差值称为净矿化速率。若有机氮初级矿化速率大于初级同化速率，则有机氮净矿化速率为正，反之，净矿化速率为负。在土壤中，这两种情形都可能发生。土壤有机碳含量和 C/N 是影响净矿化速率的重要因子。通常有机碳含量高、C/N 大的土壤会出现净矿化速率为负的情形。

土壤有机氮净矿化速率表征土壤提供植物可吸收氮的能力。土壤有机氮净矿化速率大于植物吸收速率，土壤中将发生无机氮的净积累，导致氮向环境的扩散风险增大；反之，土壤供氮不能满足植物对氮的需求，需要施用氮肥补充，否则可能出现植物的缺氮现象。

（二）土壤氮素调控

1. 土壤氮调控的必要性

（1）氮是作物生长需求最多的矿质养分，需要保持较高的土壤可利用氮含量才能满足农业生产的需求。

（2）氮在土壤中的转化非常活跃，氮素形态众多，去向复杂，管控困难。

（3）土壤氮的转化、迁移与生态环境、大气质量、气候变化、生物多样性和人类健康等有密切的关系，管理不当会带来严重的负面影响。

2. 土壤氮调控的基本原则

（1）提高土壤自身供氮能力，而不是通过大量施用化肥增加无机态氮的浓度。丰富的土壤有机质既能保证作物可利用氮的持续供应，满足生产需要，又可避免无机态氮的大量积累。

（2）采取科学的调控措施，增加作物氮利用率，减少活性氮的损失。“4R”养分管理原则（图 5-9），即农业生产中选择正确的肥料品种（right source）、采用正确的肥料用量（right rate）、在正确的时间（right time）将肥料施用在正确的位置（right place）上，是实现合理施肥的纲领性原则。

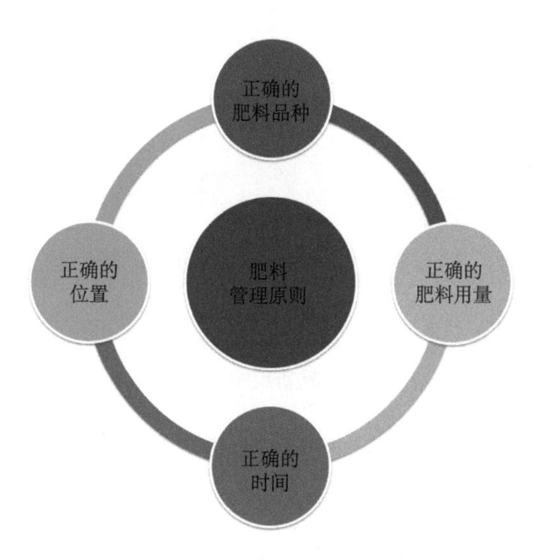

图 5-9　“4R”养分管理原则

3. 土壤氮调控的具体措施

（1）采用合理的施肥管理措施提高氮利用率，避免 NO_3^- 大量积累。常用的具体措施有肥料深施、分次施用、配施硝化抑制剂和脲酶抑制剂、平衡施肥、水肥一体化、按需施肥等。

（2）加强生物固氮，增加土壤有机氮储量。通过种植豆科植物、接种固氮菌等措施，增加生物固氮量；采用各种有机培肥措施，增加土壤有机氮含量，提高土壤自身供氮和保持氮的能力。

（3）基于有机物质 C/N 调控土壤有效氮的供应和保持能力（图 5-10）。一般认为，输入有机物质 C/N> 30 时，矿质氮的生物固持（同化）速率大于有机氮的矿化速率，表现为矿质氮的净固持；C/N 在 15～30 时，矿质氮的固持速率与有机氮矿化速率相当；C/N<15 时，氮的矿化速率大于矿质氮的生物固持速率，土壤有效氮供应能力较大（黄昌勇和徐建明, 2010）。

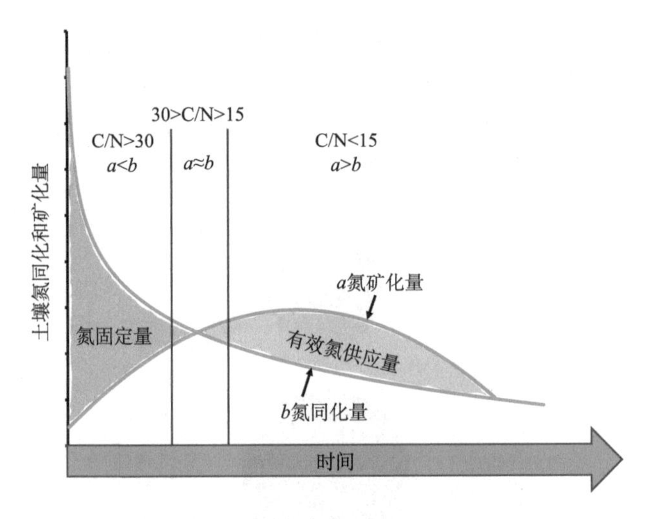

图5-10　高C/N有机物质投入土壤后土壤氮有效性随时间的变化[参考黄昌勇和徐建明(2010)重新绘制]

（4）利用土壤氮转化特点与作物氮吸收偏好契合原理调控氮素去向。土壤氮转化过程决定无机态氮是以 NH_4^+ 为主，还是以 NO_3^- 为主；同时大多数作物对 NH_4^+ 和 NO_3^- 的吸收利用具有明显的偏好，两者间的契合程度会明显影响氮肥利用和去向（图 5-11）。例如，对硝化能力强的土壤，施入的氮肥能够快速转化为 NO_3^-，喜硝作物对氮肥的吸收率要优于喜铵作物；而对硝化能力弱的土壤，施入的氮肥能以 NH_4^+ 形态停留较长时间，有利于喜铵作物对氮肥的吸收。

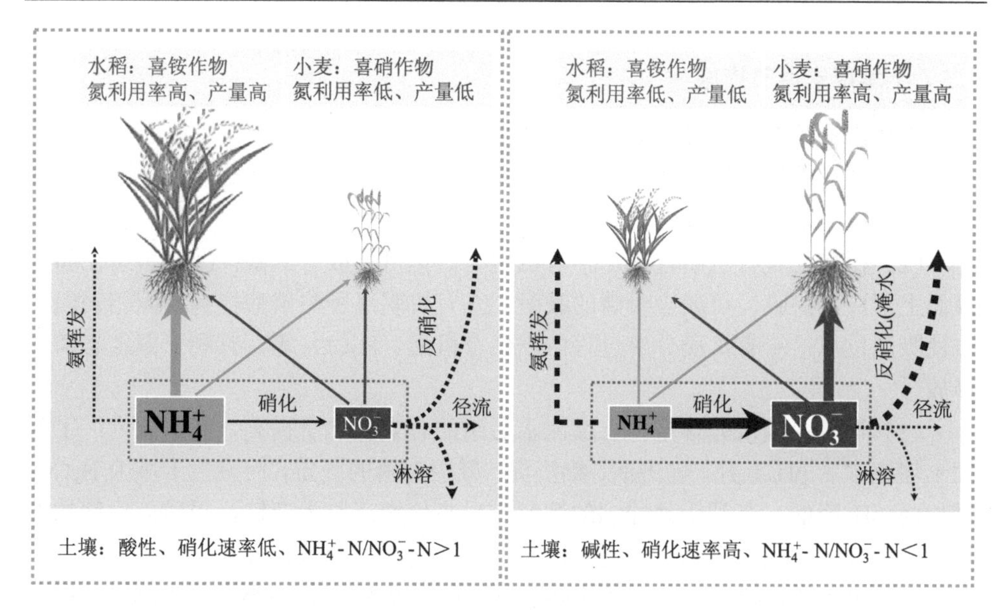

图 5-11　土壤氮转化过程与作物氮吸收偏好契合原理示意图（程谊等，2019）

三、土壤磷素供应与调控

（一）土壤磷素供应

关于土壤磷素的形态和循环过程，在第四章第三节已经全面地做了介绍，这里不再详细描述。简言之，土壤含磷化合物也分为有机和无机两大类化学形态。土壤中的有机磷化合物不能被植物和微生物直接吸收利用，要经过有机磷矿化作用转化为无机磷才能被利用。有机磷矿化速率取决于土壤微生物的活性，因此影响微生物活性的环境因素，如土壤温度、湿度、pH、氧气浓度、有机质组成等均强烈地影响有机磷的矿化过程。土壤磷素矿化与固持（同化）同时发生，反应平衡决定无机磷的净释放量。一般地，当有机质碳磷比（C/P）<200 时，发生磷的净矿化，即有机物中的磷被净释放；如果 C/P >300，会发生磷的净固持，即微生物会与植物竞争吸收土壤溶液中的无机磷。土壤中难溶性无机磷的溶解也能提高磷的可利用性，该过程主要受土壤微生物和植物根系的影响，主要机制是生物活动分泌的有机酸等酸性物质可提高难溶性无机磷的溶解性。总体上讲，土壤磷的转化过程以各种固定过程为主导，施入土壤中的磷肥在很短的时间内便会失去活性。一般情况下，施入土壤中的磷肥很少能移动 3 cm。因此，在农业生产中不能简单地通过施用磷肥解决磷的供应问题，而是要以提高土壤磷的有效性为主要措施。

（二）土壤磷素调节措施

土壤磷素的调节措施主要有以下几个方面：

（1）调节土壤酸碱度至中性范围。在中性条件下，无机磷与钙、镁形成易溶性化合物，对植物的有效性最高。

（2）提高土壤有机质含量。①有机质的矿化可释放有效磷；②有机质在固相表面上形成保护膜，可减少对磷的吸附；③有机阴离子与磷酸根竞争固相表面的专性吸附位点；④有机质分解过程中产生有机酸、H_2CO_3等，有利于固定态磷的释放。

（3）调节土壤水分含量。土壤淹水后磷的有效性显著提高，其原因为：①酸性土壤淹水后 pH 上升，促进铁、铝沉淀，减少对磷的固定，而碱性土壤因 H_2CO_3 增加而 pH 降低，有利于磷酸钙的溶解；②高价铁还原为亚铁，磷酸低价铁的溶解度相对较大，同时有利于闭蓄态磷表面上氧化铁的溶解，提高其有效性。

（4）合理施用磷肥。①依据土壤类型的差异选择不同种类的磷肥，如酸性土选择钙镁磷肥，中性土选择过磷酸钙；②确定磷肥的合理用量；③轮作中科学统筹磷肥施用方案，如水旱轮作中重点将磷肥施用在旱作上或重点施用在豆科作物上（以磷促氮）；④磷肥与有机肥混合堆沤后施用；⑤集中施用在作物根系附近或采用叶面喷施。

四、土壤钾素

土壤钾可分为水溶性钾、交换性钾、非交换性钾和矿物钾。前两者为速效钾，其中以交换性钾为主体。非交换性钾是指 2∶1 型黏土矿物层间固持的钾，又称缓效钾或固定态钾，其转化比较缓慢，不能被植物直接吸收利用，但与水溶性钾和交换性钾保持着平衡关系。矿物态钾是指存在于矿物结构中受晶格束缚的钾。

土壤钾的转化主要是指各形态钾之间的相互转化和平衡关系。水溶性钾与交换性钾的平衡在几分钟内便可完成，交换性钾和非交换性钾的平衡需要几天甚至数月，而矿物态钾与其他形态钾之间的转化非常慢，几乎永远达不到平衡。所以，土壤钾的转化主要是水溶性钾、交换性钾、非交换性钾之间的转化，尤其是前两者之间的转化。

不同于异常“活跃”的氮和“惰性”十足的磷，钾是典型的“中规中矩”。钾在土壤中的活动相对比较简单，没被作物根系吸收的钾离子（K^+）可被带负电荷的土壤胶体吸附，当作物需要时再解吸下来供植物利用。所以，在农业生产上，氮肥、磷肥的肥料利用率都不会太高，而钾肥的利用率则要高出不少。

五、土壤硫、钙、镁元素

（一）土壤中的硫

植物对硫的需要量与磷类似，但土壤缺硫现象没有缺磷明显。这主要是由于土壤对硫的固定远比磷弱。土壤中的硫可分为无机态和有机态。无机态硫可分为水溶态（SO_4^{2-}）、吸附态、矿物态[黄铁矿（FeS_2）、闪锌矿（ZnS）、石膏、与碳酸钙共沉淀的硫酸盐]。有机态硫主要存在于植物残体和腐殖质中，是我国湿润地区土壤硫的主要形态，一般占90%以上。土壤全硫含量主要受成土母质、成土条件、黏土矿物、大气沉降、施肥和灌溉的影响。如岩浆岩发育的土壤硫含量比沉积岩发育的土壤低；南方土壤由于淋溶强，硫含量比西北干旱地区土壤低；城市工矿区附近土壤硫含量高；有机质含量高的土壤含硫量高。此外，通过施用化肥、有机肥（人、畜粪尿）及降雨也能给土壤补充硫。

（二）土壤中的钙、镁

土壤全钙和全镁含量主要取决于成土母质和风化淋溶程度。土壤中的钙、镁可分为矿物态、交换态和水溶态。水溶性钙是土壤溶液中含量最高的离子，是镁的2～8倍，是钾的10倍以上。南方高温多雨地区，由于强烈的淋溶作用，土壤钙、镁含量低，但缺镁比缺钙更为普遍。主要原因是：①土壤含有的有效钙量一般比有效镁量多；②通过施石灰或钙镁磷肥可补充土壤钙。石灰性土壤含钙、镁丰富。

六、土壤微量元素

在第四章第五节已经比较全面地介绍了微量元素的相关知识。简言之，土壤中微量元素主要来自岩石和矿物，可分为水溶态、交换态、专性吸附态、有机态、铁锰氧化物结合态、矿物态。虽然作物对微量元素的吸收量不大，但是在农业生产中这些元素的作用却不能忽视。微量元素在植物体中多为酶、辅酶的组成成分和活化剂，有很强的专一性，且与某些优良品质密切相关，一旦缺乏，植物便不能正常生长。由于传统农业生产中不重视对中、微量元素养分的系统补给，很多耕作历史悠久的农耕土壤中出现微量元素缺乏的问题。因此，合理施用和调节微量元素能够提高作物产量，改善作物品质，减轻作物病虫害，提高经济效益。

土壤微量元素的调节措施主要有以下两个方面：

（1）从补施微肥入手（叶面喷施或土施），补充养分元素。

（2）调节土壤的关键性质，如调节土壤酸碱度、提高土壤有机质含量、控制土壤水分状况等，改善作物的微量元素营养状况。

第三节　土壤与水肥管理措施

植物生长所需要的绝大部分养分元素和水分都是从土壤中获取的。土壤中养分元素和水分的存在形态、迁移转化、保蓄能力及植物可利用性都会因土壤物理、化学、生物性质的差异而变化。因此，农田水肥管理措施也需“因土而异”“因地制宜”。

一、土壤与农田水分管理

水分是土壤组成成分之一，也是重要的土壤肥力因子。科学合理的水分管理是获得作物稳产、高产的重要因素。土壤水分的有效性与土壤性质有密切的关系，因此农田水分管理要遵循“因土制宜”的原则。

（一）土壤水分的类型和有效性

土壤中的水可以分为重力水、毛管水、膜状水和吸湿水，它们对作物的有效性有很大的差别（表 5-1）。

表 5-1　土壤水分的类型和有效性

类型	力	位置	保持能力	有效性
重力水	重力	大孔隙	极易下渗	过多会影响植物生长
毛管水	毛管力	毛管孔隙	易保持，移动能力大	主要的可利用水分
膜状水	表面能	土粒表面	吸附力大，移动缓慢	有效性很低
吸湿水	分子引力、静电引力	土粒表面	吸附力很强，不能移动	无效

（二）影响土壤水分有效性的因素

1. 土壤质地

土壤质地会影响水的渗透性、持水量，以及土壤水的运动和消耗。一般地，质地过砂、过黏的土壤有效水相对较少，壤质土壤有效水较多。与砂土相比，黏土虽然能保持较多的水分，但并不意味着有效水多，因此需要改善土壤的结构性才能提高有效水的量。

2. 土壤结构特性

土壤结构性主要指结构体类型、数量、品质（稳定性、孔性）及排列情况等特性。土壤结构体主要是土壤颗粒按照不同的排列方式堆积、复合形成的土壤团聚体。团聚体的形成和稳定性会影响土壤孔隙状况，进而影响水分保持能力和有效性。良好的土壤结构能够增加毛管孔隙，增大田间持水量，从而提高土壤的蓄水量和有效水量。

3. 有机质

有机质能改善土壤结构特性，从而提高土壤持水能力；另外，其本身也能吸收、保存较多的水分。

4. 土层厚度

有效土层的厚度也会影响土壤总的持水能力。如果土层过薄，即使土壤质地、结构和有机质含量都适宜，土体持水总量也不会太多。

（三）土壤水分的主要管理措施

土壤能较长时间保持适量的有效水分是作物获得稳产、高产的关键。因此，需要采取各种措施，增加土壤持水能力，减少水分损失，提高水分的利用率。

1. 改良土壤结构性

土壤的持水性、渗透性、保水性都与土壤的结构特性密切相关。对于结构性差、土层薄的土壤，深耕、耙地、冻融、晒垡等耕作措施能够改善土壤结构性，使紧实的土体变成疏松多孔的结构体，并增厚有效土层，从而有效地提高整个土体的蓄水量和有效水量，同时也能防止水分过多地渗漏损失。

2. 提高土壤有机质含量

对于有机质含量低的土壤，增施有机肥料或者种植绿肥（如紫云英、苜蓿、豌豆等），对增加土壤有机质含量，改善土壤结构均有积极作用。

3. 化学措施

一些化学措施也能改善土壤结构，如酸性土壤上施用石灰、碱性土壤上施用石膏都有改善土壤结构的作用。

4. 改良土壤质地

相对来讲，土壤质地不容易改变。农业生产中可以通过客土法改变土壤砂黏比例，改良过砂或过黏土壤的质地和结构。

5. 地表覆盖、疏松表土保墒

降水或灌溉后，土壤中的毛管水处于连续状态，水分移动迅速，蒸发风险大，需要及时松土、耙地，切断土壤毛细管孔隙，以减少水分蒸发。另外，地表覆盖（如作物秸秆等）也能有效减少土壤水分蒸发。近年来，一些化学覆盖物（称为土面水分蒸发抑制剂）也在干旱地区开始使用。

6. 科学、完善的水利系统

要实现旱涝保收，必须建立能灌能排的水利系统。正确的灌水方法和技术可以提高灌溉效率，节约用水，有利于保持土壤的团粒结构和肥力，提高农作物产量。根据输送和湿润土壤的方式不同，灌水方法可以分为 4 种，即地面灌溉、地下灌溉、喷灌和滴灌（表 5-2）。在农田排水方面，也发展出了各种技术，如各地广泛采用的暗管排水技术等，并取得了良好的效果。

表 5-2　主要的灌溉方法及其优缺点

灌水方法		适用区域及作物	优缺点
地面灌溉	漫灌	常用于牧草灌溉和北方引洪淤地	优点：湿润充分 缺点：灌水粗放，水量浪费大
	畦灌	旱田密播窄行作物，如小麦、谷子等	优点：比漫灌省水 缺点：用水量还是较大，易破坏土壤表层结构，地面易板结、龟裂
	沟灌	行播作物，如棉花、玉米、蔬菜等	优点：与畦灌相比，有省水、不破坏根区土壤结构、不易导致田面板结、不易积水等优点 缺点：开沟的劳动成本较高
	淹灌	水稻田	需要注意的问题：格田大小影响管理。格田过大，难于平整，不便于管理；过小，修筑田埂用工多、占地多、有碍机械耕作
地下灌溉		适用于上层土壤具有良好毛细管特性而下层土壤透水性弱的地区	优点：不破坏土壤表层结构；地面不板结、龟裂；土壤通气良好；可保持土壤表层干燥，以防止蒸发、杂草丛生等；减少沟、畦占地，有利于农业耕作；省水、增产 缺点：长期使用后，管道的出水孔容易阻塞；难于修理；灌溉后，表土湿润均匀度较差，影响出苗整齐
喷灌		地形复杂的山区和坡地，但蒸散大的地区不宜使用	优点：操作方便、生产效率高、利于自动化灌溉，具有增产、省水、省工等特点 缺点：喷洒均匀度差，需要大量管材，设备利用率低，投资较高，竖管妨碍机耕，易受天气影响（风速等）
滴灌		在干旱、半干旱地区及季节性和资源性缺水地区特别适用的节水技术	优点：不破坏土壤结构、不产生地面径流、无深层渗漏、很少蒸发损失等；同时滴灌可结合施肥进行，是各种灌溉方式中最省水、省工的一种先进灌水技术 缺点：需要的设备较多，投资较高，滴头容易堵塞，对水质要求较高

农业生产中，要根据土壤特点、气候特点和作物需求制定合理的灌溉和排水措施。不同的土壤保持作物有效水分的量和持续时间不同，不同作物、不同生育期根系吸水深度和耗水量均不同。因此，土壤水分管理需要遵循“因土制宜”“因作物制宜”的原则。

二、土壤与肥料管理

作物吸收的养分元素一部分来源于土壤养分供应，另一部分则来源于肥料。现代农业对肥料的依赖性越来越大，施用化肥是保障农作物优质、高产、稳产的重要因素。但是，盲目施用过量的肥料，或者各种养分元素比例不平衡，会影响农产品的产量和品质。另外，还会引发一系列负面效应，如土壤酸化、次生盐渍化、板结、养分元素失衡、微生物区系恶化等土壤资源问题，以及水体富营养化、地下水污染、大气污染、生物多样性降低等生态环境问题。因此，现代农业生产需要转变观念，实行科学的肥料管理，这对提高肥料利用率、减少肥料浪费，保护生态环境，实现“优质、高产、高效、生态、安全”的农业发展具有重要意义。

土壤性质，特别是土壤肥力因子，深刻影响着肥料利用率和作物产量，因此，科学的肥料管理首先要“因土制宜”。基于这一理念，一些新的肥料管理方法应运而生。例如测土配方施肥、优化施肥、循环农业、水肥一体化技术、新型肥料等，其中测土配方施肥与土壤性状的关系最为密切。

（一）测土配方施肥概述

测土配方施肥是指以土壤测试和肥料田间试验为基础，根据土壤肥力、作物需肥规律和肥料效应，在合理施用有机肥料的基础上，提出氮、磷、钾及中、微量元素等肥料的施用数量、施肥时期和施用方法。其核心是调节和解决作物需肥与土壤供肥之间的矛盾。通俗地讲，就是针对土壤情况和作物需求，缺什么补什么，需多少用多少，什么时间需什么时间用。

（二）测土配方施肥遵循的基本养分原理

测土配方施肥需遵循作物营养的五大基础定律，即同等重要、不可替代律，最小养分律，最大养分律和报酬递减律，养分归还学说和因子综合作用律，确定每种肥料的总量和配比，同时需要考虑田间管理措施（如种子、水肥管理、种植密度、耕作制度）和气候等综合因素。

（三）测土配方施肥的实施步骤

“测土、配方、配肥、示范、培训”是测土配方施肥技术的核心环节，共包括 9 个实施步骤（图 5-12）。

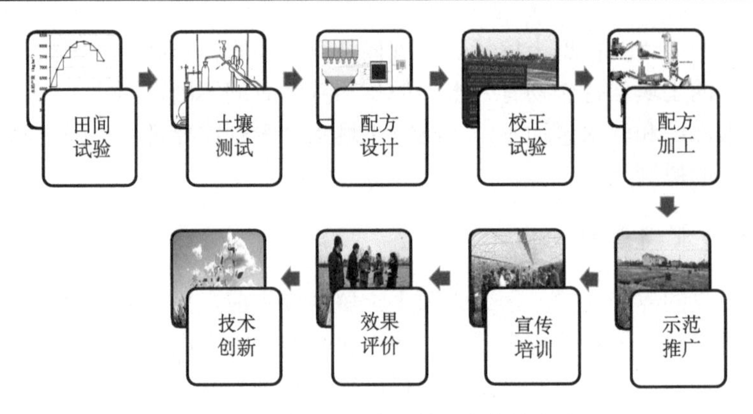

图 5-12　测土配方施肥的 9 个实施步骤

1. 田间试验

田间试验的主要目的是获得不同作物的最佳施肥量、肥料种类、施肥时间、施肥方法，是建立施肥指标体系的基本环节，为施肥分区和肥料配方提供依据。

2. 土壤测试

通过开展土壤各种养分元素测试，可了解土壤供肥能力状况，是制定肥料配方的重要依据之一。

3. 配方设计

配方设计是测土配方施肥的核心之一。基于田间试验和土壤养分测试数据等资料，同时考虑不同地区的土壤、气候、地貌、耕作制度等因素，结合专家经验，设计出适用于不同作物、不同区域的施肥配方。

4. 校正试验

为验证配方的可靠性，减少大面积应用的风险，需要进行田间试验，主要目的是验证并完善配方，并根据试验结果改进技术参数。通常校正试验至少需要包含三个处理：配方施肥、农户习惯施肥、空白对照。

5. 配方加工

目前最具有市场前景的配方肥料加工模式是市场化运作、工厂化加工、网络化经营。

6. 示范推广

田间展示配方施肥的实际效果，是推广测土配方施肥技术的关键。建立测土配方施肥示范区，全面展示测土配方施肥技术的效果，是推广测土配方施肥技术的重要基础工作。

7. 宣传培训

农民是测土配方施肥技术的最终执行者和落实者，也是最终受益者。肥料配方落实到农户田间是提高和普及测土配方施肥技术的最关键环节。开展技术宣传培训，提高农民科学施肥意识，并向农民传授科学施肥方法和模式，是普及测土配方施肥技术的重要手段。另外，还要加强对各级技术人员、肥料生产企业、肥料经销商的系统培训。

8. 效果评价

在测土配方施肥技术实施过程中，需要及时检验测土配方施肥的实际效果，并获得农民的反馈信息，以不断完善管理体系、技术体系和服务体系。同时，为科学地评价测土配方施肥的实际效果，必须对一定的区域进行动态调查，科学评价。

9. 技术创新

在测土配方施肥技术实施过程中，需要基于实际效果和农民的反馈信息，开展技术创新工作，主要包括田间试验方法、土壤养分测试技术、肥料配制方法、数据处理方法等，以不断提升测土配方施肥技术水平。

（四）构建配方施肥管理模型

耕地分散，生产规模普遍较小是我国农业生产的一个客观特点。由于土壤性质的空间变异很大，田间肥料试验的结果只能反映一定区域内的土壤肥力水平下的作物施肥效应，很难在较大区域上有效推广。在氮素管理方面，朱兆良院士基于这一实际情况，提出了区域合理施氮量的方法（朱兆良和文启孝，1992），在测土配方施肥实施过程中值得借鉴。

随着测土配方施肥技术的推广，在全国或区域尺度上积累了各种大量宝贵的信息和数据资料，为构建配方施肥管理模型奠定了基础。确定作物最佳施肥量的最可靠和直观的方法是根据田间肥料试验获得的作物产量、施肥量和土壤性质等数据间的关系，建立施肥数学模型。基于区域内土壤类型空间数据、土壤养分空间数据、采样点空间数据、基础地理信息数据、地形空间数据、土地利用空间数据、遥感数据、气候信息空间数据等数据资料，结合田间肥料试验的施肥数学模型，可以建立区域推荐施肥模型和配方施肥指导系统。农户可以使用电脑或手机平台，通过这样的系统了解自己耕地的基本信息，并获得专家的推荐施肥指导。配方施肥管理模型有可能克服因单个地块面积小、分布散而难以推广测土配方施肥的困难，也会节省单位面积上推荐施肥的成本，具有较高的实践意义。

（五）测土配方施肥的意义

测土配方施肥方法主要基于土地肥力性质、作物需肥规律和肥料效应来选择肥料用量、品种和配比，确定施肥时间，因此具有以下几方面的积极作用。

1. 对症下药，改善土壤性质

长期不合理施肥会导致土壤养分失衡，土壤质量下降。测土配方施肥技术能够实现“因土制宜”“对症下药”，对于维持土壤养分平衡、改善土壤理化性质、提升土壤质量具有重要的意义。

2. 降低投入，提高经济效益

现在的农业生产中，肥料使用量偏高，在生产资料投入中的占比很大（约为50%）。但是，超过半数的肥料并未被农作物吸收，造成了浪费和环境问题，并直接影响了农业经济效益。采用测土配方施肥方法能实现因需施肥，从而提高肥料的利用率，降低投入成本，提高经济效益。

3. 提高作物产量，保证农业生产安全

测土配方施肥技术有利于保证土壤肥力均衡，促进作物营养品质和产量的形成；同时，促进作物健康生长，增强抗病和抗逆性，减轻病害，进而减少农药的使用，最终达到减少污染、改善和提升农产品品质的目的。

4. 减少污染，保护农业生产环境

不合理的施肥管理会引发诸多生态环境问题。测土配方施肥技术能够实现因需施肥，理论上既可满足农作物的养分需求，又不会造成环境污染。

5. 节约资源，保证农业可持续发展

推行测土配方施肥技术，控制肥料施用总量，提高肥料利用率，是保证农业可持续发展的重要途径。

（六）测土配方施肥存在的问题

从理论上讲，测土配方施肥方法是实现“因土”“因作物需求”进行肥料管

理的理想方法。但是在实施过程中依然存在着一些问题，影响其推广效果。

1. 土壤养分供应和植物营养理论研究存在不足

测土配方施肥的核心是基于土壤各种养分元素分析结果和作物需肥规律制定肥料配方，但是目前对于这两方面的研究还存在很多问题。

（1）缺少明确的土壤中作物有效养分形态的定量测定方法。土壤养分元素含量的测定方法很多，但是目前还不能明确哪些指标能够有效指示土壤满足当季作物养分需求的供肥能力。

（2）不同作物所需养分的计量平衡关系还不清楚。不同作物，甚至同一作物的不同生育期对各种养分元素的需求比例可能存在较大的差异，会影响配方施肥的效果，但是目前对这种计量平衡关系的认识很有限。

（3）缺少快速反映作物养分需求的指标和测定方法。按需施肥是增效减排的关键之一，其前提是能够快速地获取作物生长过程中的养分需求信息，目前主要还是靠农民和科技人员长期积累的经验进行判断，缺少快速测定的方法。

（4）土壤与作物养分形态偏好的契合关系不明确。以氮素为例，多数作物对于铵态氮和硝态氮存在明显的吸收偏好，同时不同土壤的氮转化特征存在明显的差异，从而导致土壤中铵态氮和硝态氮比例的巨大差别，显然作物氮偏好和土壤无机氮主导形态间的契合关系会显著影响作物生长和氮利用率。但是目前的配方施肥过程中很少考虑这些契合关系。

2. 基层专业人才缺乏，而且技术水平有限

目前基层，特别是乡镇一级的土壤肥料和植物营养方面的技术人员极度缺乏。一方面大量经验丰富的老农技人员相继退休离岗，另一方面由于各种原因不能及时补充新的技术人员，造成技术力量的断层。这直接导致田间试验、田间调查和后期测产在技术上不够成熟，要求也不严格，进而导致在后期分析中偏离实际，严重影响示范推广效果。

3. 农民对该技术的认同程度不强

如果技术人员水平有限，特别是出现田间试验结果差强人意时，会直接影响农民对技术的认同程度。

4. 耕地分散，生产规模小

小农户经营也是影响测土配方施肥推广的原因之一。另外，现行的肥料销售方式和经销人员素质不高等也是一些不利的影响因素。

1. 结合所学知识，讨论土壤在农业生产中的重要作用。

2. 土壤学人物介绍

我国土壤氮素研究领域带头人与开拓者——朱兆良院士（1932～2022）

朱兆良先生是我国土壤氮素研究领域的带头人与开拓者。他从 1953 年起在中国科学院南京土壤研究所（以下简称“土壤所”）工作，见证了我国土壤氮素研究从无到有的发展，在协调农业发展与环境保护的氮素管理理论和技术发展等方面做出了重大贡献。

朱兆良院士

朱兆良先生从 1961 年开始土壤氮素研究。当时，我国在这一领域还处于学科发展的起步阶段，对于氮素是什么、用什么方法进行研究等，基本上是一片空白。作为土壤所氮组组长，朱先生只能自己摸索着去开启土壤氮素研究的大门。他带领同事从查阅外国文献着手，一点一点地学习国外学者研究土壤氮素的方法。

朱兆良先生既没有研究生学历，也没有留学背景，但他为了及时掌握大量国外关于土壤氮素研究的信息，学会了阅读以日语、俄语、德语、英语发表的学术文章；为了让研究成果能够更好地服务于农业生产，还不时涉猎有关化学、作物栽培学、土壤学、肥料学等学科的相关知识和学术动态。凭着对专业的热爱、执着、认真和严谨，以及拳拳爱国之情，朱兆良先生带领团队，从认识土壤氮素本性开始，从学习研究方法起步，经过数十年如一日的刻苦勤勉，把我国在氮素领域的研究成果逐步推向国际舞台。几十年来，氮组成员经常变动，朱兆良先生却始终坚守。他说："土壤学是应用学科，应主要围绕国家经济建设、农业发展来搞研究，十年、二十年、三十年……这样一直研究下去。"（摘自新华日报《我国土壤氮素研究领域带头人与开拓者——朱兆良：躬身大地六十载》）

3. 由下图食物生产梯级流动过程中活性氮排放可知，农业生产中投入 100 kg 氮，生产粮食等植物性产品，到餐桌的氮只剩下 14 kg；生产动物性蛋白产品，到餐桌的氮只剩下 4 kg，其他的氮素全部损失到环境中，引发环境问题。也就是说，如果我们能够少浪费含 4 kg 氮的动物性食品，就可以少用 100 kg 氮肥。结合氮素在生产流动中的效率，及其可能引发的环境风险，谈谈节约食物的重要性。

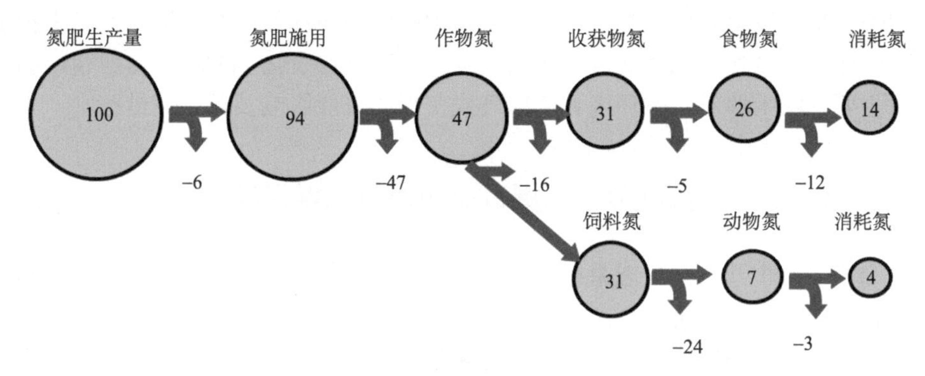

附图　食物生产梯级流动过程中活性氮排放（Galloway and Cowling, 2002）

圆圈中数字表示生产的氮肥施入土壤经过不同生产环节后被有效利用的数量；圆圈外数字表示生产环节中向系统排放的活性氮数量

第六章　土壤与环境

为了满足人类日益增长的物质需求，各种掠夺式的生产模式和盲目过量施肥等农业管理方式引发了诸多的负面环境问题，如水体质量恶化、大气雾霾等，同时还对生态系统健康、生物多样性、全球气候变化等产生了巨大的影响。人类面临着人口增长、全球气候变化和生态环境保护三大挑战，三者均可能影响甚至重塑土壤与环境安全和人体健康的关系。现在的土壤学研究正在从传统的只关注土壤肥力因素向以土壤健康为核心转变，开始广泛地关注土壤在固碳、保持生物多样性、净化污染物、水体质量、大气环境、全球气候变化等领域的功能和影响。本章主要介绍土壤对生态环境和全球气候变化的可能影响及其调控措施。

第一节　土壤自净作用与土壤污染

土壤是一个开放的生态系统，它和外界进行着连续、快速、大量的物质和能量交换。随着社会经济的高速发展和高强度的人类活动，工业和城市“三废”，以及农业生产中使用的农药、杀虫剂等化学物质大量进入土壤。当土壤中污染物的数量和输入速度超过土壤环境容量和自净作用速度时，便会引发土壤污染问题。当前，我国的土壤污染问题日益严重，范围不断扩大，已受到高度重视。本节主要介绍土壤自净作用和土壤污染的基本特点，以及我国土壤污染现状和土壤重金属污染防治措施等。

一、土壤自净作用

（一）土壤自净作用的定义

土壤自净作用，即土壤环境自然净化作用，是指在自然条件下，污染物在土壤环境中通过吸附、分解、迁移、转化等过程，浓度降低、毒性或活性下降，甚至消失的过程。土壤环境的自净功能对维持土壤生态平衡起着重要作用，明确土壤环境自净作用及其机理对确定土壤环境容量，选择土壤污染调控与修复技术具有重要的指导意义。按照作用原理，土壤自净作用可以分为物理净化作用、物理化学净化作用、化学净化作用和生物净化作用。

（二）土壤自净作用原理

1. 物理净化作用

土壤是一个多相的疏松多孔体，进入土壤中的难溶性固体污染物可被土壤机械阻留；可溶性污染物可被土壤水分稀释，毒性降低，或被土壤固相表面吸附，也可随水迁移至地表水或地下水层；某些污染物可挥发或转化成气态物质通过土壤孔隙迁移到大气介质中。土壤物理净化作用的效果取决于土壤的温度、湿度、质地、结构及污染物的性质。

2. 物理化学净化作用

土壤的物理化学净化是指污染物的阴、阳离子与土壤胶体上吸附的阴、阳离子之间发生离子交换吸附作用，这是土壤环境缓冲作用的重要机制，其净化能力的大小可用土壤阳离子交换量或阴离子交换量的大小来衡量。

土壤胶体通常带负电荷，因此，土壤对阳离子或带正电荷的污染物的净化能力较强。增加土壤中胶体的含量，特别是有机胶体的含量，可以提高土壤的物理化学净化能力。此外，土壤 pH 升高，有利于对带正电荷污染物的净化作用；反之，则有利于对带负电荷污染物的净化作用。物理化学净化作用只能使污染物在土壤溶液中的离子浓度和活度降低，相对地减轻危害，并没有从根本上消除土壤环境中的污染物。同时，这是一个可逆的离子交换反应，污染物离子可以重新转移到土壤溶液中，恢复原来的毒性、活性。对土壤本身来说，这一过程是污染物在土壤环境中的积累过程，长期的不断积累将产生严重的潜在威胁。

3. 化学净化作用

污染物进入土壤以后，可能发生一系列的化学反应，如凝聚与沉淀反应、氧化还原反应、络合螯合反应、酸碱中和反应、水解反应、分解反应和化合反应，或者发生由太阳辐射能和紫外线等引起的光化学降解作用等。通过这些化学反应，或者使污染物转化成难溶性、难解离性物质，毒性降低，或者分解为无毒或营养物质。这些净化作用称为化学净化作用。

土壤化学净化能力的大小与土壤的物质组成和性质以及污染物本身的组成和性质有密切关系，同时还与土壤环境条件有关。调节适宜的土壤 pH 和氧化还原电位（Eh），增施有机胶体或其他化学抑制剂，如石灰、碳酸盐、磷酸盐等，可相应提高土壤化学净化能力。酸碱反应和氧化还原反应在土壤自净过程中起重要作用，许多重金属在碱性土壤中容易沉淀；在还原条件下，大部分重金属离子能与 S^{2-}形成难溶性硫化物沉淀，从而降低污染物的毒性。但对于性质稳定的化合物，如多氯联苯、多环芳烃、有机氯农药，以及塑料、橡胶合成材料，难以被化学净化；重金属通过化学净化不能被降解，只能改变其在土壤中存在的形态和被植物吸收、向环境迁移的能力。

4. 生物净化作用

土壤的生物净化作用主要是指依靠土壤生物使土壤有机污染物发生分解或化合，最终转化为对生物无毒物质的过程。当污染物进入土壤后，土壤中大量的微生物体内酶或胞外酶可以通过催化作用发生各种各样的分解反应，这是土壤环境自净的重要途径之一。

有机物的生物降解作用与土壤中微生物的种群、数量、活性，以及土壤水分、温度、通气性、pH、氧化还原电位（Eh）、C/N 等因素有关。生物降解作用还与污染物本身的化学性质有关，性质稳定的有机物，如有机氯农药和具有芳环结构的有机物，生物降解速率一般较慢。有机污染物生物降解的中间产物，有些也有毒性，甚至毒性更强，在有机污染物生物降解过程中需要特别关注这些中间产物的积聚。微生物对重金属的吸收可以降低重金属的生物有效性，但是当微生物死亡后，吸收的重金属仍可能释放成为植物有效态。

（三）土壤自净作用影响因素

1. 土壤的物质组成

主要包括土壤质地、有机质含量和化学组成等。

2. 土壤环境条件

主要包括土壤的 pH、Eh、水热条件等。

3. 土壤生物学特性

主要是土壤中微生物种类和区系特点，对土壤环境中污染物的吸收同化、生物降解和迁移转化具有明显的影响。

4. 人类活动

人类活动也是影响土壤净化的重要因素，如长期施用化肥可引起土壤酸化而降低土壤的自净能力；施用石灰可提高土壤对重金属的净化能力；施用有机肥可增加土壤有机质含量，提高土壤自净能力。

土壤自净速度是比较缓慢的，净化能力也是有限的，当进入土壤的污染物超过土壤自净能力时，便会影响土壤的环境质量。

二、土壤污染

（一）土壤污染相关的基本概念

1. 土壤环境容量

土壤环境容量也称污染物的土壤负载容量，指在一定环境单元和时限内，遵循环境质量标准，既能保证土壤质量，又不产生次生污染时，土壤所能容纳污染物的最大负荷量。土壤环境容量又分为静容量和动容量。土壤静容量，也称为土壤环境绝对容量，是指土壤能容纳某种污染物的最大负荷量，由土壤环境标准的规定值和土壤环境背景值决定。土壤动容量是指在一定的环境单元和一定时限内，假定特定物质参与土壤圈物质循环时，土壤所能容纳污染物的最大负荷量。土壤环境容量受多种因素的影响，包括土壤性质、指示物、外源物质的侵袭、累积和污染历程、化合物类型等。由于影响因素的复杂性，土壤环境容量不是一个固定值，而是一个范围值。

2. 土壤环境背景值

土壤环境背景值是指未受或尽量少受人类活动影响的情况下，土壤中某一化学元素或某种化合物的含量状况，又称作环境本底值。它反映在自然发展过程中环境要素的物质组成和特征，表现土壤环境的原有状况。土壤环境背景值是代表土壤环境发展中一个历史阶段的、相对意义上的数值，不是一个不变的量，而是随成土因素、气候条件和时间变化的。土壤环境背景值是土壤的重要属性和特征，可以为土壤环境质量评价提供科学依据，为确定土壤环境容量和土壤环境标准提供服务。

3. 土壤污染的定义

土壤污染的“绝对性”定义：由人类活动向土壤添加有害化合物，此时土壤即受到了污染。这个定义的关键是存在可鉴别的人为添加污染物。

土壤污染的“相对性”定义：以特定的参照数据来判断，如以背景值加两倍标准差为临界值，若超过这一数值，即认为该土壤为某元素所污染。

土壤污染的“综合性”定义：不但要看含量的增加，还要看后果，即加入土壤的物质给生态系统造成了危害。

综上，土壤污染是指人类活动所产生的污染物，通过多种途径进入土壤，其数量和速度超过了土壤环境容量和土壤净化速度，使土壤的性质、组成等发生变化，导致污染物质的积累逐渐占据优势，破坏了土壤的自然平衡，引起土壤自然功能失调，土壤质量恶化，影响植物生长发育，造成产量和质量下降，并可通过食物链形成对生物和人类的直接危害，甚至造成有机生命的死亡。

（二）土壤污染物来源

土壤污染源可分为天然污染源和人为污染源。

天然污染源是指自然界自行向环境排放有害物质或造成有害影响的场所，如正在活动的火山，通过释放 H_2S 等气体，将原本与硫固定沉积的潜在有毒元素（汞、砷等）带入大气和地球表层，造成污染。

人为污染源是指人类活动所形成的污染源，是土壤污染研究和污染土壤修复的主要对象。而在这些污染源中，化学物质对土壤的污染是人们最为关注的焦点。人为的土壤污染来源主要包括大气沉降、污水排灌、化肥农药施用、固体废物堆放处置、工矿企业生产、交通运输等。

（三）土壤污染的特点

1. 隐蔽性和滞后性

相比于通过人体感官就能察觉到的大气污染及水污染，土壤污染很难被人体感官所识别，通常需要通过农作物（粮食、蔬菜、水果或牧草）及摄食的人或动物的健康状况才能反映出来，从遭受污染到产生恶果有一个相当长的逐步积累过程，具有隐蔽性和滞后性。特别是重金属污染，往往通过对土壤样品分析化验和对农作物重金属的残留进行检验才能确定。例如，日本四大公害病之一——痛痛病，20 世纪 60 年代发生于富山县神通川流域，直至 70 年代才基本证实是镉污染土壤所生产的“镉米”所致。

2. 不可逆性和长期性

土壤一旦受到污染，修复极其困难，特别是重金属离子富集造成的土壤污染具有不可逆性，土壤中的有机污染物也难以有效降解或者需要较长的降解时间。进入土壤中的重金属元素能与土壤表层有机质或矿物质发生吸附、络合、沉淀等作用残留于土壤耕层，很少向下层移动，这样污染物最终形成难溶化合物沉积下来并长久保存在土壤中，限制了重金属在土壤中的迁移。

3. 难治理性

如果大气和水体受到污染，切断污染源之后，通过稀释作用和自净化作用，可以较快地降低污染物浓度。但是积累在土壤中的难降解污染物则很难依靠稀释作用和自净化作用来消除。土壤污染一旦发生，仅仅依靠切断污染源的方法往往很难恢复，有时要依靠换土、淋洗土壤等方法才能解决问题，其他原位治理技术则见效较慢。因此，污染土壤治理通常成本较高、周期较长。

（四）土壤污染类型及危害

由于污染源不同，产生的土壤污染类型也不相同。目前，对土壤污染的类型并无严格的划分，从污染物的属性考虑，一般可分为重金属污染、有机物污染、生物污染和放射性物质污染。

1. 土壤重金属污染

重金属一般是指相对密度等于或大于5.0的金属，包括铁、锰、铜、锌、镉、铅、汞、铬、镍、钴等45种元素。砷是一种类金属，但由于其化学性质和环境行为都与重金属元素类似，所以也将它归入重金属元素中。土壤重金属污染是指由于人类活动，使重金属元素进入土壤，导致土壤中重金属含量明显高于背景值，并造成现实的或者潜在的土壤质量退化、生态与环境恶化的现象。土壤重金属污染具有隐蔽性较强、持续时间长、无法被生物降解等特性，当重金属通过食物链进入人体后会引发疾病。历史上重大的重金属安全事故引起的疾病有镉引起的“痛痛病”、汞引起的“水俣病”及血铅超标导致的儿童智力低下等。当前，我国农田土壤重金属污染形势严峻，已对水稻、小麦、蔬菜等农作物安全构成威胁，特别是镉、砷等重金属移动性较强，极易在食物链中富集，造成人体健康风险。

2. 土壤有机物污染

有机污染物是指能导致生物体或生态系统产生不良效应的有机化合物，包括天然有机污染物和人工合成有机污染物。土壤有机污染物主要有持久性有机污染物、多环芳烃化合物、杂环类化合物、氯代芳烃化合物、有机氰化合物、酚类化合物、氮基化合物、农药、挥发性和半挥发性有机物等。有机污染物可通过地表径流进入地表水，而挥发性有机物则通过大气干湿沉降或土气交换作用进入土壤或大气，农作物通过根吸收的有机污染物积累在根、茎、叶等部位，进而通过食物链危害人体和牲畜的健康。有机污染物多具有致畸、致癌、致突变、干扰内分泌等后果。

3. 土壤生物污染

土壤生物污染是指有害的生物种群从外界环境侵入土壤，并大量繁殖，破坏了固有生态系统的平衡，对人类或生态系统造成严重不良影响的现象。例如，畜禽粪便中往往含有病原菌、原生动物及蝇蛆和虫卵等大量有害物质，未经处理的畜禽粪便排放到自然环境后，大量的病原微生物、寄生虫虫卵和蚊蝇的滋生，极易造成人畜共患传染病的爆发，对人类健康及经济社会的发展形成极大的威胁。因为抗生素的大量使用，随人畜粪便进入土壤导致土壤中抗生素抗性基因的积累，是一种新型生物污染物。

4. 土壤放射性物质污染

土壤放射性物质污染主要来源于原子能利用过程中所排放的废水、废气和废渣，以及核试验的沉降物，它们通过自然沉降、雨水冲刷等途径污染土壤。土壤一旦被污染将难以自行消除，只能自然衰变为稳定元素。土壤放射性污染不仅对环境产生辐射危害，而且进入人体后发生放射性裂变，产生的α、β、γ射线可造成内照射损伤，使组织细胞损坏或变异，导致受害者头昏、疲乏、器官发生癌变，引发白血病，增加遗传畸形的发生率等。

三、我国土壤污染现状

（一）我国土壤污染总体情况

2014 年环境保护部和国土资源部联合发布的《全国土壤污染状况调查公报》显示，全国土壤环境状况总体不容乐观，部分地区土壤污染较重，耕地土壤环境质量堪忧，工矿业废弃地土壤环境问题突出。工矿业、农业等人为活动以及土壤环境背景值高是造成土壤污染或超标的主要原因。

全国土壤总的超标率为 16.1%，其中轻微、轻度、中度和重度污染点位比例分别为 11.2%、2.3%、1.5%和 1.1%。污染类型以无机型为主，有机型次之，复合型污染比重较小，无机污染物超标点位数占全部超标点位的 82.8%。

从污染分布情况看，南方土壤污染重于北方；长江三角洲、珠江三角洲、东北老工业基地等部分区域土壤污染问题较为突出，西南、中南地区土壤重金属超标范围较大；镉、汞、砷、铅 4 种无机污染物含量分布呈现从西北到东南、从东北到西南方向逐渐升高的态势。

（二）超标的主要污染物

镉、汞、砷、铜、铅、铬、锌、镍 8 种无机污染物点位超标率分别为 7.0%、1.6%、2.7%、2.1%、1.5%、1.1%、0.9%、4.8%。稻田土壤镉含量范围为 0.01～5.50 mg/kg，平均值为 0.23 mg/kg，含量最高的 3 个省份依次为湖南、广西和四川。总体来说，以东南沿海、长江中游及江淮等部分地区的糙米镉、铅、砷积累情况较为严重（图 6-1）。而六六六、滴滴涕、多环芳烃 3 类有机污染物点位超标率较低，分别为 0.5%、1.9%、1.4%。所以，本节重点介绍土壤重金属污染的影响因素和防治措施。

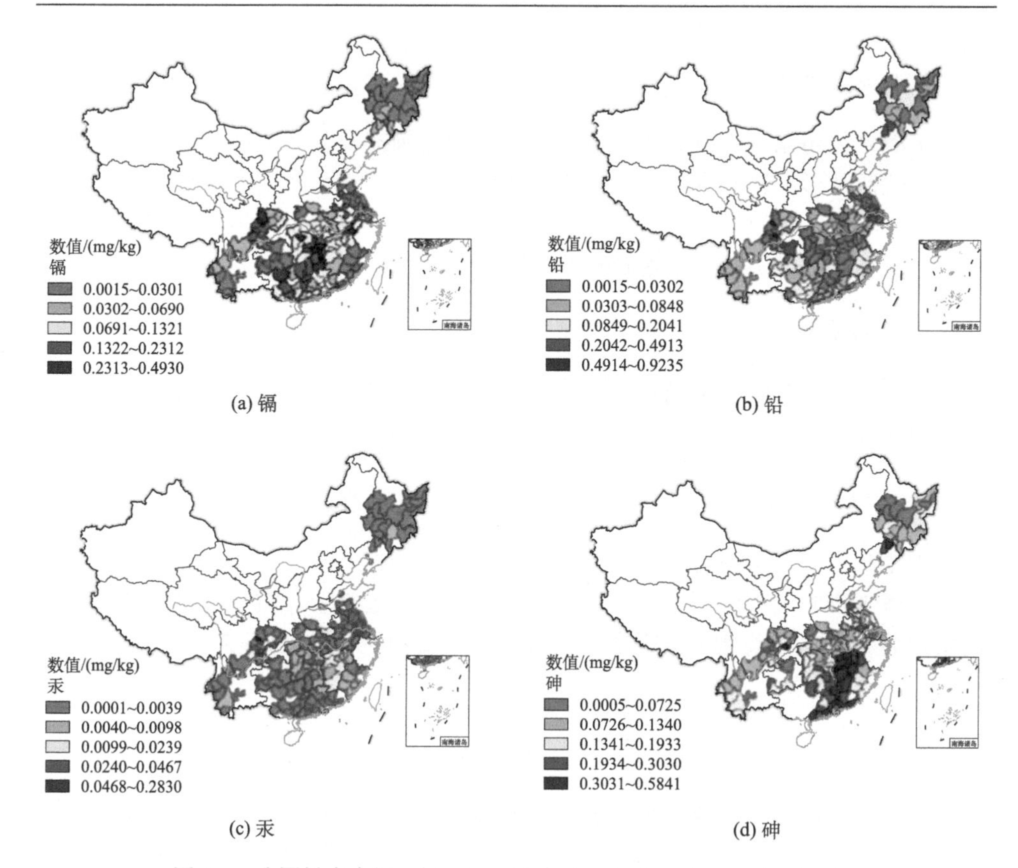

(a) 镉　(b) 铅　(c) 汞　(d) 砷

图 6-1　我国糙米中镉、铅、汞、砷含量分布图（Xiao et al., 2018）

（三）土壤重金属污染的影响因素

土壤重金属环境风险不仅与重金属总量有关，而且与其存在形态紧密相关。当重金属进入土壤环境后，土壤 pH、氧化还原电位、有机质含量等多种因素都会影响其生物有效性与形态转化。

1. 土壤 pH

土壤 pH 与土壤中重金属的赋存形态关系密切。当土壤 pH 发生变化时，土壤颗粒表面的吸附位点、电荷含量和极性等均会发生相应变化，引起一系列的吸附-解吸、沉淀-溶解等过程。随着土壤 pH 升高，土壤有机质、矿物等表面电负性增强，对带正电荷重金属的静电吸附作用增加。pH 升高时，游离的 OH^-离子浓度也增加，引起部分重金属发生沉淀。

2. 氧化还原电位

土壤氧化还原电位决定了土壤中许多元素的价态及复合形态，对土壤中重金属的有效性及形态转化影响深远。淹水条件下，随着淹水时间的延长，土壤还原性增强，生成的还原性物质可降低重金属的有效性。氧化条件下则有利于重金属有机化合物的降解，达到土壤自净的作用。

3. 土壤有机质

土壤有机质表面大量的羟基、羧基、氨基、巯基等官能团能络合、吸附土壤溶液中的重金属。

4. 土壤微生物

土壤微生物直接参与土壤中元素的循环及污染物降解过程。污染物进入土壤后可被微生物固定或降解。微生物分泌有机酸，通过络合、沉淀、氧化还原改变污染物的形态、移动性、溶解度，从而改变污染物的有效性。

四、土壤重金属污染防治措施

欧美发达国家已经建立起较为成熟的土壤环境政策、资金机制与监管体系，而我国尚未形成针对土壤污染修复的完备体系。2016 年我国发布的《土壤污染防治行动计划》有力地促进和带动了全国范围内土壤污染控制与修复技术的研究与发展。当前，土壤重金属污染问题已受到国家的高度重视，《全国农业可持续发展规划（2015—2030 年）》中将“保护耕地资源，防治耕地重金属污染”列为未来时期农业可持续发展的重点任务。然而，农田土壤重金属污染具有污染来源多样、污染面积大、污染深度浅、修复周期长等特点。相比于工业污染场地修复，农田污染土壤修复的目标也不同。比如，工业污染场地修复是为了将场地使用者和环境敏感受体的健康风险控制在可接受的水平，而农田污染土壤修复的主要目的是提升土壤质量，恢复农业生产，保障农产品安全。因此，农田土壤重金属污染防治需要实行分类管理、有序修复和跟踪监控的科学治理措施。

（一）农田土壤重金属污染防治的分类管理方针

我国农田土壤污染面积广泛，成因复杂，同时农用地资源紧张，粮食供给和粮食安全压力巨大，不能像欧美发达国家那样对污染土壤进行大面积休耕。因此，根据我国农田土壤和粮食作物实际污染情况，将农田土壤划分为不同的类别，采用不同的保护和利用策略，保障农业安全生产。

（1）优先保护类。优先保护类土壤是未污染和轻微污染区域，可作为永久耕地使用。

（2）安全利用类。安全利用类土壤为轻、中度污染区域，需要根据前期调查情况选择适宜种植的作物种类，配合治理和管理手段，使种植的粮食、蔬菜等作物在食用后对人体不产生健康风险。

（3）严格管控类。严格管控类土壤为重度污染区域，严禁种植食用性作物，需改变种植植物种类，以观赏性花卉和林木为主。

（二）未污染土壤的预防与监测

对于未污染土壤，以预防为主、优先保护、源头控制为重点，严格监测可能引起污染的源头，如农田周边大型工厂、小型作坊、农业生产投入品、居民生活废弃物排放、上游水源情况等。

（三）污染土壤治理技术

对已受重金属污染的土壤，现有的治理技术包括物理工程、化学和生物措施。

1. 物理工程措施

物理工程措施主要包括客土、翻土、电动力学修复等。通常将洁净的土壤运输到污染区域，现场翻耕之后使表层土壤中重金属全量得以稀释。

2. 化学措施

化学措施主要包括淋洗、钝化改良剂、络合浸提等。采用一些生物表面活性剂活化土壤表层中的重金属，使其迁移到土壤下层或建立抽提井进行收集。钝化改良剂则是通过改变土壤理化性质或增加活性吸附位点，使重金属吸附固定在钝化剂或土壤矿物中，转化为更稳定的形态，降低其有效性（图 6-2）。常用钝化材

图 6-2　稻田土壤镉污染钝化修复示范区（孟俊摄）

料有无机材料（钙硅材料、黏土矿物材料、含磷材料、碳材料和金属氧化物等）、有机材料（畜禽粪肥、腐殖酸类、泥炭和木质素等）和其他材料（工业废弃物和新型材料等）（表 6-1）。

表 6-1　常用农田土壤重金属钝化修复材料的主要原料

种类	主要原材料
钙硅材料	氧化钙、氢氧化钙、碳酸钙镁、硅酸钠、硅酸钙
黏土矿物材料	海泡石、蒙脱土、膨润土、高岭土、沸石、硅藻土
含磷材料	钙镁磷肥、羟基磷灰石、磷矿粉、过磷酸钙、磷酸盐
碳材料	秸秆炭、骨炭、粪肥炭、黑炭、果壳炭、活性炭
金属氧化物	氧化铁、硫酸铁、针铁矿、氧化锰、氧化镁、硫酸亚铁
有机材料	猪粪、牛粪、鸡粪、腐殖酸、泥炭、羊粪
工业废弃物	粉煤灰、钢渣、赤泥、电石渣
新型材料	纳米材料、功能化材料

3. 生物措施

生物措施主要包括植物和微生物修复措施。植物修复包括植物提取、植物固定和植物挥发过程，而微生物技术则通过强化植物修复过程（根际共生菌）或其本身分泌解毒物质实现污染土壤治理。植物修复通常选育超级积累植物和低积累植物开展修复和生产（图 6-3）。超积累植物是具有重金属耐性基因，可在其体内超高量富集重金属元素的植物，如伴矿景天、龙葵等对镉、铅具有超积累能力。低积累作物则是对有害元素吸收能力低于常规种植品种的作物。通过超积累植物-低积累作物轮作的方式，在超积累植物吸收土壤重金属收获后，再安全种植低积累作物，实现污染土壤的边生产边修复。

图 6-3　生物修复技术措施

近年来，化学钝化技术因其治理周期短、成本低、长期稳定的优势，得到了广泛的关注，常以其为主要的修复手段，辅以植物修复、品种筛选、水肥调控来实现污染农田的安全生产。此外，在实际污染土壤的治理工程中，需根据污染物的种类、污染水平和种植制度综合制定成套的修复技术，以降低土壤中重金属的全量和有效性为目标，切断和阻控其进入食用作物的途径，消除其对人体产生的健康风险。例如，在湖南省实施的稻米镉污染“VIP+N”综合控制技术[即选择适宜的品种（V）、合理的灌溉（I）和调节土壤 pH（P）加其他辅助措施(N)]，是当前重金属污染农田治理的一次先进尝试（图 6-4）。

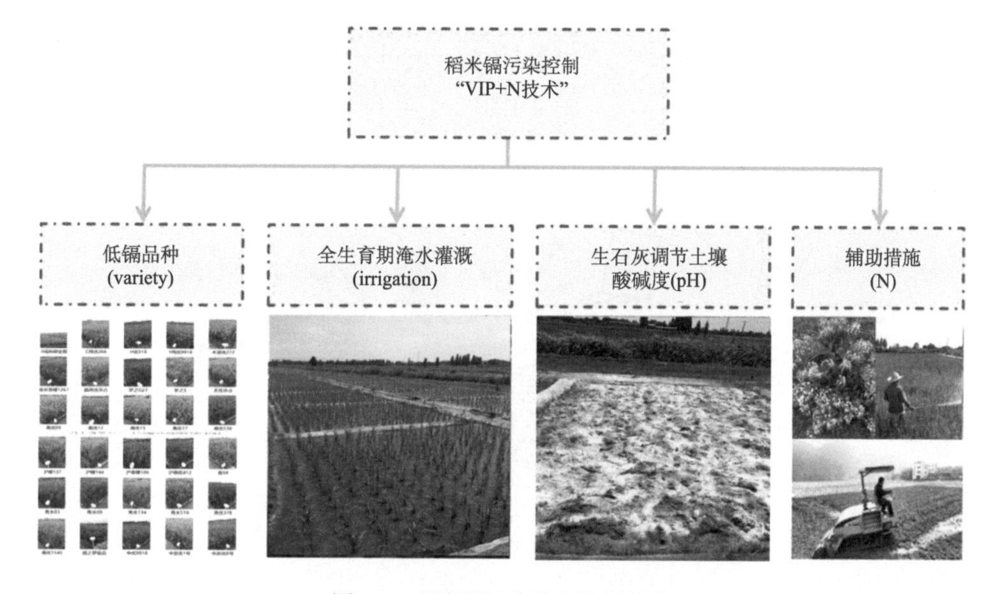

图 6-4 稻米镉污染综合控制技术

第二节 农田面源污染与治理措施

农田面源污染实质上是农田生态系统物质向水体的扩散，它不仅是土壤养分损失的主要途径，更是水体富营养化的主要驱动因素之一。农田面源污染的发生及其污染强度与土壤性质、地形、地貌、施肥、灌溉等农业管理措施密切相关。认识农田面源污染的发生过程及其影响因素是调控农田面源污染强度的基础。

一、农田面源污染及其危害

（一）农田面源污染的定义及特点

1. 农田面源污染的定义

农田面源污染是指在农田种植过程中发生的污染现象。农田土壤的泥沙、碳氮磷等营养盐、农药及其他污染物，在降水和排水的过程中，通过地表径流、壤中流、地下水渗漏及排水，流失到周边受纳水体而形成的水环境污染（图 6-5）。

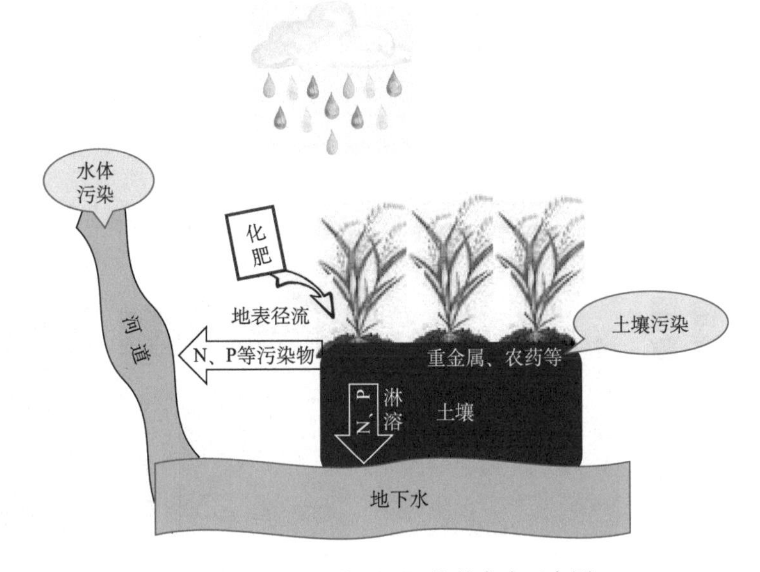

图 6-5 农田土壤面源污染的发生示意图

2. 农田土壤面源污染的特点

1）广泛性

农田面源污染没有固定的污染源，当一个地块中氮磷等营养元素和农药等污染物的累积量超过农田系统的容纳能力时，它们会随着地表径流等进入水体。在给定的区域内，污染源（不同的地块）通常在地表层广泛分布，相互交叉排放，给生态环境带来广泛的影响。

2）潜伏性

土壤对氮磷等营养元素和农药等污染物具有一定的吸附和固定能力，它们贮存在土壤中，只有遇到合适的条件时才会向水体扩散。

3）随机性

农田面源污染主要受降水过程、径流和侵蚀形成过程的影响和支配，而降水和径流具有随机性；另外，农田面源污染还与土壤结构、地质地貌、农作物类型等众多因素密切相关，这都使农田面源污染具有很强的随机性，也是其难以治理的重要原因之一。

4）模糊性

农田面源污染主要来自农药、化肥的施用，但是面源污染的发生与农药化肥的用量、土壤性质、土地利用方式、农作物类型、生长季节、地质地貌和降水条件等均具有密切的关系，由于这些因素的作用和相互交织，导致对农田面源污染总体状况的判断具有较大的模糊性。

（二）农田面源污染的危害

大量的氮、磷、农药、有机物等污染物流入自然水体，会造成藻类等浮游生物大量增殖，产生水华、赤潮现象，并造成水体缺氧，水生动植物被毒害（图 6-6）。蓝藻等腐解后产生大量的 NH_3、硫醇、硫醚及硫化氢等异味物质，如果影响到水源地，就会危及饮用水安全。如 2007 年太湖蓝藻暴发事件，造成无锡全城自来水污染。北方旱地大量施用化肥造成硝酸盐淋洗严重，导致地下水硝酸盐超标，也会影响饮用水安全。

图 6-6　长满藻类的污染河道（左）和蓝藻暴发的河道（右）（薛利红摄）

有毒有害污染物（农药和除草剂及其降解产物、重金属及其他有毒有害有机物等）流失到自然水体，不仅会影响鱼类等的生长，还会危及人体健康。

二、农田土壤面源污染的发生过程

（一）面源污染的发生过程

农田土壤面源污染主要来源于化肥不合理使用造成的氮磷流失、秸秆还田不当而产生的化学需氧量（COD）排放等。近年来，我国水稻、小麦、玉米三大粮食作物的化肥利用率虽有提高，但还远低于世界发达国家水平，仍有大量的氮磷损失到环境中去。农田系统氮磷从土壤向水体扩散的途径主要是径流与淋溶过程（图 6-5）。

淋溶输出过程是指土壤和肥料中养分元素随降雨或灌溉水向下迁移至作物根系活动层以下，不能被作物根系吸收导致的农田土壤养分元素输出。淋溶是水分的垂直迁移，水分所携带的养分元素最终进入地下水系统。由于土壤胶体带负电，所以对铵态氮吸附作用强，对硝态氮的吸附作用甚微，所以硝态氮易遭受雨水或灌溉水淋洗而进入地下水。土壤对磷素的固定能力较强，磷在土壤剖面中很少发生向下迁移，只有当土壤中磷素积累达到一定水平，土壤对磷素的吸持能力接近饱和的情况下，才会发生明显的磷素淋溶。

径流输出过程则指溶解或悬浮于地表径流水中的养分元素，随径流移出农田系统。对于一些分布于坡地且有不透水基岩的土壤，如紫色土，径流不仅发生在土壤表面，还发生在土壤内部，称为壤中流。径流是水分的水平迁移，水分所携带的养分元素进入地表水系统。土壤养分进入地表径流的主要驱动力大致可以归纳为对流扩散作用、雨滴击溅搅动和水流冲刷作用等。土壤中氮磷以两种形态进入径流：一种是溶解态，即养分溶解于土壤溶液中，通过水分交换进入地表径流；另一种是吸附态，即部分养分被吸附在土壤颗粒表面，通过解吸或伴随侵蚀泥沙进入地表径流。一般认为，氮以溶解态形式流失到径流中的数量占比较高，而颗粒态磷是土壤磷径流损失的主要形态。在水土流失、土壤侵蚀严重的地区，大雨会引起农田耕层土壤的大量侵蚀，导致磷素的大量径流损失，是构成磷素面源污染的主要原因。

另外，残留在土壤中的农药、重金属等污染物也会通过径流、淋溶和土壤侵蚀进入水体。

（二）土壤性质和利用方式对面源污染发生过程的影响

除降水和地质地貌因素外，土壤性质和土地利用方式也与径流、淋溶过程及土壤流失的强度关系密切。

1. 土壤性质对面源污染发生过程的影响

土壤性质，如质地、结构、孔隙、有机质含量等都会显著影响径流、淋溶和土壤侵蚀的产生，进而影响氮磷养分及其他污染物的输出。土壤质地显著影响孔隙组成，例如砂粒间形成的孔隙通常较大，以非毛管孔隙为主，水分极易流失。一般来讲，土壤结构越好，总孔隙率越大，其透水性和持水量就越大，地表径流产生量就越少，土壤侵蚀就越轻。有机质含量较高的土壤孔隙度较高，且孔隙组成合理；同时有机质本身具有很强的持水性能，所以有机质含量的增加能提高土壤持水量，减少径流和土壤侵蚀。

一些土壤性质，如土壤 pH、有机质含量等，还能调控土壤氮转化过程，进而影响氮随水迁移的数量。通常酸性土壤硝化作用弱，硝态氮产生量小，土壤无机氮以铵态氮为主，容易被土壤吸附固定；相反，在中性、碱性土壤中，硝化作用强烈，土壤无机氮以硝态氮为主，如果发生径流和淋溶，硝态氮会大量进入水体。有机质含量高的土壤，微生物对无机氮的同化能力通常较强，能降低氮随水迁移的风险。

2. 土地利用方式对面源污染发生过程的影响

土地利用方式不同，地表覆盖及人为干扰影响程度也不同，会直接影响土壤养分及其他污染物的输出。植被保护良好的地区，植被和地表枯落物覆盖可以减弱雨滴的击溅作用，并增加土壤表面粗糙度、降低径流流速、延长径流历时等，起到减少径流量和降低土壤侵蚀的作用。高强度的耕作利用一方面会使氮磷等养分大量积累，另一方面会导致土壤质量明显下降，极易造成土壤流失，使土壤中的氮磷随径流进入水体。

三、农田面源污染的主要研究方法

面源污染的研究方法主要有野外实地监测法、人工模拟实验法、面源污染模型法及地理信息系统（GIS）技术等。

（一）野外实地监测法

野外实地监测法是通过大量的野外调查、采样等方法，收集化肥、农药、农膜等用量、粮食产量、肥料利用率、河流流量、水体氮磷和有机污染物浓度等相关基础数据，估算污染负荷（即排放到水体中的污染物数量）的方法。由于基础数据收集工作的劳动强度大、效率低、周期长、费用高，而且往往由于数据资料缺乏或可靠性差等原因，影响污染负荷的估算精度。所以，在多数情况下，野外实地监测仅仅作为一种辅助手段，主要用于各类模型的验证和模型参数的校正。

（二）综合试验场法

在研究区域内选择一块面积不大，又有代表性的典型径流小区，在其中同步监测降雨径流的水量和水质，以小区的污染单位负荷量估算整个研究区域的面源污染负荷量。该方法工作量小，花费也较少，应用比较广泛。但是由于区域内土地利用方式对面源污染发生过程有明显影响，所以该方法对污染负荷的估算精度不高。

（三）类型划分法

该方法与综合试验场法基本相同。不同点在于，该方法要先对研究区域进行详细调查，根据土地利用状况划分不同的面源类型区，然后在每个类型区内选择一块典型小区作为径流试验场，同步监测水量和水质，建立各个类型区的污染负荷估算模型。该方法考虑了土地利用对面源污染总负荷量的贡献，因而大大提高了估算精度，但是工作量和费用也相应增加。

（四）人工模拟实验法

使用人工布雨器模拟出各种类型的自然降雨，在人为控制条件下模拟各种自然条件下的面源污染，可以获取大量在野外工作中无法得到的数据，弥补了传统方法研究周期长、费用高等缺陷。该方法主要用于面源污染机理和模型的研究。

（五）面源污染模型法

面源污染模型法是模拟计算流域内污染物时空分布规律和地表迁移过程、估算污染物的流失量、量化进入流域内河流或湖泊的污染物负荷量等最常用的方法。面源污染模型分为机理型模型、经验型模型、负荷量计算模型和控制治理模型等许多种类。

（六）GIS 技术

GIS 技术是处理地理空间数据，包括数据的采集、存储管理、查询分析，并可进行辅助决策的计算机系统。该技术对面源污染的定量化研究、预测和管理决策等均具有重要意义。现在流域面源污染负荷量的计算研究趋于将 GIS 技术、模型模拟手段和实地监测方法相结合，可得到较真实可靠的结果。

四、农田土壤面源污染的防治策略与治理措施

（一）农田土壤面源污染的防治策略：“4R”技术体系

农田面源污染的治理要取得实效，必须因地制宜，从污染物的排放、迁移等过程入手，实行“源头减量-过程阻断-末端治理”的全过程控制，同时兼顾污染物中养分的农田回用，即要遵循实行“源头减量（reduce）、过程阻断（retain）、养分再利用（reuse）和生态修复（restore）”的“4R”策略（图 6-7）。“4R”防

治策略以污染物削减为根本，从污染物的源头减量入手，根据治理区域的污染汇聚特征进行过程阻断，通过对养分的循环再利用减少污染物进入水体的量，并对水体进行生态修复，从而实现改善水质的目的。

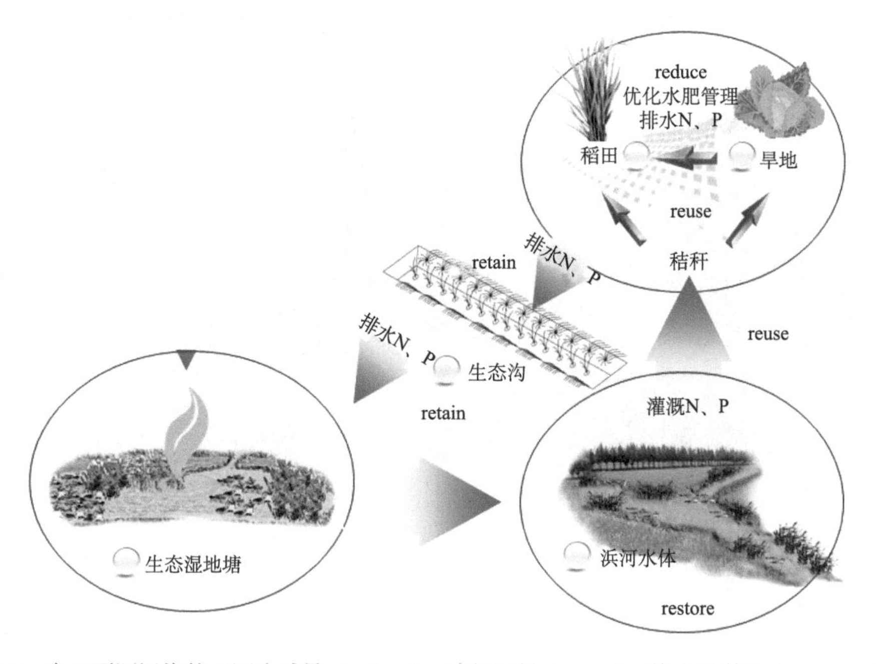

图 6-7　农田面源污染的“源头减量（reduce）-过程阻断（retain）-养分再利用（reuse）-生态修复（restore）”的“4R”策略框架图

（二）农田土壤面源污染治理的具体措施

1. 源头减量措施

源头减量就是通过农业生产方式的改变来实现面源污染产生量的最小化。针对农田种植业的源头减量技术主要是实行化肥农药按需精准施用，优化水分管理，提高水、肥、药的利用率，减少化肥、农药和灌溉水用量。

2. 过程阻断措施

过程阻断是指在污染物向水体的迁移过程中，通过一些物理的、生物的及工程的方法对污染物进行拦截阻断和强化净化，延长其在陆域的停留时间，最大化减少进入水体的污染物量。如图 6-8 所示的稻田生态田埂技术（通过适当增加田埂和排水口高度，在田埂上种植一些植物等阻断径流）和果园生草覆盖技术等，可以有效地对农田地表径流污染物进行阻断拦截。此外，还可充分利用水系特征，对现有沟渠塘进行生态改造和功能强化，如生态拦截沟渠、丘陵坡耕地的草皮水道、水生植物净化塘、原位促沉池等（图 6-8）；或者额外建设生态工程，利用物理、化学和生物的联合作用在污染物汇入河道前对其进行强化净化和深度处理，如生态“丁”形潜坝、人工湿地、土地处理系统等。这类技术能有效拦截并净化农田污染物，实现污染物中氮磷等的减量化排放或最大化去除。

(a) 稻田生态田埂技术

(b) 果园生草覆盖技术

(c) 农田排水的原位促沉池(图中半圆形装置)与生态拦截沟渠

图 6-8　面源污染的过程阻断技术（薛利红摄）

3. 养分再利用措施

养分再利用即循环利用污染物中的氮磷等养分资源，达到节约资源、减少污染、增加经济效益的目的。通过农作物的吸收及土壤等的吸附固持，实现低污染水中氮磷养分的再利用，不仅能减少对水体的污染，还能减少化肥投入，实现生产和环境的双赢。

4. 生态修复措施

水体是面源污染的最终受纳场所，水体的生态修复也是面源污染控制的最后一道屏障。生态修复主要通过一些生态工程修复措施，恢复水体生态系统的结构和功能，提高其自身修复能力和自净能力等，提升水环境质量。目前，常用的技术主要有人工增氧技术、复合生态滤床技术、人工生态浮床/浮岛技术、水生植物修复技术、生物操控技术等（图 6-9）。人工浮岛因具有净化水质、创造生物的生息空间、改善景观和消波等综合性功能被广泛应用于修复城市农村污染水体和湿地景区等。

(a) 生态浮床净化技术(左：狐尾藻 +美人蕉；右：水稻+空心菜)

(b) 河道的水质净化技术(曝气增氧+水生植物修复)

图 6-9　生态修复措施（薛利红摄）

第三节　土壤氨挥发与大气环境质量

氨挥发（又称“氨排放”）指输入陆地生态系统中的活性氮以氨气（NH_3）的形式离开陆地/水体进入大气的过程。氨是大气中最主要的碱性气体，可与酸性气体（H_2SO_4、HNO_3和 HCl 等）和水进行反应，生成细颗粒物（铵盐），在雾霾形成中起着关键性作用。另外，铵盐颗粒物还会影响云的形成和降水，对大气辐射平衡和气候产生影响，同时还是大气活性氮污染和氮沉降的关键前体物。从源头上控制氨排放，对控制雾霾污染、提高空气质量尤为重要。农田土壤是重要的氨排放源之一。本节主要介绍大气中氨的存在形态和浓度水平、氨对生态环境的影响、农田土壤氨挥发和影响因素及其主要减排措施。

一、大气中氨的存在形态和浓度水平

（一）大气中氨的存在形态

与水类似，氨在大气中以“气、固、液”三相存在。

1. 气相

氨气是一种无色、有强烈刺激气味的化学物质，它在大气中的停留时间很短（一般在小时至天尺度），因此运动的距离有限。氨气在大气中主要发生干沉降，最终被土壤或者植被等地表覆被吸附。

2. 固相

停留在大气中的氨会与其他物质发生反应生成铵盐颗粒物，这些颗粒物在大气中的停留时间较长（大概从天到周尺度），传输距离可以达到上千千米甚至更远。铵盐颗粒物是$PM_{2.5}$（直径小于 2.5 μm 的颗粒物）的重要组分，也是引发我国现阶段大气霾污染的主要化学成分之一。

3. 液相

大气中的氨也可以通过各种方式进入云、雾、露和雨等液相中，在雨滴下落过程中，也会捕获悬浮在大气中的铵盐颗粒物。干湿沉降是氨气和铵盐颗粒物离开大气的最终途径，具有清洁大气的作用。然而，这一过程会对地表生态环境产生负面影响。

（二）大气中氨的浓度及其变化特点

1. 大气中氨气浓度的空间分布

当前全球大气中氨气浓度的高值区集中分布在我国华北、印度北部和非洲中部（图 6-10）。我国目前大气氨气浓度较高，是全球的氨气热点区域之一，具有以下空间分布规律：①我国北方大气氨气浓度显著高于长江以南地区；②相同区域内，城市大气的氨气浓度与农田区相当，显著高于森林、草地和高山区；③华北是我国氨气最大的"热点区"，浓度异常高，空间覆盖范围广，已经对周边地区生态环境产生负面影响（图 6-11）。

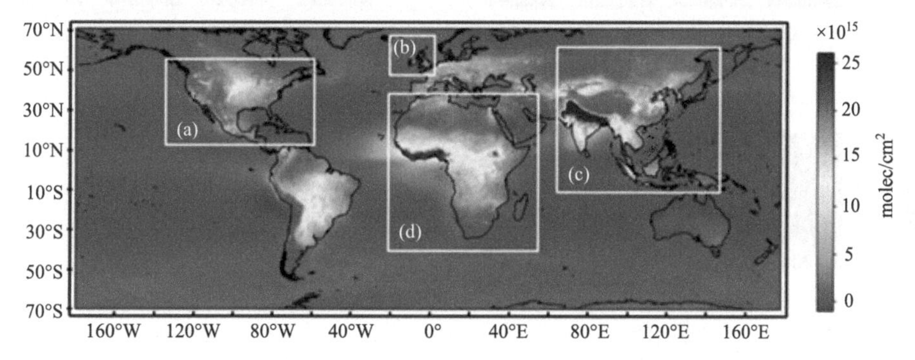

图 6-10　全球大气氨柱浓度的空间分布

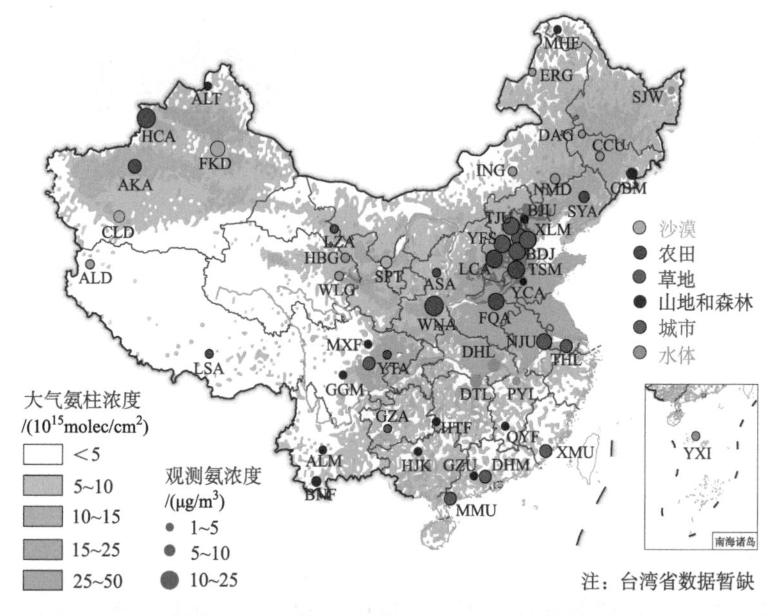

图 6-11　中国地面站点观察到的氨气浓度与卫星柱数据的空间分布

2. 大气中氨浓度的季节变化

大气中氨浓度基本呈现夏季>春季>秋季>冬季的趋势（图 6-12）。温暖季节大气氨浓度相对较高，主要与农业生产活动和高温造成的氨峰值排放有关。

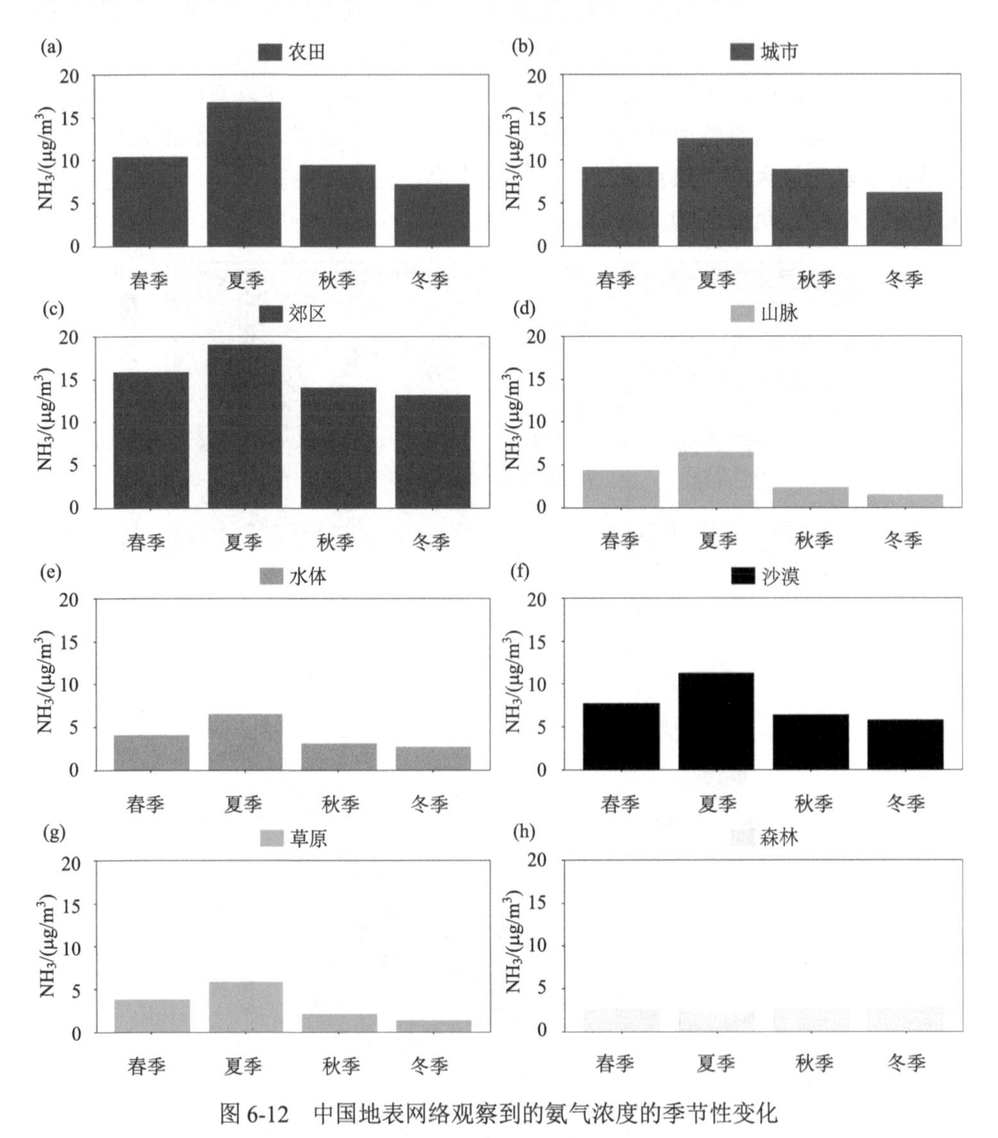

图 6-12　中国地表网络观察到的氨气浓度的季节性变化

二、氨对生态环境的影响

氨是大气中最主要的碱性物质，可以中和酸雨，也可以形成雾霾，因此它在大气中既有有利的一面，也有不利的一面。

1. 中和酸雨

酸雨是我国尚未完全解决的重大环境问题。在大气中，氨气可以中和云雨中的酸性物质，进而降低降雨酸度。

2. 大气氮沉降

大气氮沉降是指活性氮（主要是 NH_x 和 NO_x 的形式）在空气中以气态、固态或者液态的形式沉降到地表的过程，包括干沉降与湿沉降。一般来讲，干沉降多半发生在活性氮排放附近或者较近的下风区，特别是 NH_3 形成的颗粒物。例如，农田或者养殖场附近容易发生 NH_3 沉降。而湿沉降则通过大气环流传输得较远，特别是 NO_x 形成的气溶胶。对农业生态系统而言，氮沉降是一种养分。但对敏感的生态系统而言，氮沉降具有一定的直接或潜在危害。比如，在泥炭沼泽湿地开展的一项长期“喷氨施肥”试验就发现，当氨气干沉降量达到每年 70 kg/hm^2 的时候（相当于华北氮沉降量），只需要 3 年时间，沼泽植被盖度和组成就会发生明显变化，敏感的物种会消失。

3. 引发雾霾

氨气是雾霾形成的重要前体物，氨与其他物质反应生成的细颗粒物是大气霾污染的重要成分，引起霾污染事件的爆发。减少氨排放，能显著减少 $PM_{2.5}$（图 6-13）。因此，近年来氨排放和大气浓度监测成为一个热点问题，这是实现氨减排的前提。

三、氨排放

（一）氨排放源的类型

我国主要气态氨排放源分为 7 个大类：

（1）农田生态系统，包括含氮化肥、土壤本底排放、固氮农作物、秸秆堆肥排放。

（2）畜牧业，包含农户圈养、集约化养殖、放牧。

（3）生物质燃烧排放，包含秸秆焚烧、森林火灾、草原火灾等。

（4）农村人口人体排泄物。

（5）化工产业，包括合成氨产业和氮肥生产制造业。

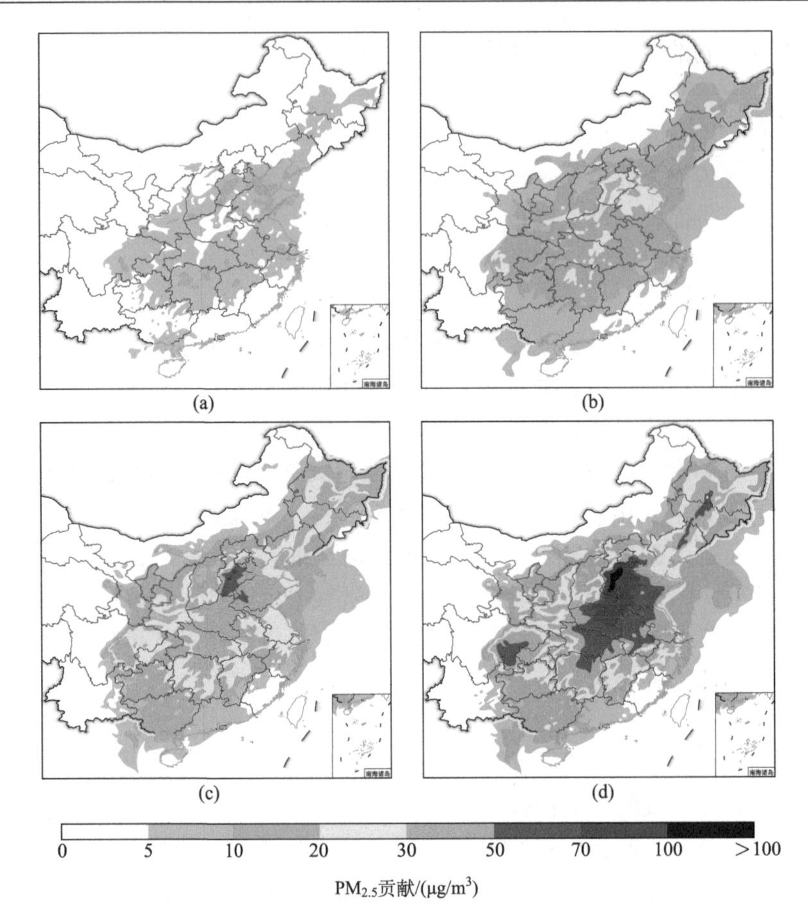

图6-13　WRF-Chem模型在四种不同情况下模拟的NH_3相关反应对$PM_{2.5}$质量的贡献（An et al., 2019）

（a）～（d）分别代表NH_3浓度为当前NH_3水平的25%、50%、75%和100%时模拟的$PM_{2.5}$质量

（6）废弃物处理，包含固废处理（垃圾填埋、焚烧和堆肥）、污水处理、废气脱硝。

（7）机动车尾气排放。

（二）各排放源对氨排放的贡献

我国2000年、2005年和2010年氨排放总量分别约为 8876.9 Gg、9536.0 Gg和9432.5 Gg（1 Gg=10^9 g）（表6-2）。农业源是氨排放的主要来源，占总排放量的 90%以上；其中，农田土壤氨排放量（土壤本底+肥料氮）约占农业源排放量的44%（图6-14）（蔡祖聪, 2018）。

表 6-2　我国 2000 年、2005 年和 2010 年不同来源 NH_3 排放清单（蔡祖聪, 2018）

（单位：Gg NH_3）

排放源	2000 年	2005 年	2010 年
化学肥料	2995.9	3234.3	3585.0
农田土壤	234.1	234.1	219.1
固氮植物	26.0	26.0	24.2
秸秆堆置	55.6	58.5	67.2
畜禽养殖	4914.0	5241.0	4768.7
生物质燃烧	101.7	149.2	111.4
人体排泄	361.0	261.9	175.5
化工生产	120.2	190.9	223.4
废弃物处理	51.1	100.5	163.3
交通（汽车+摩托车）	17.3	39.6	94.7
合计	8876.9（±15.4%）	9536.0（±14.0%）	9432.5（±13.2%）

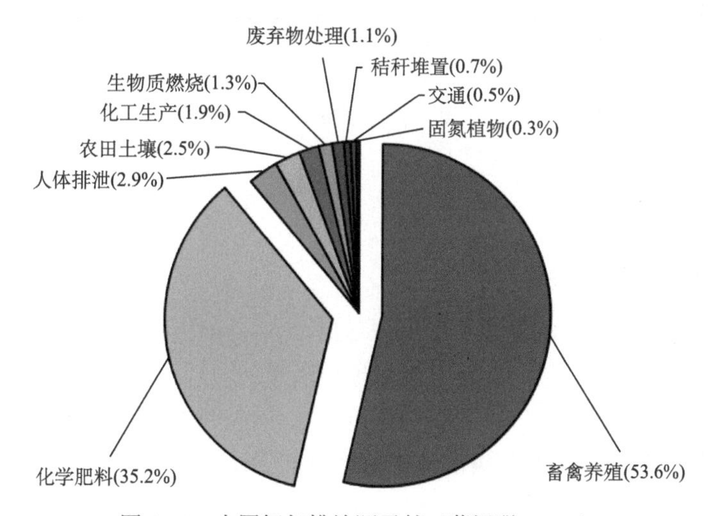

图 6-14　中国氨气排放源贡献（蔡祖聪, 2018）

（三）氨排放的时空分布

受主要排放源分布的影响，我国氨排放量具有一定的时空分布规律，具体表现为华北、西北及中部地区为氨排放热点（图 6-15）。在季节变化上，夏季氨排放量是冬季的两倍以上，氨排放的时空分布与农田生产活动密切相关。

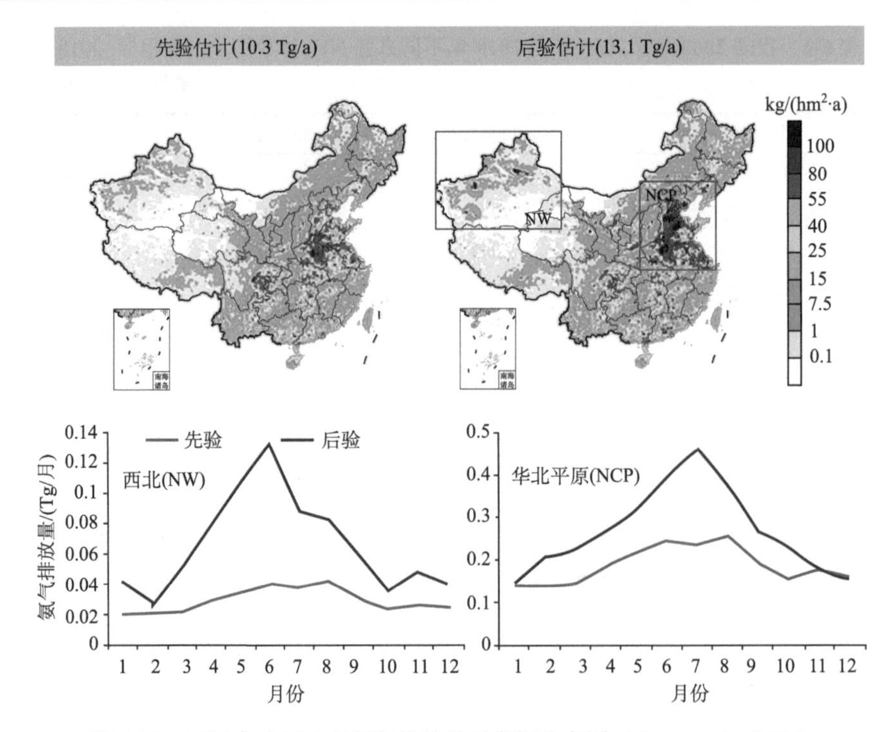

图 6-15　2016 年中国大气氨年排放总量空间分布图（Kong et al., 2019）

四、农田土壤氨挥发

（一）农田土壤氨挥发过程

土壤氨挥发过程是指氨从土壤表面（旱田）或田面水表面（水田）逸散至大气中的过程（图 6-16），它是农田氮素损失的重要途径。当土壤表面或田面水表面的氨分压大于其上方空气中的氨分压时，这一过程即可发生。以旱田为例，土壤胶体吸附的 NH_4^+ 转化为土壤溶液中游离态的 NH_4^+，进而转化为 NH_3，然后通过土壤表面挥发到空气中（图 6-16）。农田土壤中氨（铵）的产生主要有土壤有机氮矿化和肥料氮输入两个途径。化学氮肥的大量施用增加了氨挥发的底物来源，如碳酸氢铵（NH_4HCO_3）和尿素[$CO(NH_2)_2$]施用后可以快速水解产生大量的 NH_4^+，所以氨挥发主要发生在氮肥施入土壤后的几天时间内。土壤中氨（铵）在土壤固相-液相-气相界面上发生一系列的变化，氨挥发进程和速率取决于固、液、气三相之间的 NH_4^+ 和 NH_3 的平衡状态。对于旱田土壤，液相指土壤溶液，气相指土壤空气，氨挥发直接通过土面进行；水田氨挥发则发生在田面水和大气界面（图 6-16）。

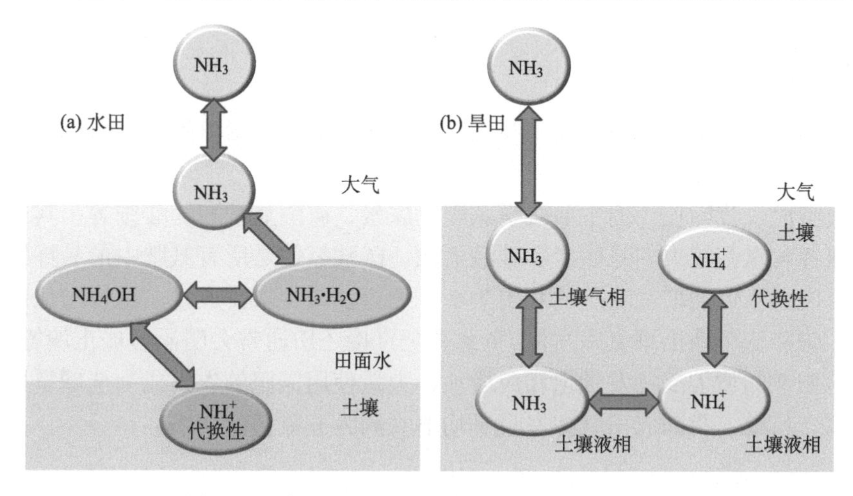

图 6-16　水田和旱田土壤中氨的转化和挥发过程

（二）农田土壤氨挥发的影响因素

农田土壤氨挥发是一个受土壤性质（土壤 pH、土壤水分、土壤温度、铵态氮硝化能力等）、气象因素（温度、风速、光照等）、农业管理措施（氮肥品种、氮肥施用量、施肥方式等）等多重因素影响的过程，并且这些因素之间通常还存在着相互影响。在土壤性质中，土壤 pH、铵态氮硝化能力是关键影响因素；在气象因素中，温度和风速是最主要的影响因素；在农业管理措施中，氮肥品种和施肥方式是重要的影响因素。

1. 土壤 pH

通常土壤 pH 升高能促进农田土壤氨挥发，主要是因为土壤 pH 决定着土壤中 NH_4^+ 和 NH_3 体系的动态平衡状态，pH 升高，液相中 NH_4^+ 转化为 NH_3 的潜力增大。

2. 铵态氮硝化能力

目前，我国常用的氮肥是铵态氮或酰胺态氮（如尿素），施入土壤后能迅速增加 NH_4^+ 浓度，影响土壤中 NH_4^+ 和 NH_3 体系的动态平衡状态。硝化过程是消耗 NH_4^+ 的过程，与氨挥发竞争反应底物。一般硝化能力强的土壤 NH_4^+ 含量较低，会影响氨挥发量。

3. 温度和风速

高温对农田系统中氨挥发有很大促进作用。风速增大可以加速施肥后土壤氨挥发速率。

4. 氮肥品种和用量

施用氮肥是土壤氨挥发的主要来源。肥料的种类和用量是影响氨挥发的关键因素。

现阶段，我国使用的主要化学氮肥有尿素、碳酸氢铵和硫酸铵等，其中使用量及氨挥发量都较大的是尿素和碳酸氢铵，碳酸氢铵是所有氮肥中最易挥发的。缓控释肥料不但能增加氮肥的利用效率，还可以减少氨排放量。秸秆与化肥混施可以大幅降低旱地土壤氨挥发量。畜禽粪肥直接还田通常会明显增加土壤氨挥发。随着施肥量的增加氨挥发量也相应增加，大量使用氮肥的农田成为全球氨挥发的热点区。目前，我国农田氨挥发量平均值大约为施氮量的 20%。

5. 施肥方式

施肥方式主要包括撒施（表施）、深施（撒施覆土）、粒肥深施（播施）、条施、带施和穴施等。其中，氮肥表面撒施导致的氨挥发损失最大。深施或撒施后翻埋等农业措施能显著降低氨挥发。

（三）氨挥发测量方法

氨挥发的测量方法分为直接法和间接法。直接法就是基于某一特定理论，结合氨气采集、测定技术直接测定氨挥发速率。目前常用的直接测定方法大致可分为两类：箱式法和微气象法。箱式法包括静态箱法和动态箱法。静态箱法完全依赖于氨浓度梯度驱动的扩散作用；动态箱法则是保持箱内气体一定的流速，驱动氨扩散的方法。由于氨挥发随风速的增大而增加，静态箱法测定的氨挥发系数一般低于动态箱法测定的结果。测定农田氨挥发的间接法主要指土壤平衡法，该方法基于质量守恒原理，用施肥量与作物吸收量、土壤残留量、淋失量的差值估算氨挥发，其中忽略脱氮损失。因此，间接法只适用于气态损失以氨挥发为主，脱氮损失可忽略不计的农田系统。由于需要测定的项目多、耗时长，氨挥发损失测定的误差较大。

五、农田氨减排的技术与建议

大量科学证据表明，氨对灰霾的形成有重要贡献，而农田生态系统是重要的氨排放源，所以在农业种植生产中应积极采取各种措施减少氨排放。农田氨减排主要包括以下三个方面。

（一）设定农业氨减排目标

欧美国家很早就注意到氨对空气质量的重要影响，欧洲在 1999 年签订的《哥德堡协议》中同时设定了对氨的减排目标。在中国，无论是空气污染防治措施，还是农业发展规划，都没有设定氨减排目标。因此，我国亟须设定氨减排目标，将氨气归入主要空气污染物并进行针对性的监测，建立氨气测量标准、完善监测网络体系与排放核算标准，颁布官方规范化的氨排放清单，建立氨污染预警、源解析和环境安全评价体系。

（二）逐步优化农业布局

当前，我国的人口、工业、商业、养殖业等均集中于灰霾最严重的中东部地区。酸碱物质排放源在空间上重叠是形成严重灰霾天气的重要原因。在空间上分离氨与酸性物质 SO_2 和 NO_x 的排放源，可以有效减少酸碱污染物结合的机会。

（三）大力促进科学施肥科研成果的推广和应用

科学工作者经过 40 余年的不懈努力，积累了提高氮肥利用率、减少氮素损失和氨挥发损失的大量科研成果。但是受社会和经济因素的制约，这些成果的推广和应用并不理想，氮肥利用率低、损失率高的状况未得到明显改变，亟须大力促进科学施肥科研成果的推广和应用，主要包括以下几个方面：

（1）适度提高种植业的经营规模。科学施肥方法和技术往往需要在有规模经营效益的农田来实施，因此需要通过合理的制度设计，健全土地流转的法律法规，加快种植业适度规模经营的步伐。这对于提高氮肥利用效率，有效降低农田氨排放具有积极的作用。

（2）根据我国作物生产特点，加大研制和推广机械施肥的力度。氮肥深施、混施是提高利用率、减少损失率，特别是减少氨挥发损失，极为有效的手段。由于缺乏深施和混施机械，特别是追肥的深施机械，目前大约 60%的氮肥人工表施。表施的铵态氮肥暴露于空气中，很大比例通过氨挥发排放到大气。

（3）优化氮肥投入总量是种植业控制氨排放的基础，结合氮肥深施技术和优化氮肥种类（如用改性硝态氮肥、包膜肥料、缓释肥料、有机肥、低挥发性氮肥和添加脲酶抑制剂的稳定性氮肥来替换普通氮肥）可获得较好的控氨效果。

第四节　土壤温室气体排放

温室效应是指太阳短波辐射可以透过大气射入地面，而地面增暖后放出的长波辐射却被大气中的温室气体所吸收，从而产生大气变暖的效应。温室气体是指大气中自然或人为产生的能够吸收和释放地球表面、大气和云发射的热红外辐射谱段特定波长辐射的气体成分。水蒸气（H_2O）、二氧化碳（CO_2）、甲烷（CH_4）、氧化亚氮（N_2O）和臭氧（O_3）是地球大气中主要的温室气体。因为对大气水汽浓度起决定性作用的是占地表 71%的海洋，所以大气水汽含量受人为影响极小，因此，在讨论温室效应增强时通常不考虑水汽。本节主要介绍土壤温室气体（CO_2、CH_4、N_2O）的排放和减排措施。

一、全球气温变化及其负面影响

自 1960 年以来，全球气温呈现明显上升趋势（图 6-17）。2017 年地表平均气温已经比工业革命前升高了 1℃左右，全球气候变暖已经成为不争的事实。全球气候变暖使冰川消融，海平面升高，给海岸带生态环境带来灾难；同时，还会使高温热浪、洪涝、干旱等自然灾害加重，严重影响农作物产量和人类健康，威胁人类生存。

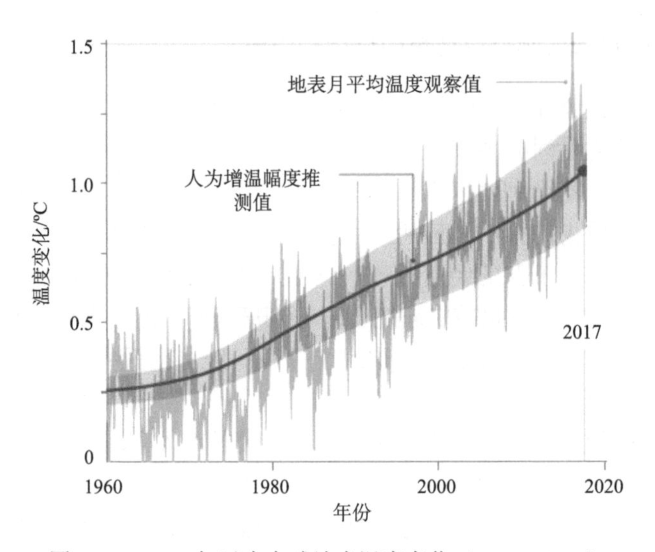

图 6-17　1960 年以来全球地表温度变化（IPCC, 2018）

二、温室气体与全球变暖

CO_2 是影响地球辐射平衡最主要的温室气体。工业革命前，大气 CO_2 浓度保持在 280 ppm（浓度单位 1 ppm=10^{-6} L/L）左右；工业革命后，大气 CO_2 浓度不断升高（图 6-18），到 2019 年已突破 415 ppm，达到 300 万年内的最高浓度。如果不采取有效措施，在 21 世纪末可能达到 700 ppm 左右。CH_4 是继 CO_2 之后的第二大温室气体，大气中 CH_4 浓度已经由工业革命前的 720 ppb（浓度单位 1 ppb = 10^{-9} L/L）上升到了 1800 ppb 左右（图 6-18）。N_2O 是第三大温室气体，当前大气中 N_2O 浓度已经比工业革命前升高了 20%，达到 324 ppb。

在 100 年尺度上，CH_4 和 N_2O 的全球增温潜势分别是 CO_2 的 28 倍和 265 倍

（IPCC, 2013）。全球增温潜势是某一给定物质在一定时间积分范围内与CO_2相比而得到的相对辐射影响值。CO_2、CH_4和N_2O对人为活动产生温室效应的贡献分别为66%、16%和7%（图6-19）。

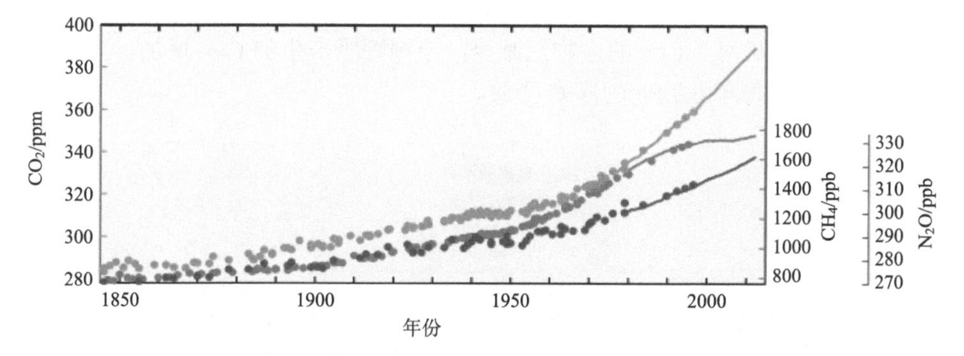

图6-18　全球CO_2（绿色）、CH_4（橙色）和N_2O（红色）平均浓度变化（IPCC, 2013）

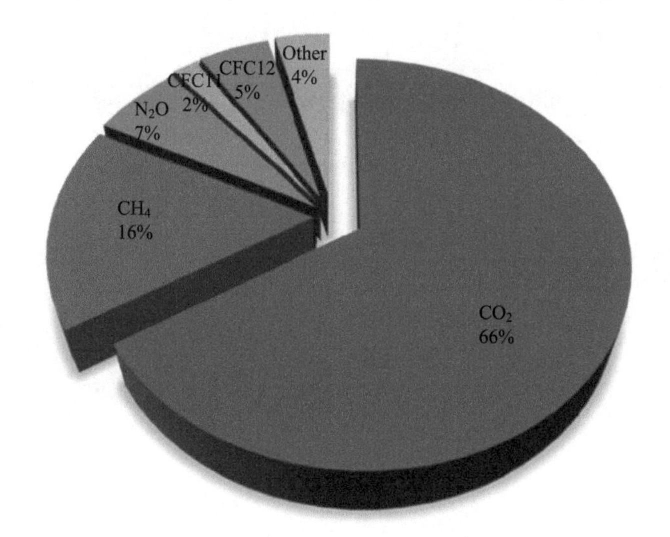

图6-19　各种温室气体对人为活动产生温室效应的贡献（Butler and Montzka, 2020）

CFC11为三氯氟甲烷；CFC12为二氯二氟甲烷

三、土壤温室气体排放

陆地生态系统是大气温室气体主要的“源”与“汇”，其微小的扰动将对大气温室气体浓度产生重要影响。工业革命以来，由于人类活动的加剧，土壤温室气体排放量日益增加，对全球温室气体浓度变化有很大的贡献。

（一）CO_2 排放

据测算，2004～2013 年大气中 CO_2 每年增加 4.3 Pg（1 Pg=10^{15} g）（图 6-20）。化石燃料燃烧和水泥工业及土地利用变化是 CO_2 的主要排放源。由于森林植被遭到大规模的人为破坏，CO_2 的生物汇减少，土壤呼吸产生的 CO_2 增加，土地利用方式的改变导致每年 0.9 Pg 的净 C 排放。

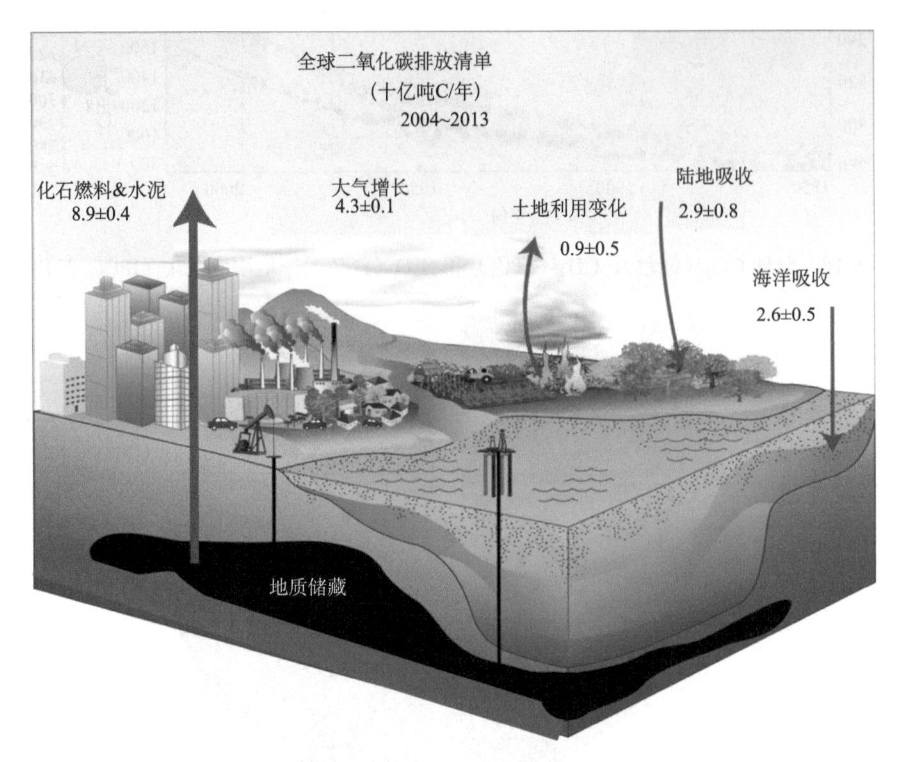

图 6-20　全球 CO_2 排放清单（Woods Hole Research Center）

土壤 CO_2 排放是由土壤呼吸作用产生的。土壤呼吸是指土壤中的植物根系、真菌、细菌和土壤动物等进行新陈代谢活动、消耗有机物、产生二氧化碳的过程。严格意义上的土壤呼吸包括三个生物学过程，即根系呼吸、土壤微生物呼吸和土壤动物呼吸，以及一个非生物学过程，即含碳矿物质的化学氧化作用。土壤呼吸可分为自养呼吸和异养呼吸，自养呼吸消耗的底物直接来源于植物光合作用产物向地下分配的部分，如根系呼吸；异养呼吸消耗的底物是土壤有机或无机碳，如土壤微生物呼吸。土壤性质（如有机碳含量及可利用性、pH、质地等）、温度、降雨、植被类型等都显著影响土壤呼吸。

（二）CH_4 排放

据估算，2017 年全球 CH_4 排放总量为 596 Tg（1 Tg = 10^{12} g），总吸收量为 571 Tg，净排放量为 25 Tg（图 6-21）。农业和废弃物处理与湿地是 CH_4 的两大排放源，排放量分别为 227 Tg 和 194 Tg CH_4。稻田也是 CH_4 排放的主要来源之一，排放量约为人为 CH_4 排放总量的 11%。土壤吸收是重要的 CH_4 汇，吸收量为 40 Tg。

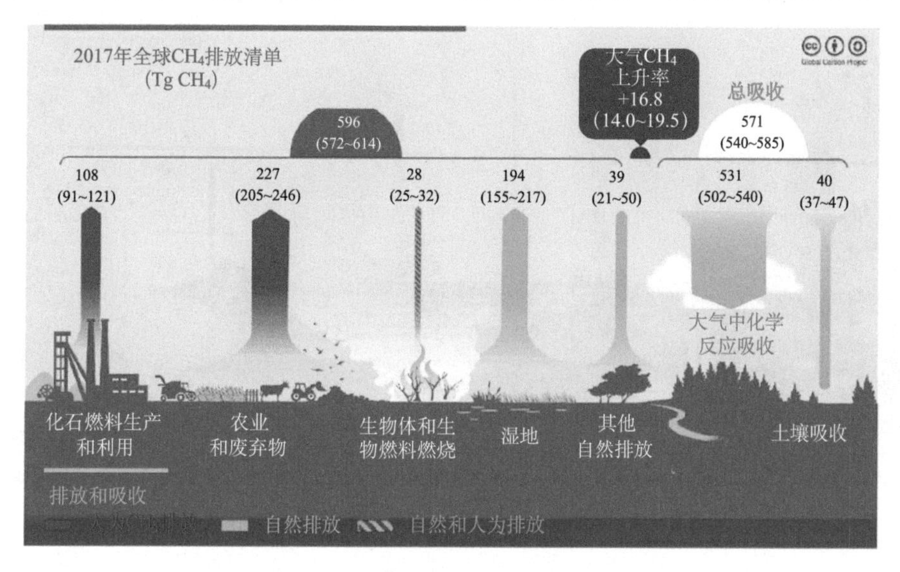

图 6-21　全球甲烷排放清单（Jackson et al., 2020）

土壤 CH_4 排放是 CH_4 产生、氧化及传输共同作用的结果。在淹水、无氧条件下，土壤有机物（如土壤有机质、秸秆和根系分泌物等）被厌氧细菌分解，产生 H_2、CO_2、乙酸和甲酸等小分子化合物，这些小分子化合物在氧化还原电位（Eh）≤–150 mV 的条件下被产甲烷细菌利用，产生 CH_4。稻田 CH_4 主要通过 CO_2/H_2 和乙酸途径产生，理论上，CO_2 /H_2 途径和乙酸途径对 CH_4 产生的贡献率分别为 1/3 和 2/3。CH_4 氧化包括厌氧氧化过程和好氧氧化过程，其中好氧氧化起主导作用。好氧氧化主要发生在水气交界面、土水交界面、根际有氧区、根系内部等区域。

土壤中的 CH_4 通过三种途径向大气传输，即气泡、液相扩散和植物通气组织。稻田土壤中的 CH_4 主要通过水稻通气组织传输到大气中。土壤性质（pH、有机质含量、质地等）和气候条件（温度和降水等）显著影响土壤 CH_4 排放，农艺措施（水分管理、有机物料还田等）也显著影响稻田 CH_4 排放。

（三）N_2O 排放

自然生态系统每年向大气中排放的 N_2O 高达 9.7 Tg N_2O-N，人为来源的 N_2O

排放量为每年 7.3 Tg N_2O-N（图 6-22）。自然土壤 N_2O 年排放量为 5.6 Tg N_2O-N，占自然源的 58%。农业源是重要的 N_2O 人为来源，年排放量为 3.8 Tg N_2O-N，占人为源的 52%。

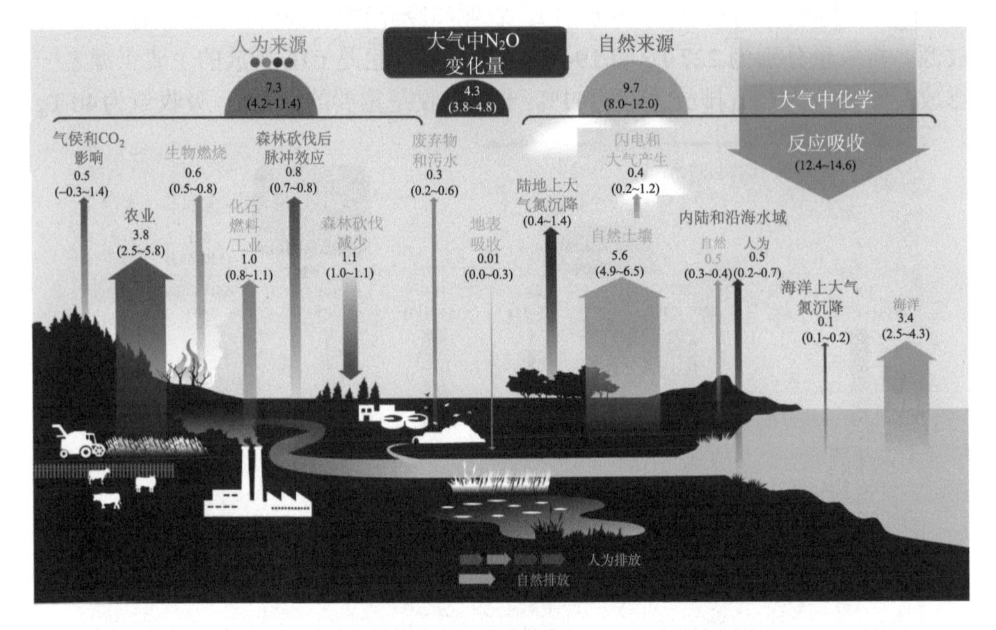

图 6-22　全球氧化亚氮排放清单（Tian et al., 2020）

土壤中硝化作用（自养硝化和异养硝化）、反硝化作用、硝化微生物反硝化作用、硝酸盐异化还原成铵作用和化学反硝化作用等过程都能产生 N_2O，通常认为硝化作用和反硝化作用占主导。土壤性质（pH、有机质含量、氮含量、质地等）和气候条件（温度和降水等）是影响土壤 N_2O 排放的重要因素。农田管理措施也显著影响土壤 N_2O 排放，其中氮肥施用量是影响农田土壤 N_2O 排放的最重要的因素。政府间气候变化专门委员会（IPCC）利用氮肥施用量来评估农田土壤 N_2O 排放，认为每施用 100 kg 氮就会产生 1 kg N_2O-N。

四、土壤温室气体减排措施

为减缓气候变化趋势，2016 年 4 月 22 日，170 多个国家领导人齐聚纽约联合国总部，共同签署了《巴黎协定》，承诺将全球气温升高幅度控制在 2℃的范围内。我国政府 2020 年承诺将提高国家自主贡献力度，采取更加有力的政策和措施，CO_2 排放力争于 2030 年前达到峰值，努力争取 2060 年前实现碳中和。

碳中和是指企业、团体或个人测算的在一定时间内直接或间接产生的温室气体排放总量，通过植树造林、节能减排等形式，抵消自身产生的 CO_2 或温室气体排放量，实现 CO_2 的“零排放”。简单地说，就是让 CO_2 排放量“收支相抵”。

土壤作为重要的温室气体排放源，土壤温室气体减排对于实现碳中和具有重要的意义。目前主要减排措施如下。

（一）稻田 CH_4 减排措施

任何能够减少产 CH_4 底物、破坏 CH_4 产生所需的还原条件，以及促进 CH_4 氧化的农田管理措施都会减少稻田 CH_4 排放。其中，优化水分管理模式及有机物料还田方式是减少稻田 CH_4 排放的关键。常用措施包括：

（1）优化稻田水分管理是稻田 CH_4 减排的关键措施。水稻苗期浸润灌溉或浅灌、中期晒田、后期间歇性灌溉、非水稻生长季排水等措施都会破坏 CH_4 产生所需的还原条件，显著降低稻田 CH_4 排放量（图 6-23）。另外，近年来新兴起的水稻覆膜栽培技术（图 6-23）和稻鸭共作模式对 CH_4 减排具有良好效果，同时具有较高的经济效益。

（2）有机物料合理还田是稻田 CH_4 减排的另一个关键措施（图 6-23）。因地制宜地推广秸秆旱季或休耕季有氧还田，种养结合过腹还田、炭化还田等技术都能降低水稻季产 CH_4 底物浓度，有效减少 CH_4 排放。

常规稻

节水抗旱稻

水稻覆膜栽培技术

翻耕和有机物管理措施

水分管理

图 6-23　稻田 CH_4 减排的主要措施（张广斌摄）

（3）筛选或选育低 CH_4 排放水稻品种（如节水抗旱稻等）和土壤耕作技术（如冬季翻耕晒垡和少免耕等）对稻田 CH_4 减排也具有一定的作用。

（二）农田土壤 N_2O 减排措施

（1）优化氮肥管理措施，提高氮肥利用率，降低氮肥用量，是减少农田土壤 N_2O 排放的关键。

（2）硝化抑制剂、脲酶抑制剂或控释氮肥等都具有很好的 N_2O 减排效果。

（3）生物质炭施用和偏酸性土壤施用石灰也可以有效降低土壤 N_2O 排放。

（4）筛选或选育氮肥利用率高的作物品种对增产减排具有重要作用。

第五节　土壤碳库与全球变化

土壤是陆地生态系统最大的碳库，约是陆地植被碳库储量的 2～4 倍、大气碳库的 2 倍，土壤碳库的微小波动将造成大气 CO_2 浓度的剧烈变化。对土壤碳库的研究有助于增强我们对全球变化的预测和应对能力，是当前土壤学研究的热点和核心问题。土壤碳库包括有机碳库和无机碳库。土壤有机碳具有更高的储量、更快的周转速率和更重要的生态功能，是主要研究对象。

一、土壤碳库的储量与分布

（一）相关概念

1. 土壤碳含量

土壤碳含量是指每单位质量土壤中有多少碳，通常用单位 g/kg 表示。

2. 土壤碳密度

土壤碳密度是指单位面积（m^2或hm^2）一定深度的土层中的有机碳数量。一般情况下，土层深度是指1 m。土壤碳密度单位通常用kg/m^2或Mg/hm^2（1 Mg = 10^6 g）。土壤碳密度可由土壤碳含量、土体深度和土壤容重计算得到。

3. 土壤碳储量

土壤碳储量是指一定面积和深度土体中碳的总量，单位可以是kg、Mg、Tg、Pg等。大尺度上（全球、区域、国家、省等）的土壤碳储量一般通过模型估算得到；具体到某一地块，土壤碳储量可以通过随机采样测定土壤碳含量、土壤容重、土体深度，通过公式计算得到。

（二）土壤碳库的储量与分布

土壤有机碳是指通过微生物作用所形成的腐殖质、动植物残体和微生物体碳的合称。生物残体是土壤有机碳形成的主要来源，在微生物的作用下，经由复杂的腐解过程转化为土壤有机碳并得以保留。据估算，全球有近3000 Pg的有机碳储存在土壤中，其中0～1 m深度土体碳储量为1400～1500 Pg，0～30 cm深度土体约为680 Pg，这部分有机碳与大气CO_2交换最为密切。

土壤有机碳在全球分布具有巨大的地域异质性，与土地利用方式和生态系统类型等密切相关（图6-24）。成土因素（气候、生物、母质、地形、时间）与人类活动共同作用下形成了不同类型的土壤，其有机碳含量存在较大差异。例如，

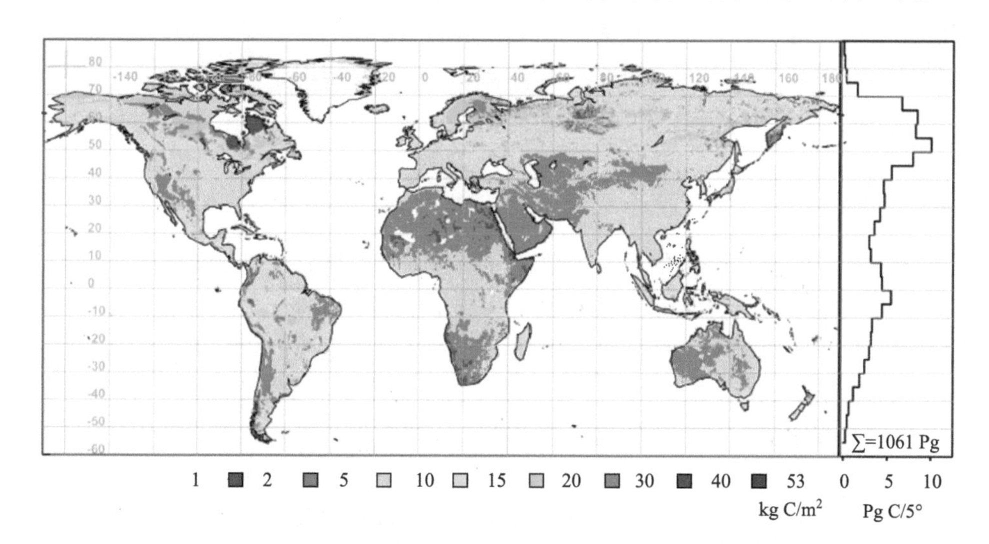

图6-24　全球土壤有机碳储量分布（Köchy et al., 2015）

有机土主要分布于高纬度地区，面积小，但有机碳密度高；始成土有机碳含量虽然不高，但是覆盖了地球表面的巨大区域。土壤有机碳储量的地域分布情况与区域面积、地理位置和土壤利用方式密切相关。亚洲土壤面积最大，有机碳储量也最大；北美洲有机碳储量居于其次（表 6-3）。

表 6-3　全球不同大洲土壤有机碳储量

陆地	土壤面积/Mkm^2	有机碳储量（0～1 m 土体）/（Pg C）
亚洲	42	369
北美洲	21.3	223
欧洲	9.4	110
非洲	27.2	148
南美洲	17.7	163
大洋洲	8	46
其他	0.2	2
合计	125.8	1061

注：数据来自 Köchy et al.，（2015）；1 $Mkm^2 = 10^6 km^2$。

从不同国别来看，全球 0～30 cm 土体有机碳储量最高的十个国家为俄罗斯、加拿大、美国、中国、巴西、印度尼西亚、澳大利亚、阿根廷、哈萨克斯坦和刚果，这些国家的储量占全球总储量的 60%。

我国土壤有机碳储量约为 89.61 Pg，东北地区和青藏高原土壤有机碳含量最高，而西北地区则最低（图 6-25）。草地和林地储碳能力最强，有机碳密度达 135 Mg/hm^2；山地最弱，固碳量仅为草地或林地的一半左右。可见，合理保护和管理土地资源在增加土壤碳库、缓解气候变暖方面有重要作用。

二、土壤碳库对全球变化的响应与反馈

（一）土壤呼吸

土壤碳库与全球变化的关系主要通过土壤呼吸连接。土壤呼吸是指土壤中有机体及植物地下部分产生 CO_2 的过程，由三个生物学过程（根系呼吸、土壤微生物呼吸和土壤动物呼吸）和一个非生物学过程（含碳物质的化学氧化、光氧化和碳酸盐的溶解等过程）组成。通常根际微生物呼吸可以占土壤总呼吸的 50%左右。

土壤呼吸本质上是一个生物化学过程，因此受到一系列生物和非生物因子的影响，包括底物供应、温度、水分、营养元素（主要为氮元素）等。植物通过光合作用合成的有机物质通过地下分配进入土壤为自养呼吸提供底物，并且通过凋

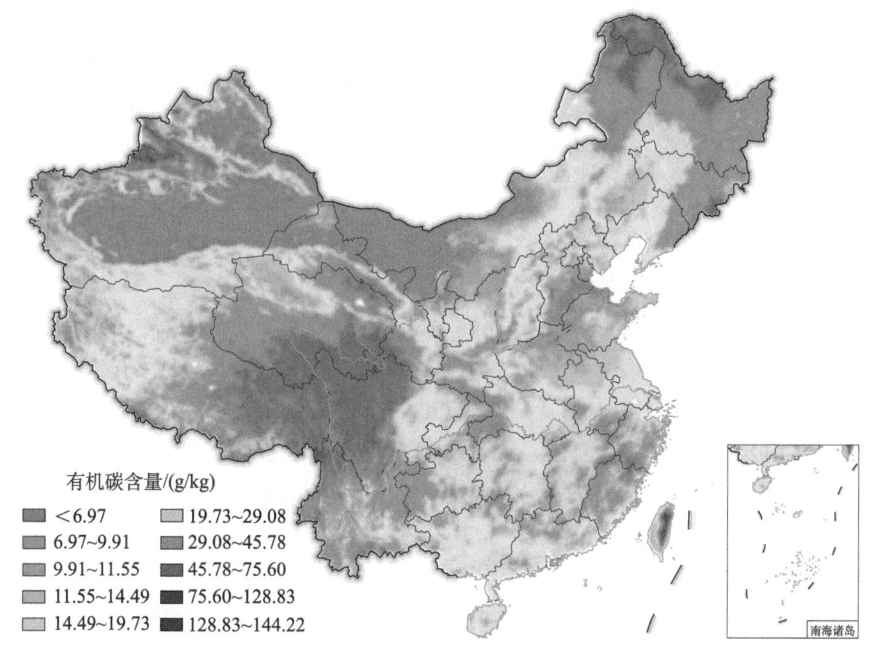

图 6-25　中国土壤有机碳含量分布（罗梅等, 2020）

落物输入为土壤微生物的异养呼吸提供底物。水热状况是生命活动必要的控制条件，通常情况下土壤呼吸随着温度和含水量的升高而增加，但超过一定阈值后继而降低。因此，全球变化因素，包括大气 CO_2 浓度升高、温度升高、氮沉降增加、降水格局改变等都可能对土壤呼吸产生影响。

（二）土壤碳库与全球变化

全球变化通过影响土壤有机碳的分解、植物有机物质输入等过程直接影响土壤碳库的周转和累积；同时土壤碳库的变化也会通过影响土壤呼吸对全球变化产生正/负反馈效应。全球变暖会增加土壤呼吸，导致更多 CO_2 释放到大气中，从而在气候系统与全球碳循环之间形成一个正反馈系统。据估算，如果全球温度升高 2℃，土壤呼吸每年将多释放 10 Pg 的碳，这一数值超过了人类活动排放的 CO_2 总量。也有研究认为，微生物可能会对增温产生适应性，因而在气候变暖情势下，土壤 CO_2 排放可能不会持续增强。

与此同时，气候变暖和大气 CO_2 浓度升高（eCO_2）会增强植物光合作用，增加对土壤的碳输入量。由于全球土壤和植被分布具有极大的地域差异，eCO_2 对不同地区的土壤碳储量的影响不同。总体上，eCO_2 会导致草地和灌木林土壤有机碳储量上升，而农田土壤有机碳储量下降，森林土壤巨大的呼吸量抵消了生物量的增加，因此碳储量几乎不变。从全球尺度来看，大气 CO_2 浓度升高后植物碳储量和土壤碳储量表现为“此消彼长”的关系，养分是限制土壤碳库持续累积的重要因素。因此，氮沉降增加会促进土壤碳库储量增加。

（三）土壤固碳

在《巴黎协定》背景下，科学家制定了“千分之四全球土壤增碳计划”，希望通过一系列管理措施，将土壤 2 m 深度以内有机碳储量提高 0.4%，此举可抵消全球化石燃料燃烧导致的碳排放。

土壤是陆地生态系统中最大的碳库，是大气碳埋藏的理想场所，土壤固碳是实现碳中和的重要途径之一。据 Lal（2004）估算，全球土壤每年固定碳量低值为 0.4～0.6 Pg，高值可能达到 0.6～1.2 Pg，存在很大的不确定性。按照政府间气候变化专门委员会（IPCC）估计，我国土壤每年固定碳量为 117～173 Mt C（1 Mt = 10^{12} g），为全球土壤固碳潜力最大的国家之一（图 6-26）。

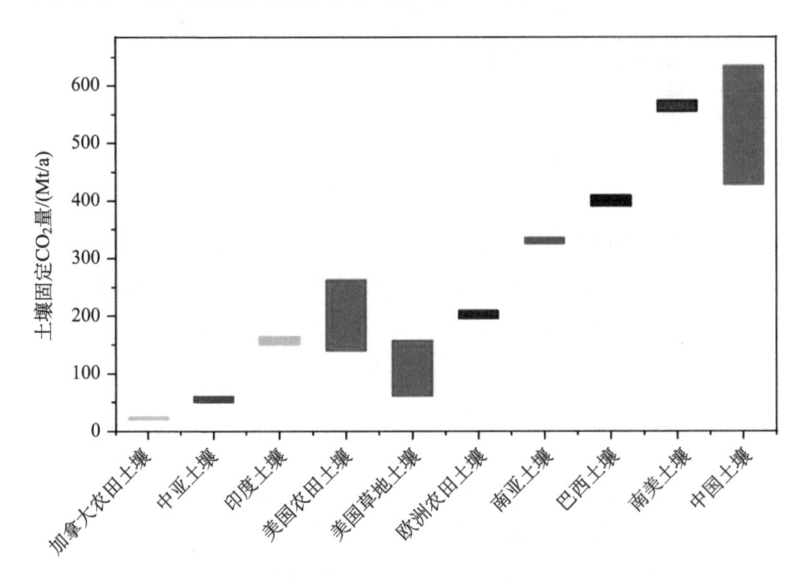

图 6-26　全球部分国家和地区土壤的固碳潜力（Metz et al., 2007）

三、土壤固碳的主要措施

土壤固碳应从增加有机碳输入和减少有机碳分解的“增收降支”角度出发，在不同生态系统建立具有针对性的管理措施（图 6-27）。土壤修复和林地重建、农业休耕、覆盖作物、水肥改进及混农林业等均是从生态系统角度出发，增强土壤碳汇功能的主要措施。农田土壤固碳潜力远高于其他生态系统，并且土壤有机质是农田土壤肥力的核心，所以增加土壤固碳的同时能够有效提高土壤肥力，进而促进作物增产，实现双赢。有机肥和农作物秸秆等外源有机物料的投入以及免耕等是实现农田土壤固碳的主要措施。

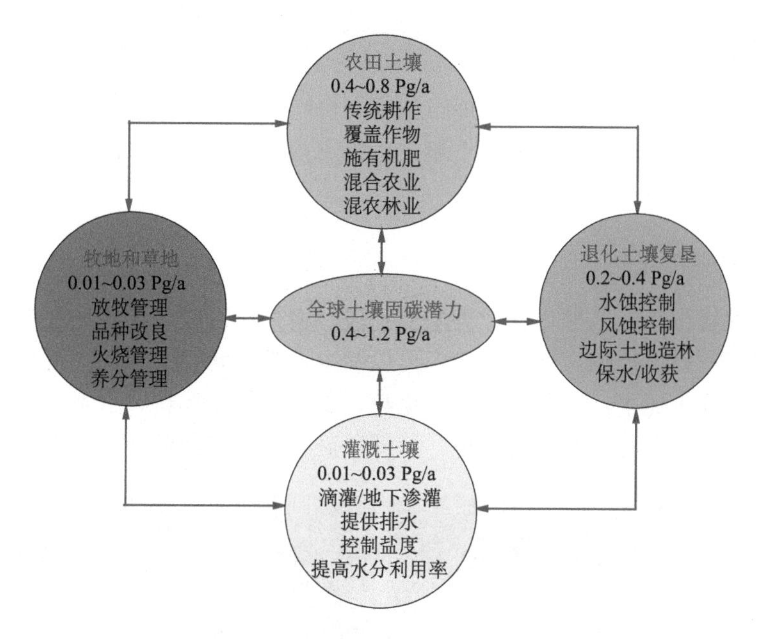

图 6-27　不同措施的固碳潜力（依据 Lal, 2004 绘制）

具体措施如下：

1. 退耕还林（草）

退耕还林（草）是从保护和改善生态环境角度出发，将易造成水土流失的坡耕地有计划、有步骤地停止耕种，按照适地适林（草）的原则，因地制宜地植树造林（草），恢复森林和草地植被。农田固碳潜力较高，但是其碳储量低于森林和草地等自然生态系统。特别是森林植被固碳能力强，可显著增加土壤碳储量。我国自 1999 年启动退耕还林（草）工程以来，累积实施面积超过 5 亿亩①，显著改善了总体生态环境，促进了山水林田湖草系统的健康发展，同时还显著增加了土壤碳储量。

2. 施用有机肥

施用有机肥可增加土壤有机物质的输入量，还可以促进土壤团聚化，增强对有机碳的物理保护，所以长期施用有机肥能显著提升土壤有机碳含量。有机肥对

① 1 亩≈666.67m^2。

土壤有机碳提升的效果因有机肥种类不同差异巨大。农业生产常用的有机肥有堆肥、沤粪、沼渣、鲜粪和绿肥等。

3. 秸秆还田

秸秆还田增加土壤固碳的原理跟施用有机肥相似。作物秸秆占农作物生物量的70%以上，将这部分碳归还于土壤，可以有效提升土壤有机碳含量，维持土壤碳平衡。

4. 保护性耕作

保护性耕作是以机械化作业为主要手段，将耕作程度降低到只要能够保证种子发芽即可的耕作技术。保护性耕作可以减少人类活动对土壤的干扰，从而降低土壤有机碳损失速率。主要措施包括免耕、少耕、轮作休耕、玉米宽窄行高留茬交替耕作、玉米根茬行侧免耕播种、秸秆覆盖和深松代翻等具体措施（图6-28）。

图6-28　东北黑土保护性耕作长期定位试验（梁爱珍摄）

第六节　土壤与生物多样性

生物多样性是人类社会赖以生存和发展的基础，随着人类环境意识的不断增强，保护生物多样性已经逐渐成为共识。土壤作为一个广泛分布于地球表层的地理环境要素，既是地下生物的生活场所，又是地上生物的载体，也是联系地上生物和地下生物的纽带，对于生物多样性的形成、维持和保护具有重要作用。但是，土壤对生物多样性的作用仍未被充分认识和重视。本节重点介绍土壤与生物多样性的关系及其在保护生物多样性中的重要作用。

一、土壤生物多样性

（一）土壤生物的多样性

土壤生物多样性主要包括土壤和凋落物层中生活的生物类群多样性，以及它们的遗传多样性和功能多样性等方面。目前，科学界已经普遍认识到土壤是地球上生物多样性最丰富的生境之一。土壤生物主要包括土壤微生物、土壤动物和一些低等植物，我们现有的认识水平表明，土壤生物种类丰富且数量巨大（图 6-29）。有研究发现，1 g 森林土壤中竟然有多达 10000 种细菌（Torsvik et al., 1990）；仅

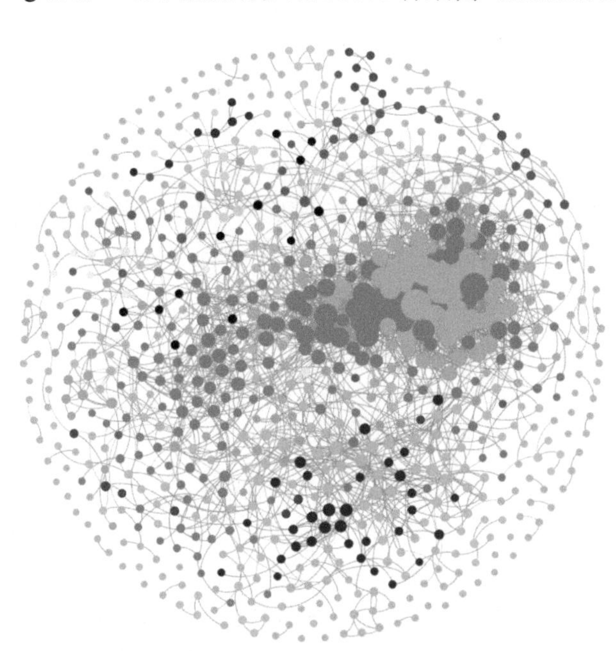

图 6-29　土壤中微生物物种多样性及其关联性示意图（黄新琦供图）

图中每个点代表一个微生物物种，线表示物种间的联系

在4个40 m×40 m样方中，科学家就发现了502种线虫（Powers et al., 2009）。在全球尺度上，土壤生物多样性也远远高于植物和大型动物。目前，还没有人能够回答土壤中到底存在多少种生物这一问题。

土壤也是一个丰富的种子库和基因库。土壤中保存了不同年代的不同植物的种子，以及许多动物的卵、蛹、幼虫和越冬态等不活动状态，它们在土壤中能保存较长的时间，而且一般具有生物活性。土壤种子库的存在使许多物种基因得以保存和延续，这对保护生物多样性和恢复地球上已经灭绝的物种具有十分重要的意义。

丰富的土壤生物多样性在陆地生态系统中具有重要功能，尤其在凋落物分解和养分循环方面起着不可替代的作用。同时，土壤生物多样性在植物群落维持和演替方面也起着重要的作用。土壤生物多样性还能提供重要的生态系统服务功能，如调控和驱动养分循环、水分供给、土壤发育、控制土壤侵蚀、控制农业害虫、调节气候和维持初级生产力等。

（二）土壤生物多样性的维持机制

（1）丰富和多样化的食物来源是土壤维持生物多样性的基础。地上植物的根系分泌物、凋落物、进入土壤的动植物残体为土壤动物和微生物生长提供了丰富的碳源和能源。地上生物多样性则为土壤动物和微生物提供了多样化的食物，从而维持了土壤生物的多样性。

(2)土壤资源的多样性和土壤环境的异质性能为土壤生物提供多样化的生境，同时促使土壤生物的生态位分化，这是重要的土壤生物多样性维持机制。

（3）生物之间的相互作用也是影响土壤生物多样性的因素。如同一营养级水平的土壤生物之间的竞争作用、不同营养级之间的捕食作用和大型土壤无脊椎动物对小型土壤生物的散布作用，以及地上生物和地下生物之间的相互作用等都能控制区域尺度上的土壤生物多样性。

二、土壤与地上生物多样性的关系

（一）土壤是地上生物的载体和物质基础

土壤是地上生物的载体和物质基础，具有能够满足植物生长发育所需的营养元素和协调其生长环境条件（水、肥、气、热）的能力。土壤环境的多样性为适应各种气候环境的植物起源提供了生长空间，是形成植物多样性的关键驱动力之一（图 6-30）。土壤环境多样性（也称为异质性）主要表现在分布的广泛性、剖面厚度和土体构型的多样性，以及物理、化学和生物学特性的多样性等方面。

暗棕壤　棕壤

红壤　山地黄壤

漠土　栗钙土

图 6-30　不同土壤上生长的植被（张金波摄）

土壤剖面厚度、土体构型及其水分和有效养分的空间分布对植物根型的形成发挥着关键性作用。土壤剖面厚度从不足毫米到超过百米，主根发达的乔木只能出现于土层深厚的土壤上，无主根的植物则更有可能起源于土层浅薄的土壤。在干燥土壤环境中起源的植物，为了获取满足生长需要的水分，进化出相对庞大的根系，因而根冠比通常大于在水分充足的土壤环境中起源的植物。

多样性的土壤化学特性对植物物种多样性及基因型分化发挥着关键作用。由于成土母质和成土过程不同，同一元素在不同土壤中的含量差异巨大。土壤的酸碱性和氧化还原状况不仅影响土壤中元素对植物的有效性，而且直接影响植物的生理、生化过程。生态化学计量学的研究发现，植物元素组成具有内稳性，即每种植物的养分元素组成相对稳定。但是，不同种或不同基因型的植物，元素组成可以有很大的差异。植物元素组成的内稳性是在长期的进化过程中，生物自身适应土壤环境条件的结果。

植物对逆境土壤的适应能力对植物物种多样性的形成也具有重要作用。当土壤环境不能满足植物生长的内在需要时，适应性强的植物会演化出各种适应机制，并将这些机制保留在遗传物质中，遗传给下一代，从而对生物多样性产生影响。如在养分供应不足的土壤中，植物通过改变根际环境，活化营养元素，或者与微生物互作，获取营养元素；在极端土壤环境中，如强酸性土壤、强碱性土壤、高度盐化土壤、富含石膏的石膏土、重金属元素背景值高的土壤等，起源的植物演化出相应的逆境适应机制。

土壤环境多样性直接决定植物物种多样性，进而通过食物链影响动物物种多样性。因此，土壤环境（数量和质量）的变化势必对地上生物多样性产生深刻的影响。

（二）土壤是地下生物与地上生物的联系纽带

地上生物与地下生物以土壤为联系纽带，相互作用、相互影响，共同构成了陆地生态系统。地上动植物与土壤微生物、土壤动物形成了“生产者-消费者-分解者”的食物链网关系，维持着自然界物质和能量循环过程的顺利进行（图6-31）。各种土壤生物以动植物残体所提供的有机质为主要的能量和物质来源，通过对有机物的取食和分解实现元素循环，为植物提供养分。同时，土壤生物可改善土壤结构，使之有利于植物生长。地上生物与地下生物之间存在着共生、寄生、互生、捕食和相互拮抗等极为复杂的关系，某一种生物数量的变化或灭绝会导致生物群落组成比例和生态系统功能的失调。因此，不能只片面地强调地上生物多样性的保护，而忽视地下生物多样性和土壤多样性的保护。

三、面向生物多样性保护的土壤生境保护措施

在自然状态下，土壤和生物同步演替，形成一定的生物土壤地带。但人类对土壤的强烈干预和破坏，导致土壤数量和质量衰减，以及土壤容量和生产力下降或丧失。生物的适生土壤环境遭到破坏，则生物群落的组成、生物数量、结构也会发生不同程度的变异，严重的会造成生物灭绝。保护土壤生境是保护生物多样性的基础。

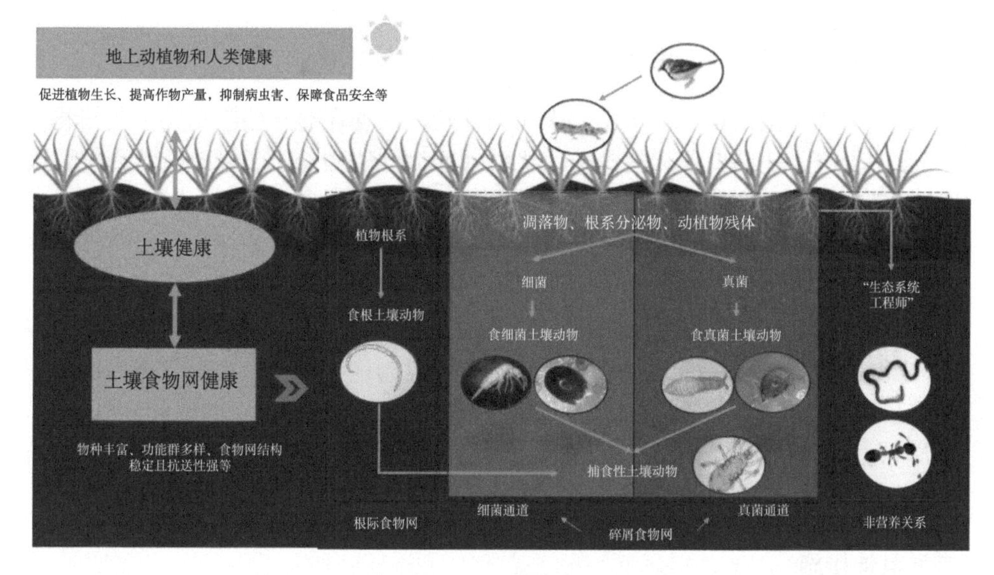

图 6-31　土壤食物网与土壤健康（孙新等, 2021）

（一）基本原则

1. 保护土壤环境多样性是保护生物多样性的基础

植物起源的土壤环境塑造植物的遗传特性，土壤与植物共同构建土壤微生物和土壤动物的生境，土壤、植物、土壤微生物和土壤动物共同构建陆上动物生境。由此可见，土壤多样性不仅仅是植物物种多样性和生境多样性的基础，也是整个陆地生物多样性的基础。因此，保护生物多样性必须首先保护生物多样性的基础——土壤多样性。

2. 保护土壤多样性的核心是保护土壤的异质性

随着工业化、城市化和交通道路的快速发展，因硬化而失去植物生长功能的土壤面积不断增加，减少了植物的生存空间，不利于生物多样性的保护。然而，土壤的同质化对生物多样性的破坏作用更大。土壤多样性表现在土壤分布空间、土体构型、理化和生物性质的多样性等方面，土壤改良过程在很大程度上是按照人类意愿将土壤同质化的过程，即减少土壤多样性的过程。将自然植被改变为农业用地，虽然未改变土壤的植物生长功能，但为了满足作物生长的需要，降低了土壤的异质性，因而不利于生物多样性的保护。由于农业利用的历史更悠久、范围更广泛，所以，它对生物多样性的危害更大。保护生物多样性必须有节制地发展农业生产，保持土壤环境的多样性，即最大限度地保持土壤的异质性。

3. 保护逆境土壤对于保护生物多样性具有特殊的意义

逆境土壤是指在自然环境中，土壤条件较差，存在着一些限制因素使植物生长不良的土壤，如高度盐化的盐土、极酸性的酸性硫酸盐土、以硫酸钙为主要成分的石膏土壤、重金属元素背景值高的土壤等。因为逆境土壤不利于大多数植物（作物）的生长，所以经常被列入改良之列。适合于逆境土壤的植物一般也能在非逆境土壤中生长，但是，在非逆境土壤中它们通常因难以与其他植物竞争养分、水分、阳光等而不能获得足够的生存空间。例如，研究表明，适应缺氮、缺磷或缺钾土壤的杂草，在缺氮、缺磷、缺钾土壤中成为优势种，但在氮、磷、钾供应充分且平衡的土壤中，它们的占比大幅度下降，甚至完全消失（Yin et al., 2005）。所以，为了保护起源于逆境土壤环境的植物，必须保证其生长的逆境土壤环境有足够的面积。

（二）具体措施

1. 保护土壤资源，防止土壤退化

由于高强度的开发利用（包括农业和非农业）及土壤退化的日趋加重，土壤资源正以惊人的速度衰减。水土流失、土壤瘠薄化、沙化、石质化、污染等导致土壤物质大量损失及生物生境消失，影响生物多样性。因此，一方面要设立基本农田保护区，加强土壤管理，防止土壤退化；另一方面需要建立土壤资源保护区，有效保护土壤资源多样性，特别是需要关注天然逆境土壤的保护。

2. 防止土壤污染

土壤污染可给生物带来致命的威胁和冲击。在一定限度内，土壤生物能够对各种污染物质进行代谢、降解和转化，从而消除或降低污染物的毒性，使土壤成为天然的环境“过滤器”与“净化器”。但当污染物含量超过了土壤的环境容量和自净能力时，不仅会导致土壤生物群落瓦解，而且植物的生长、生存也会遭受威胁和破坏。受污染的植物进入食物链经生物富集作用会对动物和人类健康产生严重危害。因此，控制工业“三废”物质和生活废水的肆意排放，减少农药、除草剂等药物的施用，防止土壤污染，对保护生物多样性具有十分重要的意义。

3. 提高农田土壤肥力，改善土壤健康状况

土壤肥力是土壤的基本属性和本质特征，是植物生长的必要条件和物质基础。土壤肥力的高低直接影响植物和土壤微生物的数量、种类和生产力。一般来说，贫瘠的土壤中生物种类单一，数量贫乏；而肥沃的土壤中生物种类和数量则较为

丰富。因此，提高农田土壤肥力和健康水平，是保护生物多样性的一个重要途径。

4. 优化农田土壤耕作与管理措施

合理的土壤耕作与管理可改善土壤环境和提高土壤质量，对生物多样性保护具有积极作用，主要包括土壤耕作优化、作物轮作套种优化配置、病虫害生物防治、土壤肥料管理等方面。耕作方面，采用优良的生物工程技术与方法，如少耕免耕法、坡改梯的生物篱墙技术、复合农林技术等；作物栽培方面，根据生态学与经济学原理，优化作物种植体系与间作套种模式，加强病虫害综合防治技术与生物农药的使用，做到用地与养地结合；土壤肥料管理方面，增加绿肥和有机肥的使用，减少化肥的用量。上述方法与技术的合理使用会对生物多样性保护起到一定作用。

第七节　土壤水源涵养功能及其生态意义

土壤不仅具有养分调控、生物生存场所、生态环境调节器等功能，还能通过土壤孔隙和与地下水的联系实现水源涵养的功能（图 6-32）。狭义的土壤水源涵养功能仅指土壤蓄水这一物理过程，包括土壤对降雨和径流的吸收渗入；广义的土壤水源涵养功能是指土壤内多个水文过程及其水文效应的综合表现，包括土壤蓄水，继而形成径流和维持生态系统需水，实现水资源在时空上的再分布等。土

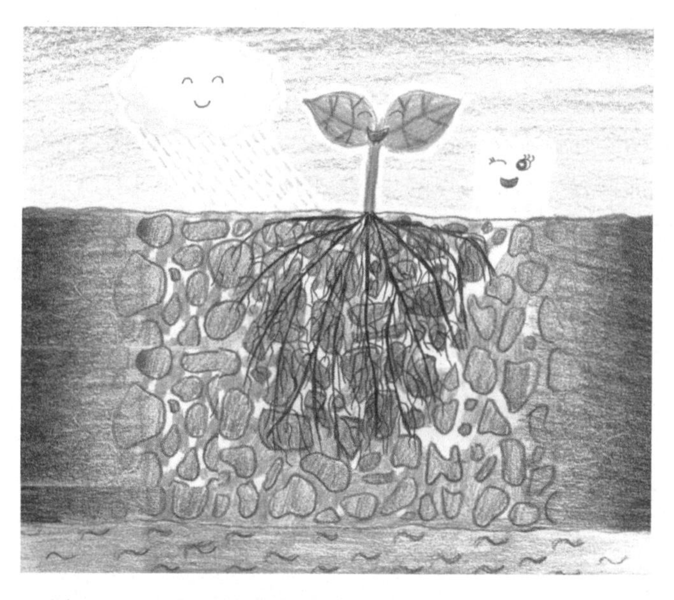

图 6-32　土壤的水源涵养功能（蔡祖聪和张宁阳, 2019）

层深厚的土壤具有非常强大的蓄存、调节水分的功能，它以土壤为库容进行蓄水，也称为“土壤水库”。土壤水库对农林牧业、生态环境及水资源平衡等都有重要意义。本节主要介绍土壤水源涵养功能的形成机制、作用和影响因素。

一、土壤水源涵养功能的形成机制

土壤具有水源涵养功能的主要机制是水分能在土壤孔隙中存储、持留和运移，这主要表现在以下两个方面。

（一）土壤对水的作用力

水分主要靠吸附力、毛管力和重力的作用在土壤中存储和运移。水分含量较低时，主要受吸附力作用保持在土粒表面；随着水分的增加，毛管力开始发挥作用，受毛管力保持的水称为毛管水；随着水分的继续增加，毛管水饱和后的水在重力作用下发生移动，称为重力水。降水发生时，水渗入非饱和土壤，直到土壤水分饱和；降水停止后，重力水不能在土壤中长时间持留，受重力作用逐渐流出，汇集形成径流，而毛管水可以长时间持留在土壤中。

（二）土壤孔隙

孔隙是土壤中存储水分的主要场所。按照孔径大小，土壤孔隙分为毛管孔隙和非毛管孔隙（也称为通气孔隙或大孔隙）。按照储水孔隙的不同，土壤中水分存储分为两种类型：吸持存储和滞留存储。吸持存储发生在毛管孔隙中，水分被毛管力保持在土壤中，不参与径流形成或水位变动过程；滞留存储发生在非毛管孔隙中，重力水暂时存储在土壤中，在降水停止后受重力驱动从土壤中流出或渗入更深层土壤。两类存储水分具有不同的水文生态功能：①吸持存储水分可以供给植物利用；②滞留存储水分可以提供应急的水分贮存，具有通过径流补给江河和地下水的功能。所以，土壤毛管孔隙度能够反映土壤吸持水量和为植被提供水分的能力，非毛管孔隙度能够反映土壤滞留水分的能力和发挥涵养水源、削减洪水的潜力。

二、土壤蓄水能力的影响因素

土壤蓄水能力决定于可蓄水土壤层厚度和单位厚度土壤蓄水能力。单位厚度土壤蓄水能力受土壤性质控制，主要包括土壤孔隙、质地、土壤结构、有机质含量、容重和含水量等因素。另外，植被覆盖、土壤侵蚀等也会影响土壤蓄水能力。

（一）土壤孔隙

土壤孔隙状况显著影响土壤储水能力。土壤孔隙易受外界影响，其中非毛管孔隙比毛管孔隙更敏感。非毛管孔隙的形成和演化主要受生物因素（如土壤动物活动和植物根系生长）、物理因素（干湿交替和冻融交替）和化学因素影响，其中植被是控制其形成、规模和寿命的决定性因素。植物根系周期性生长和死亡可以直接导致大孔隙的产生，即植物根孔。在森林土壤中植物根孔大约可以占土壤孔隙的35%，并随深度增加比例下降。除根孔这一直接贡献外，根系还可为形成孔隙的生物提供物质基础。枯枝落叶层也是保持大空隙稳定与发展的重要因素。大空隙的形成和稳定对土壤调蓄水能力具有重要作用。

（二）质地和土壤结构

孔隙存在于土壤颗粒之间和土壤结构之间的空隙中。土壤质地显著影响孔隙组成，砂粒间形成的孔隙通常较大，以非毛管孔隙为主；粉粒和黏粒间形成的孔隙多表现出很强的毛管力。如果土壤中砂粒含量过多，尽管能蓄水的孔隙大，但多是滞留存储，水分极易流失，不利于水源涵养；而黏粒过多时，土壤非毛管孔隙度小，蓄水能力弱。所以，合理的粒径组成才有利于土壤蓄水。土壤颗粒的多级团聚可逐步提高土壤的孔隙度，因此团粒结构土壤孔性明显优于其他不良结构和无结构土壤，储水能力也较好。

（三）有机质

首先，有机质本身具有很强的持水性能，有机质含量的增加有利于提高土壤蓄水能力。其次，有机质能促进土壤多级团聚，所以有机质含量较高的土壤孔隙度较高，且大小孔隙搭配比较合理，有利于提高土壤蓄水能力。例如，有机质含量高的沼泽湿地土壤持水性能是矿质土壤的 5～7 倍，而且能够保持为自身重量25 倍的水分，因此未饱和沼泽湿地表现出强大的水分存储能力（Haigh, 2006）。

（四）自然含水量

很容易理解，土壤含水量较低时具有更大的蓄水空间和潜力，而土壤水分饱和后便丧失了继续增加蓄水量的能力。

（五）植被覆盖

植被不仅可以削弱外部因素对表层土壤的扰动，其根系还具有疏松土壤、增强土壤通透性等作用。在良好的植被覆盖和土壤共同作用下，生态系统拦截、蓄存雨水的能力更强。

（六）土壤侵蚀

土壤侵蚀导致土层变薄，使土壤蓄水量减少；同时还会导致土壤结构性变差，影响孔隙度和孔隙组成，降低土壤蓄水能力。水土保持措施在减少水土流失的同时，可达到增加土壤蓄水能力的目的。

三、土壤水源涵养功能的生态意义

降水发生后，一部分输入土壤并在其中被截留、蓄存，形成土壤水，其中一些在重力作用下渗入地下，参与水循环；一部分以地表径流形式形成地表水。土壤水源涵养功能对生态系统水文调节具有重要作用。土壤和地上植被共同构成庞大的自然蓄水库，具有巨大的水文调节功能。土壤水库具有不耗能、不额外占地、不需要特殊地形等优点。只要调控好土壤蓄水性能，使降水快速渗入土壤水库，雨水便能被截留、蓄存在土壤中或转成地下水，有效调节水资源的再分布。因为地下水流入河川要比降水直接产生的地表径流慢得多，可有效减少洪水的形成，延迟洪峰到来的时间，缓解洪涝灾害问题。

土壤水是植物生长发育所需水分的主要来源，无论是降雨还是地表径流都要先转化成土壤水才能供植物吸收利用。因土壤蓄水的特殊性质，对植物供水具有连续性和调节性的特点，是维持植物生长和生态系统功能的关键因素。与所在区域的雨季相一致，总体上土壤水库动态可以分为水分输入和输出两个阶段。通常在雨季末期土壤蓄水量达到年内最大值，蓄存在土壤水库中的水能够供植物旱季使用。正是因为土壤水库储水功能的存在，干旱少雨季节植物才能够正常生长，生态系统功能才能得到维持。在农业生产中科学利用和挖掘土壤蓄水功能，结合农作制度、作物种类、生长特性等因素，有利于实现节约灌溉用水和农业增产增效，甚至在干旱年份依然有可能获得高产稳产。

思考与讨论

1. 结合所学知识，讨论土壤在应对全球变暖问题中的可能贡献和实现途径。

2. 土壤学故事——土壤学家为我国稻田甲烷排放“平反”

20 世纪 80 年代末以来，国外学者普遍认为我国稻田甲烷年排放量约 3000 万 t，接近世界稻田排放总量的 1/2，是全球气候变暖的重要源头。这一观点不仅使我国在环境外交谈判中处于不利地位，更是影响到我国水稻的生产。

针对这一问题，中国科学院南京土壤研究所的科研工作者们从 1992 年开始致力于稻田甲烷排放的研究。他们进行了极为艰苦、细致的田间观测和严格的实验室、温室培养试验。经过整整 8 年的持续研究，终于得出结论：“中国稻田甲烷年排放量不是国外学者认为的 3000 万 t，而是不足 1000 万 t”，从而为中国摘掉了稻田甲烷最大排放国的“帽子”。目前，这一观点已得到国际社会承认，为我国进行环境外交谈判提供了有利的科学依据。

第七章　土壤资源保护

土壤是人类赖以生存的物质基础，是维持地球上所有生命的关键，在粮食安全、水安全、能源安全、减缓生物多样性丧失及应对气候变化等方面都起着极其重要的作用。1998 年 5 月在法国克兰让达尔通过的《克兰让达尔土壤宣言》明确指出："土地是人类社会生命、福利和繁荣的源泉，无论科学技术已经和即将取得何等伟大的成就，土壤永远都应该是人类进步的最重要的基础。在保护文化和思想多样性的同时，我们应对自己和子孙后代负有保护土壤及其功用的责任。"在国际土壤科学联合会（IUSS）和联合国粮食及农业组织（FAO）等机构的提议与推动下，2013 年 12 月第 68 届联合国大会通过决议，将每年的 12 月 5 日定为世界土壤日（World Soil Day），旨在宣传土壤的重要性，倡导土壤资源的可持续利用。2014 年 12 月 5 日为第一个世界土壤日，2015 被定为"国际土壤年"（International Year of Soils），其主题是"健康土壤带来健康生活"。这些都说明了土壤资源对地球生命和自然平衡的重要作用，同时也让我们意识到土壤资源所面临的前所未有的巨大威胁。

2020 年世界人口总数已经超过 75 亿，目前世界人口增长率在 1.11%左右。据联合国估计，2050 年世界人口总数将增至 92 亿，2100 年将达到 112 亿。据估算，地球的生物性食品生产能力大致可以承载 120 亿人。全球约 95%的食物来自土壤，充分发挥土壤资源的生产潜力，提高土地承载能力，是全世界面临的严峻挑战。由于高强度的开发利用，现在在世界范围内已经出现大量土壤质量退化的现象，如土壤肥力衰退、盐渍化、酸化、荒漠化、水土流失等，影响粮食安全和其他全球可持续发展目标的实现。世界各国已经普遍关注到土壤资源面临的主要问题，并开始积极采取各种应对措施。

第一节　土壤资源概述

土壤资源是指具有农业生产性能的各种土壤类型的总称，包括土壤类型、组合特征、肥力特征、生产力、利用与管理方式等，是人类生活和生产所需要的最基本、最广泛、最重要的自然资源，属于陆地生态系统的重要组成部分。土壤资源的合理利用与保护是保障粮食安全、保持生态系统良性循环和实现人类可持续发展的前提，而认识土壤资源的基本特点是合理利用与保护土壤资源的基础。

一、土壤资源的基本特点

通常认为土壤资源具有以下7个基本特点。

（一）整体性

在地球系统中，各种资源在各圈层中相互依存，相互制约，构成的资源生态系统具有整体性特点。例如，砍伐森林不仅直接改变森林生态系统本身的状况（如林木和植物），同时必然会引起土壤和地表径流的变化，加剧土壤侵蚀；另外，对野生动物甚至局部气候也会产生一系列的影响。同样，土壤资源本身也是诸多因子的综合体，各因子间相互依存，相互制约，共同影响土壤质量和健康。因此，在土壤资源的利用与保护过程中需要关注其整体性。

（二）地域性

土壤资源具有明显的地域性特点。土壤资源的分布受地带性因素、非地带性因素、人类活动及科学技术水平等因子的制约，各地区的土壤资源都具有特殊性。例如，土壤类型会因地区间气候、地形、母质、植被等因素的不同而存在区域差异，土壤生产力也会因区域间科学技术水平等因素的差距而存在明显的差别（如美国与非洲国家之间）。土壤资源也随季节的变化而发生周期性变化。因此，土壤资源的研究、开发、利用必须掌握因地制宜的原则，重视区域土壤资源的综合研究。

（三）动态性

从某种意义上说，土壤资源是一种可再生性资源，具有可更新性和可培育性。土壤圈中的物质循环和能量流动与资源生态系统的其他圈层间存在复杂的相互作用，维持相对稳定的、动态的平衡。土壤中营养元素的循环、转化及其对植物生长的供应能力、过程等都会随着所处生态系统的变化而变化。人类活动，如土壤培育措施、耕作措施等也会导致土壤资源的变化，如土壤生产力和土壤质量的变化等。

（四）层次性

土壤资源包括的范围很广，从某种土壤的化学、物理、生物性质或矿物组成等到土种，再从土种、土类直到土壤圈，都可以成为利用和研究的对象。在空间范围上，它可以是一个局部区域，也可以是一个地区、一个国家甚至大洲和全球。因此，在进行土壤资源研究时，必须首先明确其所处的水平和等级，然后决定收集相应的信息和采用适当的方法。

（五）多用性

土壤资源具有多种功能和用途。对于农业部门来说，土壤是植物生长的介质。对于工业部门而言，土壤是制造砖、瓦、陶瓷的原料，是道路、建筑物等的基础。对于环保部门，土壤是污染物的最后归宿地，土壤的自净作用对污染治理有着十分重要的作用；对食品、医药部门，土壤是微生物的富集区，是新菌种、新抗生素的储存库。

（六）有限性

虽然土壤资源具有可再生特性，但是其数量是非常有限的。首先，地球上陆地面积是有限的，陆地上被土壤覆盖的区域面积更是有限，而且土壤的形成非常缓慢，地球表面每形成 1 cm 厚的土壤，大约需要 300 年或更长的时间。其次，人口增加、城市扩张等多种因素已经导致许多良田被建筑和工程所占用。另外，由于不合理的耕作、放牧和采伐，水土流失越来越严重，土壤退化、沙漠化和土壤污染也在不断加剧，在现有的土壤资源中，仅约 11%的土壤对于农业没有严重的限制因子。目前，土壤资源基本状况是耕地土壤资源短缺，后备耕地土壤资源明显不足。土壤资源的有限性已成为制约人类发展的重要因素。

（七）国际性

一般来说，自然资源的开发、利用、保护和管理属于国家主权，应由各个国家自己解决。但是由于人类对自然的影响越来越大，一个国家或一个地区对自然资源开发利用所造成的后果往往会超出一个国家的国界范围，影响到世界其他地区，甚至全球范围。因此，涉及土壤的国际合作研究和协议日益增多。联合国粮食及农业组织（FAO）与教育、科学及文化组织（UNESCO）等国际组织通过对世界陆地生态圈、世界土壤资源图等的研究及《世界土壤宪章》，规定了土壤资源开发、保护与改善的国际政策。

二、我国土壤资源的主要特点与存在的问题

（一）我国土壤资源的优势

1. 土壤类型众多，土壤资源丰富多样，宜农、宜林、宜牧的土壤资源均占有一定的比例，有利于农业的综合发展

我国地域广阔，在不同的自然环境条件下形成了众多特色鲜明的土壤类型，既有热带-亚热带湿润地区的砖红壤、红壤、黄壤（富铁土和铁铝土），也有温带湿润-半湿润地区的棕壤、暗棕壤、灰化土（淋溶土），又有半干旱地区的褐土、绵土（半淋溶土）和黑钙土、栗钙土、棕钙土（钙层土），还有干旱地区的灰漠土、

棕漠土（漠土）和青藏高原的寒冻雏形土，另外还有大量经过长期人为培育形成的人为土等。在现行的中国土壤系统分类中，土壤学家将土壤划分出 14 个土纲、39 个亚纲、141 个土类，这样丰富的土壤资源是其他国家无法比拟的。这些土壤是在不同的自然条件和人为影响下形成的，具有不同的农、林、牧业适宜性。多样化的土壤类型形成了中国土壤资源的一大优势，为大农业全面发展和综合开发利用提供了优越的条件。

2. 自然条件优越，生产潜力较大

我国约有 98%的国土位于北纬 20°～50°之间，其中热带、亚热带和暖温带所占面积接近国土总面积的 50%，热量条件优越。大部分地区具有雨热同期的气候特点，可以满足主要农区中各类农作物生长期间对水分和热量的需求。即使在西北部干旱区，来自高山的冰雪融水，也滋养形成了具有干旱区特色的绿洲农业。这些优越的自然条件，决定了我国土壤资源具有较大的生产潜力。

3. 农业历史悠久，人为土资源丰富

经过劳动人民几千年的辛勤耕耘培育形成的各种人为土，如水稻土、灌淤土、灌漠土等，土壤肥力较高，形成了相当面积的高产稳产农田，对农业生产的稳定起到了积极的作用。

（二）我国土壤资源存在的问题

1. 人均数量偏少

虽然我国土壤资源绝对数量不低，但是人均面积远低于世界平均水平，其中人均耕地和牧草地面积不到世界人均的 1/2，人均林地面积仅约为世界人均的 1/4。

2. 整体质量偏低

虽然我国有一定数量土壤肥力较高的人为土，但是长时间、高强度的利用导致整体质量偏低。一般认为，土壤有机质能大体反映土壤的肥力水平。大量的研究结果表明，我国耕地土壤的有机质含量不到欧洲同类土壤的一半。国土资源部 2009 年发布的《中国耕地质量等级调查与评定》也显示，我国耕地质量总体偏低，其中优等地和高等地的比例低于全国耕地评定总面积的 1/3，中等地和低等地的比例分别为 50.64%和 16.71%。

3. 土壤退化现象比较严重

我国土壤资源普遍存在土壤肥力衰退、土壤养分元素失衡、水土流失，以及土地沙化、酸化和盐渍化等现象（图 7-1）。另外，随着经济的发展、城镇与工矿“三废”的排放、农用化学物质的大量增加，土壤污染和土壤动物、微生物区系退化等问题也日趋严重。这些问题都会影响土壤资源的有效利用。

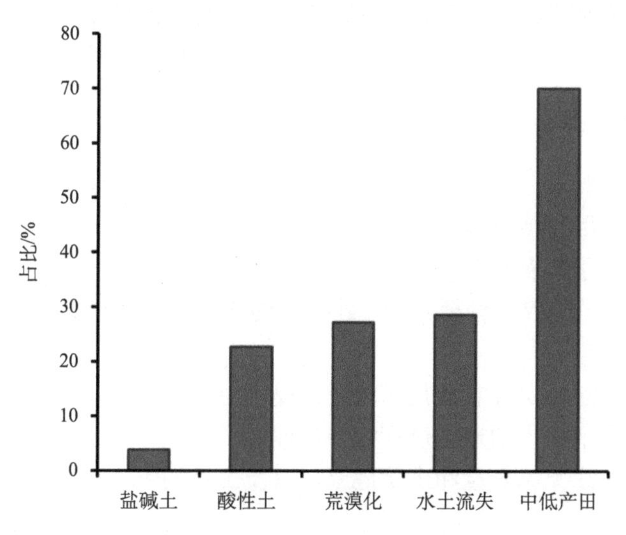

图 7-1　各类障碍土壤占国土面积的比例

中低产田占比为占耕地总面积的比例

三、土壤资源合理利用与保护的基本途径

（一）保护耕地，适度开发

随着社会经济和城镇化的快速发展，农业用地和非农业用地的矛盾日趋激烈，需要建立科学有效的措施保护耕地，平衡粮食安全与社会、经济发展的关系。值得注意的是，耕地保护不仅仅是保护耕地数量，还要保护耕地质量及整体生态环境效益，需要树立数量、质量和生态环境并重的科学思想。另外，对于一些可垦宜农荒地，可以在科学的规划下适当开发，以缓和资源紧缺的矛盾。

（二）加强集约经营，提高单位面积产量

发达国家的农业生产经验表明，提高单位面积粮食产量对粮食增产的贡献率可高达 90%以上，而扩大耕地面积的贡献微乎其微。鉴于我国人多地少、人地关系日趋紧张的国情，提高单位面积产量更是实现粮食增产，保障粮食安全的重要途径。提高单位面积产量的途径主要有以下几个方面。

（1）提高复种指数。这是增加单位面积粮食产量的最简单的措施。高复种指数和高强度利用极易引发土壤肥力衰退，所以要注意用地与养地相结合。

（2）提高土壤肥力。通过构建合理的土壤剖面构型、增施有机肥、合理轮作等措施不断提高土壤肥力。

（3）加强集约经营。农业生产中需要对土壤资源、水资源、生物资源、环境条件、科学技术等进行合理配置，实现农、林、牧、渔的全面发展。

（4）加强生物技术研发，加大高产、高效、优质品种的培育。

（三）因地制宜，综合治理

在土壤资源开发、利用及治理过程中，要按照系统、综合、生态、持续的观点，采取综合利用和治理措施，主要涉及以下几个方面。

（1）按照科学的农业区划，合理安排农业生产布局。

（2）调整单一的农业种植结构，建立集约化农业经营模式，注重农、林、牧、渔的全面发展。

（3）因地制宜地实行农业技术改造，提高生产力。

（4）对生态平衡失调地区进行综合治理。

（5）全面关注土壤质量和土壤健康，以及土壤的生态环境效应。

（四）加强退化、污染土壤的修复技术研发

我国土壤资源普遍存在退化现象。随着经济的快速发展，土壤污染问题更是日趋严重，污染物日趋多样化，从常见的无机污染物（如重金属），到有机化合物污染，再到痕量持久性有机污染物、微塑料污染和生物污染；从单一污染到复合污染等。在防止发生土壤污染的同时，也对退化、污染土壤的修复技术研发提出了更高的要求，亟须开发一批高效、生态的修复技术。

（五）土壤资源管理的信息化

数字化、信息化、网络化是现代社会管理的必然趋势。建立土壤资源信息系统，综合处理和分析土壤资源属性，有利于实现区域土壤数量、质量、健康状况等的实时调控与管理，加强土壤资源基础资料的共享，增强区域综合分析和动态预测能力，为建立土壤资源利用、管理和保护等服务应用系统提供支撑。

本章第二至九节将围绕盐碱化、酸化、荒漠化、土壤侵蚀与水土流失、土壤地力衰退等当前我国主要的土壤资源问题，介绍其现状、影响因素和保护措施。

第二节　土壤盐碱化与盐碱土的利用措施

土壤盐碱化是指水溶性盐类在土壤表层或土体内逐渐积聚的过程，是导致盐碱土形成的主要原因。土壤盐碱化是世界性的生态和资源问题，是由自然或人类

活动引起的一种重要的环境灾害或风险，其独特的土壤理化性质造成农业资源的浪费，打破了生态系统物质、能量平衡，表现出环境和经济两方面的危害。盐碱土广泛分布在全球各个地区，在我国，盐碱土主要分布在西北内陆、东北松嫩平原、黄河上中游灌区、沿海滩涂及华北平原五大区域。由于盐碱土盐分含量和pH都很高，对土壤结构、植物生长、养分库容和微生物功能等均产生胁迫作用。近年来，不合理的灌溉、施肥及干旱、涝渍等极端气候条件导致土壤次生盐碱化频频发生，已经改良的盐碱土如不加以管护也会造成盐碱化加剧。盐碱土作为生态系统的一部分及我国重要的中低产田后备耕地资源之一，其治理、利用和保护对于农业和生态环境保护均具有重要意义。本节主要介绍盐碱土壤的定义、形成原因、障碍特点，以及盐碱土障碍消减与利用措施等。

一、盐碱土的定义

按照我国土壤分类原则和依据，盐碱土分为盐土和碱土两个独立土类。盐碱土主要有氯化物盐土、硫酸盐盐土、苏打盐土等，不同类型土壤盐分含量的下限有所不同。未达盐土或碱土指标的各种盐化或碱化土壤，则分属其他有关土类中的亚类或土属。

（一）盐土的定义

盐土是指土壤表层含盐量达0.6%～2%的土壤，其中氯化物盐土危害性较大，含盐下限一般为0.6%；氯化物-硫酸盐和硫酸盐-氯化物盐土的含盐下限为1%；含有较多石膏的硫酸盐盐土下限为2%。当100 g土壤的水溶性盐类组成中含HCO_3^-、CO_3^{2-}在0.5 mg当量以上，pH多大于9，含盐量大于0.5%时，即属苏打盐土范畴。

土壤盐化等级以植物根系主要活动层或耕作层（一般厚度为0～20 cm或30 cm）的含盐量为准。在半湿润、半干旱地区，表土含盐量小于0.1%为非盐化土壤，含盐量在0.1%～0.2%为轻度盐化土壤，在0.2%～0.4%为中度盐化土壤，在0.4%～0.6（1.0）%为强度盐化土壤，大于0.6%或1.0%者为盐土（根据盐渍类型而有别）。在干旱和漠境地区，表土含盐量小于0.2%（含多量石膏）为非盐化土壤，含盐量在0.2%～0.3（0.4）%为轻度盐化土壤，在0.3（0.4）%～0.5（0.6）%为中度盐化土壤，在0.5（0.6）%～1.0（2.0）%为强度盐化土壤，大于1.0%或2.0%为盐土（图7-2）。

（二）碱土的定义

土壤碱化层的碱化度大于30%（草原碱土大于25%）、pH为9.0左右或以上，表土层含盐量不超过0.5%者属碱土范畴（图7-3）。土壤碱化等级主要根据碱化层的碱化度来划分。碱化度小于 5%为非碱化土壤，碱化度在 5%～10%者为轻度碱化土壤，在 10%～15（20）%为中度碱化土壤，在 15（20）%～25（30）%为强碱化土壤，大于 30（40）%为碱土。

(a) 滨海盐土　　(b) 西北内陆盐土

图 7-2　典型盐土景观（姚荣江摄）

图 7-3　典型苏打碱土（姚荣江摄）

（三）盐碱土的面积与分布

1. 全球盐碱土面积与分布

当前，全球盐碱地面积已达 9.54 亿 hm^2，分布在从寒带、温带到热带的各个地区，遍及各个大陆及亚大陆地区（图 7-4）。主要分布在南美洲、南亚、北亚、中亚、非洲、大洋洲及周边地区。澳大利亚是全世界盐碱土面积最大的国家。当前，全球范围的土壤盐碱化特征表现为：区域突出与全球盐碱化加剧并存、局部盐碱化减缓与加重并存、湿润半湿润地区次生盐碱化与干旱半干旱地区盐碱化并存、新技术研发应用与长效管理调控缺乏并存等，土壤盐碱化问题已经成为全球变化研究框架下的重要内容。

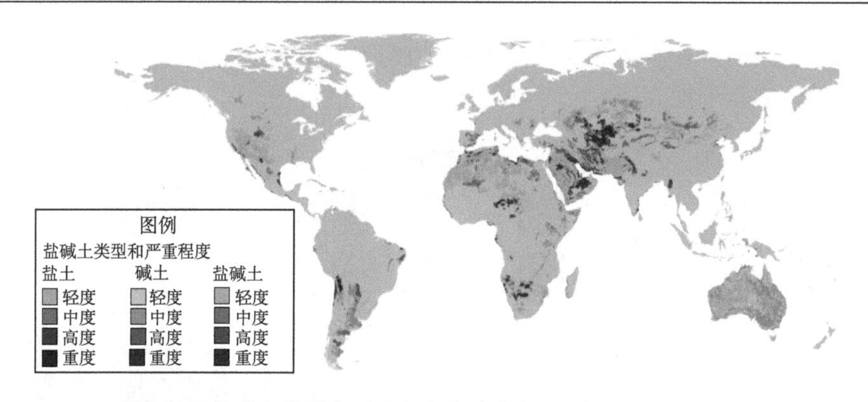

图 7-4　盐碱土类型和严重程度全球分布（Wicke et al., 2011）

2. 我国盐碱土面积与分布

盐碱土在我国分布广泛，从热带到寒温带、滨海到内陆、湿润地区到极端干旱的荒漠地区，均有大面积分布，总面积约为 0.36 亿 hm^2，占全球盐碱地总面积的 4%左右，约占全国土地面积的 3.8%。西北、华北中北部、东北及沿海是我国盐碱土的主要集中分布地区。其中，西部六省（自治区）（陕、甘、宁、青、蒙、新）盐渍土面积约占全国的 69%。

二、盐碱土形成机理

盐碱土是在一定的环境条件下形成和发育的，其主要发生在降雨少、蒸发强的地区，水分不断从地下运移至地上，并将可溶性盐残留在土壤表层（图 7-5）。盐碱土形成的实质是可溶性盐类在土壤中发生重新分布，盐分在土壤表层积累超过了正常值。影响土壤盐分积累的原因有自然因素和人为因素。自然因素是盐碱土形成的内因，包括气候、地形、水文活动和植被因素等；人为因素是盐碱土形成的外因，特别是次生盐碱土的形成。

（一）自然因素

1. 气候因素

1）气候条件

在气候要素中，以降水和地面蒸发强度与土壤盐渍化的关系最为密切。在一般情况下，气候越干旱，蒸发越强烈，土壤积盐也越多（图 7-5）。我国南方地区，潮湿多雨，蒸发量小于降雨量，土壤水盐以下行运动为主，通过降雨淋洗，母质和土壤中的水溶性盐分绝大部分都淋溶迁移出土体。长江以北处于半湿润、半干旱气候区的黄淮海平原和东北松辽平原，蒸发量大于降水量，土壤水的毛管上升运动超过了重力下行水流的运动，土壤及地下水中的可溶性盐类则随上升水流蒸发、浓缩，累积于地表。

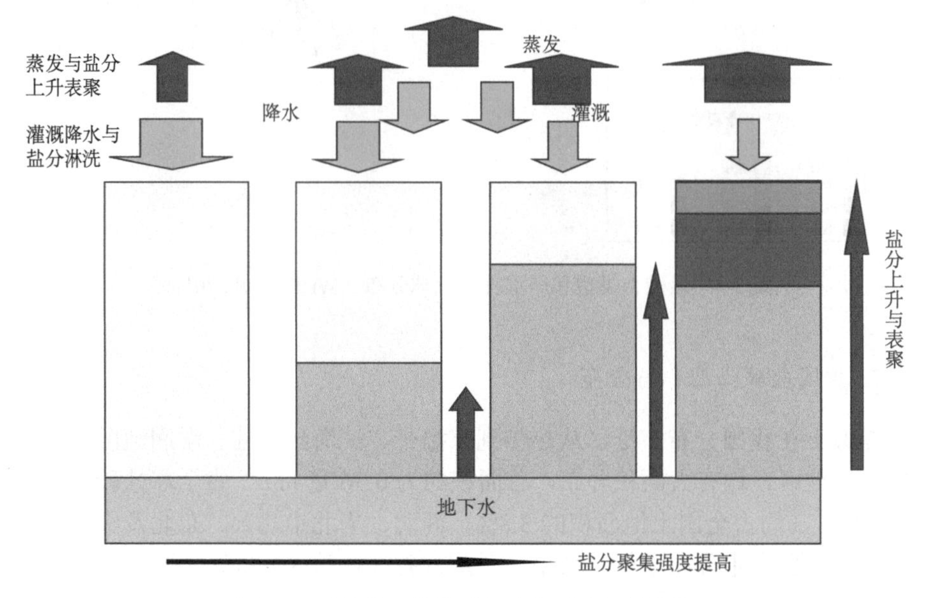

图 7-5　土壤盐碱化形成与自然因素的关联性

在季风区，土壤盐分可随降水等因素的季节变化而变化。一般全年可划分为4个水盐动态周期，即春季积盐期、夏季脱盐期、秋季返盐期、冬季潜伏期。

2）冻融过程

我国高纬度的东北松嫩平原、松辽平原和三江平原，以及西北内蒙古、甘肃、宁夏、青海、新疆等地，除了存在春季强烈积盐和秋季返盐两个积盐周期外，还存在伴随土壤冻融过程同步发生的土壤盐渍化过程。

土壤冻融作用是季节性冻土区和多年冻土区常见的自然现象，主要是指由于土壤温度变化而出现的反复冻结-融化过程。土壤冻结和融化过程形成了特殊的水盐运动规律：在土壤冻结过程中，随着温度降至冻结温度，液态水开始冻结，使冻土层中液态水含量急剧降低，盐浓度增加；同时冻土层与其下较湿润温暖的非冻土层之间形成温度和湿度梯度差，导致底层的土壤水和地下水向冻土层积聚，地下水位随之缓慢下降，此时发生隐蔽性的积盐过程。融化过程中，在冻土层尚未完全化通之前，伴随土壤冻融现象，地表出现明显的盐渍化；随着气温迅速回升，地表蒸发逐渐增强，使积累于冻层中的盐分向地表强烈聚集，导致暴发性的盐分累积。这一过程与因地面强烈蒸发而引起的现代积盐过程有所区别，特别是在春季积盐期，土壤盐渍化的发生不完全与当时的地下水位直接相联系，而是受冻层以上土壤中冻融滞水的直接影响。

3）风的搬运作用

在漠境地区，风的搬运作用也是影响土壤盐渍化的气候因素。大风可以吹蚀地表土壤，吸附在土粒上的盐分随风飘扬，被带到没有发生盐渍化或盐渍化很轻的地方，危害植物生长。在滨海地区，当海水涨潮的时候，如果有风自海外吹向陆地，则会有大量的浪花被吹向海岸，特别是在发生飓风巨浪的时候，被卷起的浪花可以被带到数千米以外，成为沿海地带盐分的来源之一。

2. 水文、地质因素

1）地形地貌

岩石风化所形成的盐类以水为载体，在沿地形流动过程中，按溶解度的大小，从山麓到平原直至滨海低地或闭流盆地的水盐汇集终端，呈有规则的分布，溶解度小的钙、镁碳酸盐和重碳酸盐类首先沉积，溶解度大的氯化物和硝酸盐类可以移动较远的距离，从而形成不同的盐渍地球化学分异带，特别是在闭流盆地中，这种分异更为明显。从大、中地形来看，土壤盐分的累积从高处向低处逐渐加重。

2）成土母质

在北方干旱、半干旱地区，第四纪沉积物的类型（包括河湖相沉积物、海相沉积物、洪积物、风积物等）及岩性与盐渍土的形成关系非常密切，大部分盐渍土都是在第四纪沉积母质的基础上发育起来的。因沉积母质的分布及沉积特性不同，其盐渍程度也有差别。

3）水文及水文地质条件

地表径流、地下径流的运动规律和水化学特性，对土壤盐渍化的发生、分布具有重要的作用。地表径流影响土壤盐渍化的方式有两种，一是通过河水泛滥或引水灌溉，淹没地面，进入土体，使河水中的水溶性盐分残留于土壤中；二是河水通过渗漏补给地下水，抬高河道两侧的地下水位，增补地下水盐量，增加地下水的矿化度。浅层地下径流是影响土壤现代盐分运动非常活跃的因素，它是土体中盐分运转的基本动力，对于土壤盐分的累积及其组成都具有十分重要的作用。

3. 生物积盐

在土壤盐碱化过程中，植物对土壤中盐分累积的作用也是不容忽视的，特别是干旱地带的一些深根性盐生植物。这些植物多具有特殊的抗盐生理特性，对于盐碱生态环境有非常强的适应能力，可通过强大的根系从底层吸收盐分，并以残落物的形式返回地面，被分解形成钙盐和钠盐。在我国各盐渍区广泛地存在着生物积盐过程。

（二）人为因素

引起土壤盐碱化的人为因素主要包括不合理的灌溉和排水措施。过量灌溉会抬高地下水位，导致土壤发生次生盐渍化。此外，不合理利用土地、耕作粗放、管理不善、过度放牧等都会破坏土壤团粒结构，促进地面蒸发，也可引起盐分向表层积累。

三、盐碱土对农业和生态环境的主要危害

（一）抑制植物生长

生长在盐渍环境中的植物，其根系会接触到土壤溶液中各种可溶性盐离子，当溶液浓度增大，阴、阳离子超过一定含量时，会对植物生长产生各种危害，主要表现在以下四个方面：①引起植物的生理干旱；②盐分离子的毒害作用伤害植物组织；③影响植物正常的营养吸收；④影响植物的气孔关闭。

（二）降低土壤质量

土壤发生盐碱化以后，依盐分离子的种类和浓度及地质地貌的不同，其物理、化学、生物性质会发生很大变化，降低了土壤质量。具体表现为：①微粒比重加大，土壤易于板结；②孔隙度减小，透水透气性变差，易发生地表径流和水土流失；③影响土壤微生物的活动和有机质的转化，使土壤质量下降。

（三）增加养分环境损耗

土壤盐碱化是影响土壤氮、磷养分循环与利用的关键制约因子之一。研究表明，土壤盐分高于 0.3%时，氮矿化、硝化和反硝化过程明显被抑制，氨挥发和 N_2O 排放等气态氮损失明显增加（Li et al., 2020）。另外，盐碱农田土壤硝态氮含量远高于铵态氮，氮素淋溶损失较大。

（四）影响土壤生态功能

盐渍化土壤中，土壤盐分对大多数细菌种群均产生抑制作用，微生物丰度随土壤盐分升高而下降，与物质循环有密切关系的酶和功能微生物，如蛋白酶、脲酶、亚硝酸还原酶（nirK）、N_2O 还原酶（nosZ）、氨氧化细菌（AOB）、氨氧化古菌（AOA）等的活性都会受到抑制。盐渍化对微生物的影响主要有三种途径：①盐对微生物种群的直接毒害作用；②盐渍化改变土壤的物理性质，改变微生物生境，对微生物造成间接影响；③盐分使植被发生毒害，降低有机质的输入，进而对微生物造成间接影响。

四、盐碱土障碍消减与高效利用

土壤水盐运移受区域性气候蒸发力、地形高差、地下水埋深、土壤自身属性和盐源分布的影响，管理措施对水盐迁移有着重要的影响，成为盐碱地治理的首选。目前，盐碱障碍治理利用的措施多种多样，包括各种具有节水减肥、绿色增效特色的水利工程和物理、化学、农艺等多种措施，但其核心主要是通过以下几种途径实现土壤水盐运移过程的调控：①降低土壤温度或减少蒸发，进而抑制盐分上行；②改善土壤结构，促进盐分淋洗，铺设隔离层，阻滞盐分上行；③增加土壤排水，加快土壤排盐。具体治理措施需要针对不同生物气候带和不同盐渍化发生区域的实际情况进行确定。

（一）灌排管理措施

通过灌溉和排水系统淋洗盐分，降低盐碱化土壤含盐量，实现区域水盐平衡，是盐碱障碍消减的重要措施。目前常用的排水措施包括明沟、暗管和竖井三种方式。

（1）明沟排水[图 7-6（a）]。适用于雨量充沛、入渗量大的地区。

（2）暗管排水排盐[图 7-6（b）]。这是一种基于水盐运移规律、植物需水与耐盐度的地下水位调控措施。在地下铺设平行的排盐管网，利用雨水和灌溉水从地下管道上方的土壤中滤出盐分，使地下水位保持在临界深度以下。

（3）竖井排水[图 7-6（c）]。与暗管排水措施类似，竖井排水也是一种针对地下水埋深较浅、渍水严重的地下水位控制方式。该方式通过铺设垂直于地面的排盐管网，定期将管网中滤出的盐分抽出并排出区域，使地下水位保持在临界深度以下。20 世纪 80～90 年代，启动实施的黄淮海平原旱涝碱综合治理重大专项，即利用了以“井灌井排”为核心、水利工程和农业生物措施相结合的盐碱地综合防治技术，为提高黄淮海平原的粮食生产能力做出了重大贡献。

(a) 明沟

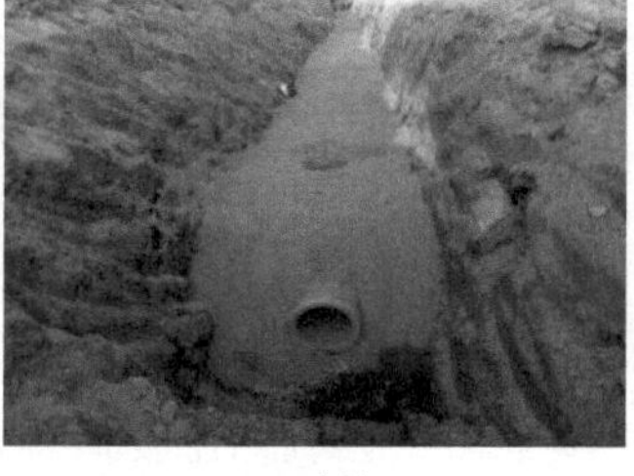
(b) 暗管

(c) 竖井

图 7-6　盐碱农田排水示意图（姚荣江摄）

（二）化学调理

化学调理是以离子代换、酸碱中和、离子平衡为核心，通过添加钙质改良剂、酸性改良剂、有机改良剂和矿物资源改良剂等不同类型改良材料，加速盐碱离子的淋洗，增加盐基代换容量，达到快速治盐改碱目的的土壤改良措施（图 7-7）。化学调理措施虽具有见效快和材料配方灵活多样等优势，但存在效果单一、持续时间短、易发生二次污染等问题。

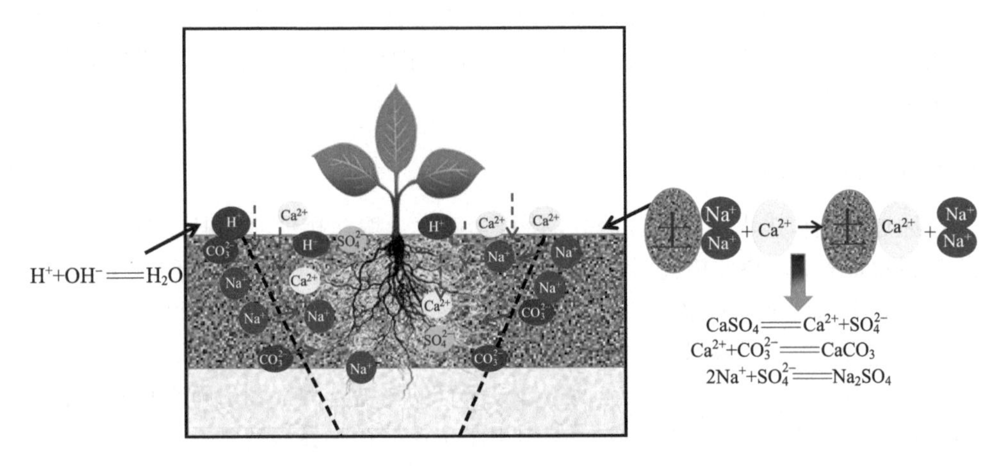

图 7-7　化学改良盐碱地示意图

（三）耕作农艺措施

耕作农艺措施主要通过改变土壤物理结构来调控土壤水盐运动，使土壤蒸发作用受到抑制，同时提高土壤入渗淋盐的效果。当前，盐碱地耕作农艺措施主要包括原土土层整改、客土改良、深耕晒垡（深度在 30 cm 以上）、微区改土等耕作方法，以及秸秆、地膜等地面覆盖农艺措施。机械化深耕、粉垄耕作处理在重度盐碱地改良中发挥着重要作用。应根据土壤质地、结构与透水性等不同状况，选择适宜的农艺改良措施。

（四）生物改良措施

在治理盐碱地的各项措施中，一般认为生物措施是能“治标亦治本”的保护性改良方法，也是当前各种改良措施中最经济环保的方法之一。种植水稻、耐盐植物及牧草、绿肥等是改善盐碱的重要措施，其功能主要表现在植物能增加地表覆盖，减缓地表径流，调节小气候，减少水分蒸发，抑制盐分上升，防止土壤返盐；同时还能增加土壤有机质含量，提升土壤质量。

我国盐碱土的地理分布广泛，盐碱化的原因、过程和特性等也多种多样，导致形成类型繁多的盐碱土。另外，各盐碱土分布地区土地利用情况不尽相同，有的以种植业为主，有的以畜牧业为主，经济发展水平高低有别，对盐碱土利用、改良的经验差异也很大。所以，土壤盐碱化防治必须根据具体情况，因时因地采取相应的综合性防治措施，方能达到预期成效。

第三节　土壤酸化与酸性土壤的利用措施

酸性土壤主要分布在水热条件丰富的热带、亚热带红壤地区，以及温带灰化土地区，在我国乃至全球都广泛存在。酸性土壤由于存在酸害、铝毒和养分缺乏等多种胁迫因子，其生产潜力难以充分发挥。特别是近年来由于全球人口不断增长，高强度利用（如长期过量地施用化肥）加剧了土壤酸化，不仅限制了土壤生产力，而且对生物多样性和生态环境等也造成了负面影响。因此，合理利用和管理酸性土壤对于农业生产和生态环境保护均具有重要意义。本节主要介绍酸性土壤的形成原因、障碍因子，以及酸性土壤合理利用与管理的措施等。

一、酸性土壤的定义与分布

（一）酸性土壤的定义

土壤 pH 是最常用的指示土壤酸碱程度的指标。根据土壤 pH 大小，土壤可分为 pH > 7.5 的碱性土壤，pH 为 6.5～7.5 的中性土壤，以及 pH < 6.5 的酸性土壤，其中 pH 在 5.5～6.5 为微酸性土壤，pH 在 5.0～5.5 为酸性土壤，pH < 5.0 为强酸性土壤。

（二）酸性土壤的面积与分布

在全球范围内，酸性土壤（pH<5.5）的面积约 39.5 亿 hm^2，约占无冰盖陆地总面积的 30%。全世界约 25 亿 hm^2 耕地和潜在可耕地属于酸性土壤，约占耕地和潜在可耕地总面积的 50%。亚洲、欧洲、非洲、美洲、大洋洲都有大量的酸性土壤分布。

我国酸性土壤主要分布于南方高温多雨的红壤地区，遍及 14 个省（自治区、直辖市），面积达 218 万 km^2，约占全国土地总面积的 22.7%（图 7-8）。

二、酸性土壤的成因

土壤酸碱性是由母质、生物、地形、气候及人为作用等多种因子综合作用形成的。母质决定土壤初始的酸度状况，如由酸性母岩（如流纹岩、花岗岩）发育

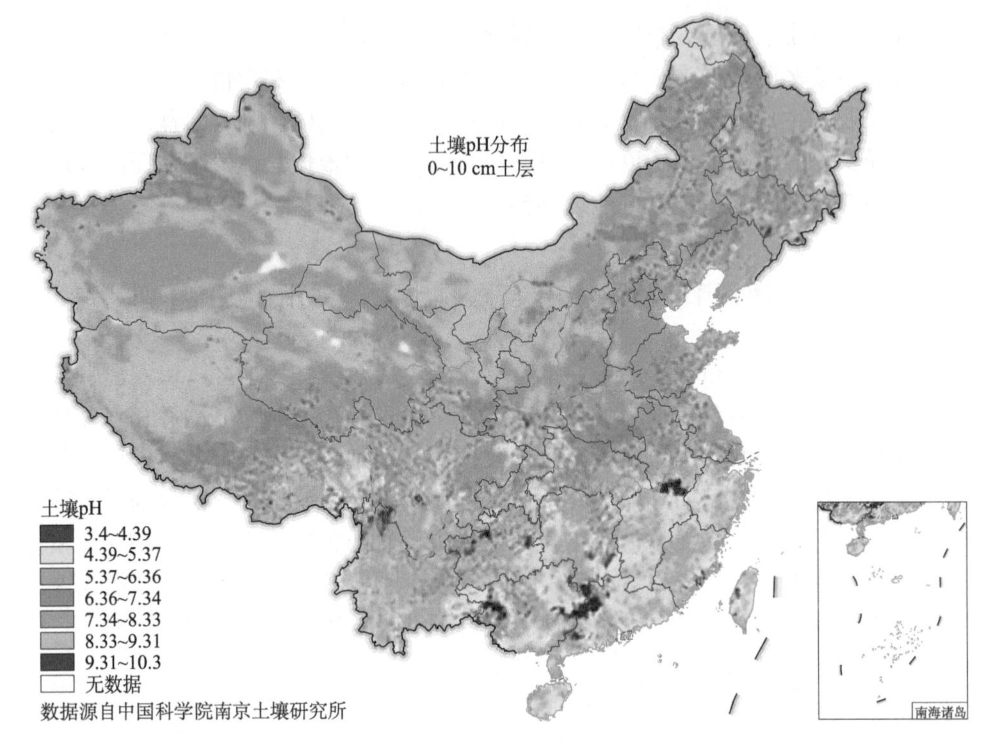

图 7-8　中国土壤酸碱度分布图

的土壤常比由碱性母岩（如石灰岩、大理岩）发育的土壤 pH 低。但是土壤酸化过程会促使酸性土壤面积和酸化程度随时间不断变化。

土壤酸化分为自然酸化过程和人为酸化过程两种类型。自然酸化是伴随土壤发生和发育的一个持续性的自然过程。自然酸化过程诱导的土壤酸化速率十分缓慢，而人为酸化过程加剧了土壤酸化的进程。例如，海南岛由玄武岩发育的土壤在自然雨水淋溶作用下，pH 降低 0.5 个 pH 单位需要 100～200 万年，而种植茶树 10 年左右，土壤 pH 便会降低 1 个 pH 单位（Jiang et al., 2010）。

（一）自然酸化过程

1. 淋溶作用

在降水量大且集中的地区，降水量远超蒸发量，淋溶作用强烈，土壤中的钙、镁等碱性盐基离子大量淋失，随之土壤溶液中的 H^+取代阳离子交换位上的盐基离子，形成交换性氢（图 7-9）。由于土壤交换态的 H^+很不稳定，会很快与土壤矿物晶格中的铝发生反应，不断增加土壤的交换态铝含量，释放出铝离子进入土壤溶液中，水解产生 H^+［$Al^{3+}+3H_2O = Al(OH)_3+3H^+$］，使土壤酸性增强（图 7-9）。

这是酸性土壤在热带、亚热带地区广泛分布的主要原因。气候条件主导了全球土壤酸碱度的主要分布格局。

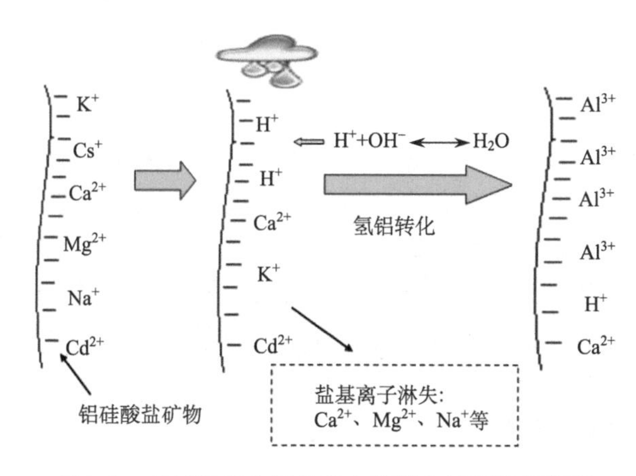

图 7-9　自然淋溶作用导致土壤酸化过程的示意图

2. 植物养分吸收作用

当植物根系从土壤中吸收阳离子（K^+、NH_4^+、Ca^{2+}、Mg^{2+}等）时，为了保持体内电荷平衡，会向土壤溶液中分泌 H^+；而吸收阴离子时，则释放 OH^-。一般情况下，植物根系吸收的阳离子多于阴离子，因此通常有净 H^+释放，导致土壤酸化，而植物本身则呈碱性。

3. 土壤生物的代谢活动

土壤中的根系、微生物和其他生物有机体的代谢活动会产生二氧化碳、可溶性有机酸、酸性有机残余物等弱酸性物质。温带地区分布着大面积的酸性灰化土，主要原因就是低温多雨的气候条件导致植物凋落物不完全降解，产生大量有机酸，有机酸不但酸化土壤，而且促进矿物风化和盐基淋失。

4. 还原态的 N、P 和 S 的氧化

土壤中有机氮、硫和磷矿化形成硝酸根、硫酸根和磷酸根的过程会产生 H^+，对土壤酸化也有贡献。如酸性硫酸盐土，发育于富含还原性硫化物的成土母质，硫化物经氧化后产生硫酸而使土壤强烈酸化。

（二）人为酸化过程

随着工业和农业的高速发展，高强度的人为活动使外源 H^+大量进入土壤，加

快了土壤酸化进程。加速土壤酸化的人为因素主要有酸沉降、化学肥料的过量施用等农业措施、矿山开采和金属冶炼排放的酸性废水等。

1. 酸沉降

大气酸沉降指 pH<5.6 的大气化学物质通过降水、降尘等过程降落到地面的现象。我国是酸沉降较严重的国家之一，酸雨分布地区超过全国陆地面积的 40%（图 7-10）。20 世纪 80～90 年代主要以硫酸型酸雨为主；近年来，随着国家能源结构调整和经济发展，汽车数量快速增加，导致大气 NO_x 含量持续增加，我国酸雨正由硫酸型向硫酸和硝酸混合型转变。目前，酸沉降是造成森林土壤酸化的主要原因。区域尺度的大数据分析表明，20 世纪 80 年代至 21 世纪初全国森林土壤 pH 平均下降了 0.36 个 pH 单位，其中大气沉降贡献了 84%，森林植物生长仅贡献了 16%（Zhu et al., 2016）。

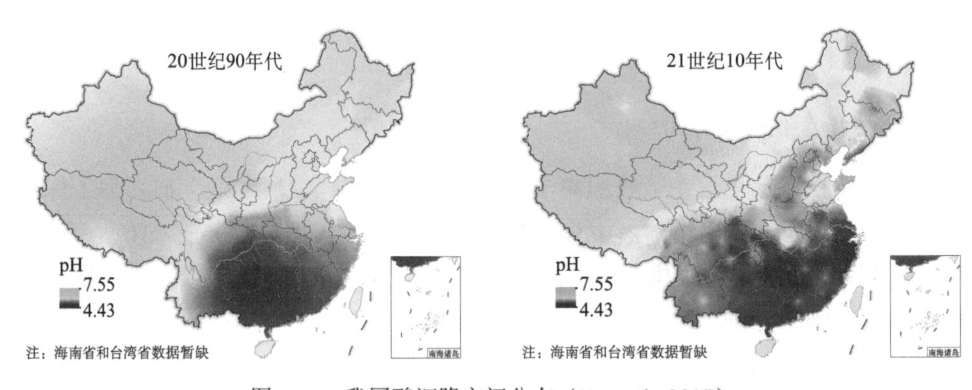

图 7-10　我国酸沉降空间分布（Yu et al., 2017）

2. 农业措施

1）铵态氮肥的过量施用

化学肥料，特别是铵态氮或酰胺态氮肥的过量施用，是加速农田土壤酸化的重要原因，其加速机理主要是硝化和淋溶作用。

从硝化反应的方程式（$NH_4^+ + 2O_2 = NO_3^- + H_2O + 2H^+$）可以看出，1 mol NH_4^+ 发生硝化作用会产生 2 mol H^+，而作物吸收 1 mol NO_3^- 会释放 1 mol OH^-，所以即使 NO_3^- 完全被作物吸收，还有 1 mol H^+贡献于土壤酸化。但是，如果 NO_3^- 通过淋溶作用离开土壤，那么 2 mol H^+则全部贡献于土壤酸化，而且淋溶作用本身也是导致酸化的过程。研究表明，自 20 世纪 80 年代以来，我国农田土壤发生明显酸化，土壤 pH 平均下降了 0.5 个 pH 单位，氮肥的过量施用便是加速农田土壤酸化的主要原因，远高于酸沉降的贡献（Guo et al., 2010）。

2）作物种植

豆科植物种植加速土壤酸化。豆科植物造成土壤酸化的作用机制主要包括两个方面：①豆科植物的生物固氮作用导致其根系从土壤中吸收的无机阳离子明显高于无机阴离子，其根系会向土壤释放大量 H^+；②豆科植物生物固氮作用增加土壤有机氮的含量，而有机氮矿化-硝化作用过程会导致土壤酸化。

茶树种植会导致土壤酸化。导致茶园土壤酸化的原因主要有外部因素和内部机制两个方面。外部因素主要包括酸沉降和氮肥的过量施用；内部机制主要是茶树为典型的喜铵和喜铝植物，可大量吸收铵态氮(NH_4^+)和铝离子（Al^{3+}），导致茶树根系吸收的阳离子总和大于阴离子，根系会释放大量的 H^+，导致土壤酸化。

作物收获带走养分元素会导致土壤酸化。大多数植物从土壤中吸收的无机阳离子通常多于无机阴离子，因此植物体本身呈碱性。如果因收获和砍伐树木移走的碱性物质得不到补充，便会导致土壤酸化。相关研究表明，作物收获对我国农田土壤酸化的贡献高达 34.2%（Zhu et al., 2018）。

3. 酸性废水排放与灌溉

我国南方地区有大量的金属矿，金属矿中的金属多与硫伴生，且硫以还原态的硫化物形态存在。当矿石被开采、暴露于空气中时，硫化物被氧化为硫酸，释放出大量强酸和重金属，导致周边土壤酸化。用酸性矿水污染的水体灌溉农田，会导致土壤严重酸化。以广东大宝山矿区为例，用受酸性矿山废水污染的水灌溉 30 年后，土壤 pH 会降低至 2.2～3.6（李永涛等, 2004）。

三、酸性土壤的主要障碍因子

（一）H^+、Al 和 Mn 对植物的毒害

土壤酸化使土壤溶液中 H^+浓度增加，而强酸化促进了 Al 和 Mn 等毒性元素大量溶解，严重影响植物生长（图 7-11）。土壤溶液中过量的 H^+会影响根膜的渗透性，干扰其他离子在根表面的传输。但与 Al 的毒性相比，H^+的毒性较小，只有在 pH 极低（<4.5）时才会影响植物根系生长（图 7-12）。所以，铝毒是限制酸性土壤植物生长的主要因素，pH 在 5.5 左右时，便会发生明显的铝毒害作用。pH 也是影响酸性土壤中锰活性的决定性因素。易还原锰含量高的酸性土壤，其锰的活性高，常使植物产生锰毒。

图 7-11　红壤酸化严重影响作物（油菜）生长（李九玉摄）

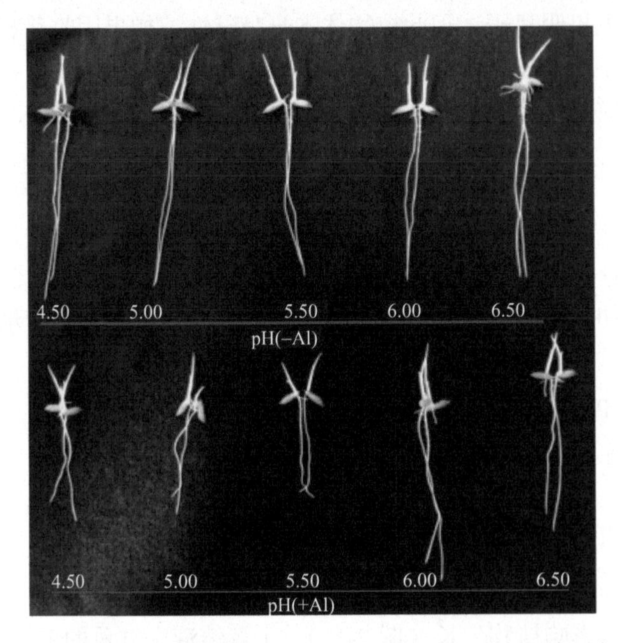

图 7-12　不同 pH 和铝浓度对植物根伸长的影响（中国科学院南京土壤研究所赵学强提供）

上图仅调节培养溶液 pH，下图调节 pH 的同时加入 Al

（二）养分贫瘠

土壤酸化使土壤中 H^+、Al^{3+}浓度迅速增加，它们与 Ca^{2+}、Mg^{2+}、K^+等盐基性养分阳离子竞争交换位，导致这些养分离子不断解离并大量淋失。同时，土壤酸化导致土壤胶体表面带的正电荷数量增加，净负电荷数量减少，对阴离子养分的固定增加，造成阴离子养分的有效性降低。此外，酸性土壤中铁、铝活性高，易与磷元素形成难溶性的铁磷酸盐和铝磷酸盐，甚至形成有效性更低的闭蓄态磷，使土壤中的磷大部分转化为固定态磷，导致土壤严重缺磷。土壤酸化还会影响微生物的活性，从而降低养分元素的活化与转化，引起 N、P、S、K、Ca、Mg、Mo、B 等植物必需营养元素的缺乏。

（三）重金属活化

土壤酸化使土壤中重金属的活动性增强，植物有效性增加。这主要有两方面的原因：①土壤 pH 降低使重金属的溶解度增加；②土壤 pH 降低使土壤对重金属离子的吸附量减小。因此，土壤酸化易造成重金属毒性增加，导致作物减产，而且随着作物可食部分重金属含量的增加，农产品品质下降，并通过食物链累积作用危害动物和人类身体健康。日本发生的“痛痛病”就是土壤酸化导致镉有效性增加，影响粮食安全和人体健康的典型例子。

（四）微生物多样性下降

土壤酸化可引起细胞膜电荷的变化，影响微生物对营养物质吸收和代谢过程中酶的活性，进而影响微生物的生长，导致土壤微生态环境及微生物群落结构失衡。而酸性土壤又是植物病原菌、线虫和寄生蛔虫的天堂，土壤酸化极易造成植物土传病害的发生，最终严重破坏生态环境。

四、酸性土壤的合理利用与管理

酸性土壤主要分布在水热资源丰富的热带、亚热带地区，植物生长潜力大，同时也是人口分布聚集区。因此，有效改良、合理利用、科学管理酸性土壤是实现农业可持续发展和生态环境安全的重要任务。

（一）酸性土壤改良剂

1. 无机改良剂

酸性土壤的无机改良剂主要是石灰类物质，即能够中和土壤酸度的钙、镁化合物，包括生石灰、熟石灰、石灰石粉（包括方解石和白云石）、泥灰、贝壳及一些工业废弃物等。其中，石灰是酸性土壤改良中应用广泛且非常有效的改良剂，但由于石灰溶解度较低，对于下层土壤的改良作用很弱。石膏常用来提高底层土壤的 pH。需要指出的是，石灰和石膏是宝贵的矿产资源，其应用受可供给性和价格等因素的限制，而且施用石灰和石膏会加速土壤 Mg 和 K 的淋失，加剧酸性土壤养分的缺乏和养分的不平衡。一些成分类似石灰和石膏的工业废弃物，如磷石膏、粉煤灰、赤泥、碱渣、脱硫石膏等，也被用来改良酸性土壤，其中氨碱法利用海盐和石灰石为原料制纯碱时的碱渣表现出较好改良效果。

2. 有机改良剂

1）农作物秸秆

我国农作物秸秆资源丰富，处置不当会带来环境问题。利用植物物料研制酸性土壤改良剂，可以把其携带的碱性物质和养分归还土壤，达到既能中和土壤酸度、降低可溶性铝和交换态铝浓度，又能增加土壤有机质和养分含量的效果。植物物料对土壤酸度的改良效果主要决定于其碱性物质和氮含量（图 7-13）。

图 7-13　有机改良剂对酸性土壤的改良效果（李九玉摄）

2）生物质炭

虽然直接将农作物秸秆用作改良剂可以中和土壤酸度，但添加到土壤中的农作物秸秆易分解，且用量大，影响作物出苗、着根，会增加病虫害等。将农作物秸秆经过热解制备成生物质炭，一方面碱性物质得到浓缩，另一方面改良剂的稳定性大大提高。生物质炭改良土壤酸度的效果主要取决于其本身的碱度，其碱性物质主要来源于表面的有机官能团和碳化过程中产生的碳酸盐。

（二）肥料管理

1. 肥料本身的酸碱性

一般认为，化学或生理酸性肥料（指作物吸收养分后使土壤酸度提高的肥料，如过磷酸钙、硫酸铵、氯化铵等）酸化土壤的作用非常明显。肥料的酸化能力顺序为：硫酸铵 > 氯化铵 > 硝酸铵 > 尿素。相反，施用钙镁磷肥、硅钙肥等碱性肥料则可明显地降低土壤酸度。因此，南方红壤区一般推荐将钙镁磷肥作为主要的磷肥。

2. 氮肥形态

硝化作用会释放 H^+，同时植物吸收的氮肥形态影响根系 H^+或 OH^-的释放。一项连续 3 年的田间实验结果表明，施用尿素使根际土壤 pH 降低 0.2 个 pH 单位；但施用硝酸钙则使根际土壤 pH 提高 0.3 个 pH 单位（Conyers et al., 2011）。可以基于硝态氮肥料诱导的根际碱化效应开发酸性土壤的生物改良技术。另外，一些缓控释肥和精准施肥、滴灌水肥一体化技术等通过优化施肥方式、施肥时间和水分管理措施等，可提高肥料的利用率，减少硝态氮的淋失，也是减缓农田土壤酸化的重要途径。

3. 有机肥

施用有机肥是调控土壤酸度的有效农艺措施。一方面，有机肥本身呈碱性，加入土壤中可直接中和土壤酸度；另一方面，施用有机肥可提高土壤有机质含量，其丰富的有机官能团可有效提高土壤的酸缓冲能力和抗酸化能力。有机肥代替化肥措施能够增加有机碳的投入，可在一定程度上降低氮的硝化作用，有效抑制土壤酸度的增加。

第四节　土地荒漠化与治理

荒漠化是指由气候变化和人类活动等诸多因子引起的干旱半干旱地区及亚湿润干旱区的土地退化现象。广义来讲，荒漠化指由于人为和自然因素的综合作用，使得自然环境退化（包括盐渍化、水土流失、土壤沙化、石漠化等）的总过程。狭义来讲，荒漠化即沙化，即在沙质地表条件下，自然脆弱的生态系统平衡被破坏，出现以风沙活动为主要标志，并逐步形成风蚀、风积地貌结构景观的土地退化过程。荒漠化的发生影响生态系统的服务功能，导致区域贫困，人类生存环境和福祉受到影响。

一、土地荒漠化现状

地球上荒漠化现象广泛存在，但主要发生在干旱区域（包括干旱区、半干旱区和亚湿润干旱区）。干旱区域约占全球陆地面积的 41%，其中 10%～20%的土地已经退化。世界 1%～6%的人口生活在荒漠化区域，荒漠化成为干旱区域最重要的环境挑战之一。气候变化导致的水分缺乏加剧，更是增加了荒漠化压力，尤其在撒哈拉沙漠以南的非洲和中亚区域。

我国是世界上土地荒漠化面积最大、危害程度最严重、受影响人口最多的国家之一。我国荒漠化最主要的表现形式是土地沙化（图 7-14）。荒漠化和沙化土地面积分别占国土面积的 27.2%和 17.9%，主要分布在新疆、内蒙古、西藏、甘肃、青海五省（自治区），占全国荒漠化和沙化土地总面积的 93%以上，全国近 4 亿人口受到影响（《中国荒漠化和沙化状况公报》，2015）（图 7-14）。自 2004 年以来，我国荒漠化和沙化状况呈现面积减少、程度减轻的态势。虽然我国当前实现了由“沙进人退”到“绿进沙退”的转变，但荒漠化防治形势依然严峻。

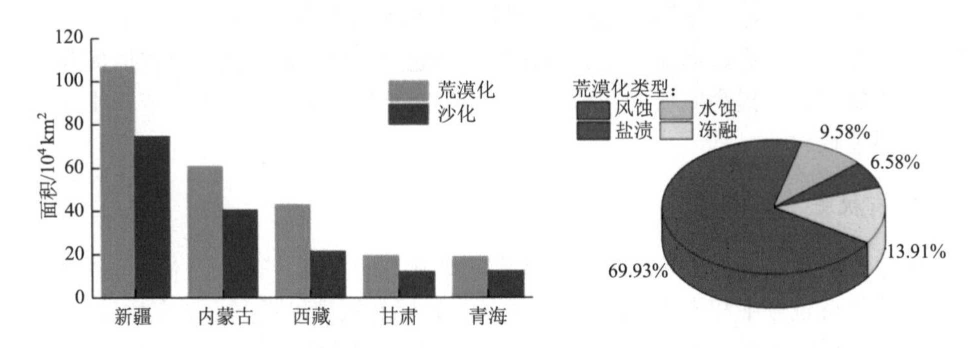

图 7-14　我国荒漠化和沙化面积（左）和主要类型的占比（右）（截止到 2014 年）

二、荒漠化的类型

根据引起土地荒漠化的主导因子，荒漠化可分为风蚀荒漠化、水蚀荒漠化、盐渍荒漠化、冻融荒漠化等类型。我国荒漠化以风蚀荒漠化为主，约占四种主要荒漠类型面积的 70%（图 7-14）。

（一）风蚀荒漠化

风蚀荒漠化是指在风力作用下，以风蚀、粗化地表、沙丘活化或形成新的沙丘等风化活动为主要标志的土地荒漠化类型，又称沙化。风蚀荒漠化主要分布在干旱、半干旱地区（我国主要分布在内蒙古、新疆、青海、甘肃等地），是各类型荒漠化土地中面积最大、分布最广泛的一种荒漠化类型。

（二）水蚀荒漠化

水蚀荒漠化指在年降水分配不均匀、雨季降水集中且时有暴雨出现的地区，由于植被遭到破坏，受降水影响产生强烈的土壤侵蚀而形成的荒漠化类型。水蚀荒漠化呈不连续的局部集中分布，主要分布在半干旱、半湿润地区及具有湿润气候特征的生态环境脆弱区，包括我国西部（四川、贵州、甘肃、新疆等）、东北地区西部及黄土高原等地。

（三）盐渍荒漠化

盐渍荒漠化是指由特定气候、地质及土壤质地等自然因素综合作用，以及人为引水灌溉不当引起的土壤盐化等土壤质量退化过程，属化学作用造成的土地荒漠化类型。在我国主要分布在西部干旱地区，集中连片的分布区有新疆塔里木盆地边缘绿洲及天山北麓山前冲积平原地带、河套平原、银川平原、华北平原和黄河三角洲等。

（四）冻融荒漠化

冻融荒漠化是指在昼夜或季节性温差较大的地区，岩石或土壤由于剧烈的热胀冷缩而造成的结构破坏或质量退化。在我国主要分布于青藏高原的高海拔地区，在甘肃的少数高山区和横断山脉北侧的金沙江及其支流流域上游有零星分布，但面积不大。

三、荒漠化的成因、形成过程和危害

（一）荒漠化的成因

荒漠化的形成是受一系列复合因子影响的，主要包括地理环境因素、气候因素和人为因素等方面。一般来讲，自然地理条件和气候变异形成荒漠化的过程比较缓慢，人类活动则激发和加速了荒漠化的进程，成为荒漠化的主要原因。人为因素和自然因素综合地作用于脆弱的生态环境，造成植被破坏，荒漠化现象开始出现和发展。

1. 人为因素

人口增长对土地的压力是土地荒漠化加剧的直接原因。干旱土地的过度放牧、粗放经营、盲目垦荒、水资源的不合理利用、过度砍伐森林、不合理开矿等是人类活动加速荒漠化扩展的主要表现。另外，不合理灌溉方式也造成了耕地次生盐渍化。如干旱区耕地长期采用滴灌模式，土壤水分蒸发强烈，表层积盐增多，导致土壤盐渍化。

2. 地理环境因素和气候因素

（1）干旱是导致荒漠化最主要的自然因素。干旱、半干旱及亚湿润干旱地区蒸发量远大于降水量，形成干旱脆弱的环境地带，有利于荒漠化发展。

（2）大风是荒漠化发生的动力，特别是大风引发的沙尘暴，会加剧荒漠化过程。

（3）土质疏松是荒漠化发生的物质基础。

（4）植被稀少，植被覆盖率低，地表缺少有效保护。

（二）荒漠化的形成过程

当一个生态系统的恢复力受损，造成荒漠化的因子压力解除时，生态系统功能仍未恢复，土地荒漠化将会产生。以风蚀荒漠化为例，一般包括发生、发展和形成三个阶段。

（1）发生阶段。仅存在发生荒漠化的条件，如气候干燥、地表植被开始被破坏等，即潜在荒漠化。

（2）发展阶段。地面植被已被破坏，出现风蚀、粗化、斑点状流沙和低矮灌丛沙堆。随着风沙活动的加剧，进一步出现流动沙丘或吹扬的灌丛沙堆，包括发展中的荒漠化（荒漠化土地占土地面积 20%以下）和强烈发展的荒漠化（荒漠化土地占土地面积 20%～50%）。

（3）形成阶段。地表广泛分布流动沙丘或吹扬的灌丛沙堆，其面积占土地面积的 50%以上，为严重荒漠化。

（三）荒漠化的危害

（1）荒漠化带来巨大的经济损失。据联合国资料显示，全球因沙漠化每年造成的直接经济损失高达 423 万亿美元，而且目前荒漠化面积还在扩展。

（2）荒漠化会严重影响工农牧业生产和人类生活。荒漠化造成农业生产条件恶化，影响粮食产量，草场退化严重影响畜牧业生产。我国的荒漠化地区也是目前贫困人口最为集中的地区，严重影制约着当地经济的发展。

（3）荒漠化造成生态环境恶化。荒漠化和植被退化加剧了沙尘暴的发生，加剧了土壤侵蚀和地区环境恶化（图 7-15）。

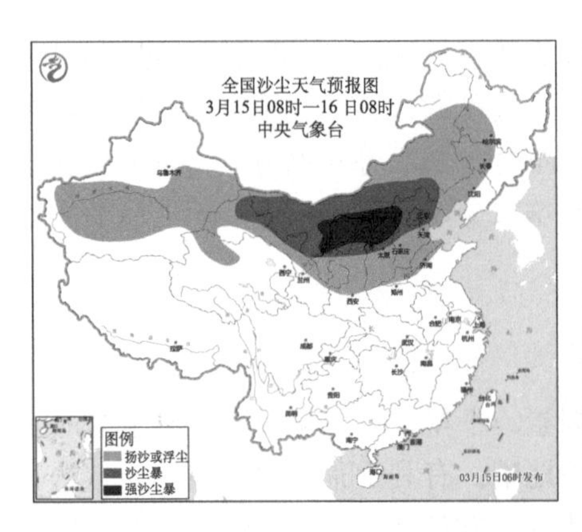

图 7-15　席卷我国北方的沙尘暴天气（左图来自中央气象台网站；右图为周晓兵摄）

四、荒漠化防治的基本原则

荒漠化防治是一项综合性较强的技术，需要遵循生态系统相关理论。

首先是风沙运动理论，风沙运动是造成土地沙漠化、形成沙害的重要原因，对基本动力、起沙风速和运动形式等风沙运动基本规律及其影响因素的了解有助于指导具体的防沙治沙工作。

其次是恢复生态学理论，包括主导生态因子原理、生态适宜性原理、生态位原理、种群密度制约与物种相互作用、生物多样性原理等一系列生态学原理和方法。

最后是可持续发展理论，人地矛盾、社会和经济不和谐是造成荒漠化的重要原因，可持续发展理论要求人和自然生态系统和谐发展，达到资源的永续利用和维持良好的生态环境。

五、荒漠化防治技术体系

针对不同的荒漠化类型，防治技术和原理不同。

（一）风蚀荒漠化防治

风蚀荒漠化防治可采用机械固沙、化学固沙和生物固沙三种主要的形式，也可对不同的形式进行组合，达到更有效的固沙目的。

机械固沙是指采用各种机械工程手段，改变下垫面性质，控制风沙流的方向、速率、结构和蚀积状况，达到防治风沙危害目的的技术体系。通常是用柴草、秸秆、黏土、树枝、板条、卵石等物料在沙面上设置成各种形式的沙障，起到机械阻挡风沙的作用（图 7-16）。

(a) 草方格沙障

(b) 板条沙障

图 7-16　机械固沙（钱广强摄）

化学固沙是指利用化学材料与工艺，在易产生沙害的沙丘或沙质地表建造一层能够防止风力吹扬又具有保持水分和改良沙地性质的固结层，从而加强地表抵抗风蚀的能力，达到控制和改善沙害环境，提高沙地生产力目的的技术措施。但化学固沙通常造价过高，使用有限，多作为辅助固沙措施。

生物固沙则通过种植植物和接种生物土壤结皮等手段，对沙面进行固定（图7-17）。植物一方面可以降低近地层风速，避免风的直接作用；另一方面能够加速土壤形成过程，提高黏结力，或者通过根系连接，削弱风蚀。生物土壤结皮是藻类、地衣和藓类植物等孢子植物类群与土壤形成的复合体，在干旱区广泛分布，被誉为地球的“活皮肤”。

(a) 沙漠植物固沙(钱广强摄)

(b) 荒漠人工林生物土壤结皮(黑色地衣)的发育有助于固沙(周晓兵摄)

图 7-17　生物固沙

（二）水蚀荒漠化防治

水蚀工程防治技术（即水土保持工程）是应用工程的原理，防治山区、丘陵区内林地、草地、耕地的水土流失，保护、改良与合理利用水土资源，以利于充分发挥水土资源的经济、生态和社会效益，建立良好生态环境的一项重要措施。主要包括坡地防治技术（固定斜坡和挖截流沟）、田间防治技术（修筑梯田和坡面蓄水）、固定河床（设置防冲坝、拦沙坝及淤地坝）、稳固河岸（护坡与护基）等。

（三）盐渍荒漠化防治

土壤盐渍荒漠化的形成与气候、地质、地貌、土壤质地和人类活动密切相关，土壤盐渍化既是一种自然现象，也有人为因素影响。防治的主要措施有：①水利工程改良措施，主要包括建立完善的灌溉系统和建立现代化排水系统；②生物改良措施，如在盐渍化土壤上种植防护林和耐盐碱的植物；③农业改良措施，如增加土壤有机质、起槽种植、淤泥防盐、避盐栽培和种植水稻等方法；④化学改良措施，主要是在盐渍化土壤中通过施加石膏、磷酸、矿渣等改良剂，降低土壤中的盐碱含量。

（四）石漠化防治

石漠化是在岩溶山区生态系统脆弱性与人类不合理经济活动相互作用下形成的地表呈现类似于荒漠景观的演变过程或结果，是岩溶生态系统退化到极端的表现形式。石漠化现已成为我国西南岩溶地区社会经济发展的关键制约因素。石漠化防治措施主要包括：①灌木林及人工林地提质与改造模式；②土地集约化利用的立体生态农业发展模式；③自然封育与传统林木种植模式等。

（五）我国荒漠化治理的成功案例

我国的荒漠化防治工作在不断探索中稳步前进，近年来国家一系列重点生态工程大都与荒漠化防治相关，生态状况明显改善（图 7-18）。

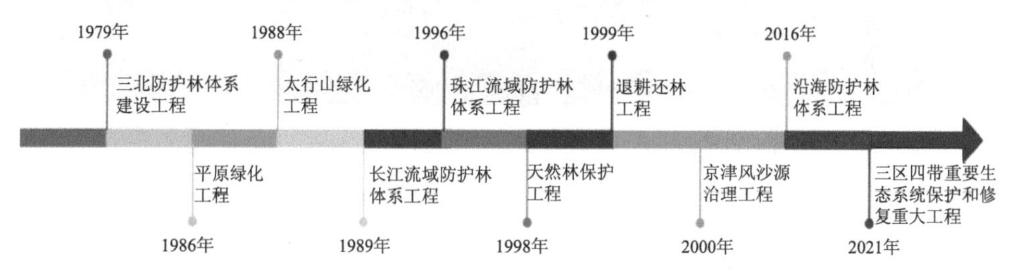

图 7-18　1979～2021 年我国重点生态工程

1. 三北防护林建设等工程成效

1978 年，三北防护林体系建设工程启动，是我国生态建设史上重要的里程碑事件。近年来，又启动了天然林保护、退耕还林还草、京津风沙源治理等投资巨大、影响深远的生态修复工程。通过一系列生态修复工程进行绿地恢复，大地实现了“由黄变绿”，贡献了全球 25%的绿色增加量（Macias-Fauria, 2018）。2000～2015 年，我国土地净恢复面积约占全球的 18%（位列世界第一），对全球土地退化零增长做出了巨大贡献，我国防治荒漠化的方案和成功模式成为国际社会的关注焦点。

2. 我国交通干线风沙危害防治成效

20 世纪 50 年代开始，伴随铁路和公路等交通干线建设，我国在沙漠、沙漠边缘、戈壁等地开展了道路沙害防治工作。例如，包兰铁路通车后，沙坡头段沙害严重，经过长期试验，建成了由高立式栅栏构成的前沿阻沙带、草方格与无灌溉植物结合的固沙带、灌溉条件下的乔灌木林带、砾石平台缓冲输沙带的阻、固、输、导“四带一体”的防沙体系，为交通干线沙害防治积累了宝贵的经验和技术（图 7-19）。20 世纪 90 年代，我国成功修建了纵贯塔克拉玛干沙漠的塔里木沙漠公路，但该路段流沙覆盖率高，沙源充足，风沙危害成为沙漠公路安全运行的主要威胁。针对塔里木沙漠公路沿线淡水资源匮乏、盐分积累、风沙土保水能力差等不利条件，科学家将土壤类型、植物种类、灌溉周期、灌溉方式、灌溉定额进行有机结合，确立了科学灌溉制度，建成了全长 436 km、宽度为 72～78 m 的人工绿色走廊（图 7-19）。

(a) 铁路沿线石方格沙障(钱广强摄)　(b) 塔里木沙漠公路(周晓兵供稿)

图 7-19　交通干线风沙防治

第五节　土壤侵蚀与水土保持

土壤侵蚀指土壤及其母质在水力、风力、冻融、重力等外营力的作用下，被剥蚀、破坏、分离、搬运和沉积的过程。其含义与“水土流失”基本一致。水土保持指对外营力造成的土壤侵蚀所采取的预防和治理措施，以保护水土资源、维持土地生产力，并建立良好生态环境的综合性科学技术。

一、土壤侵蚀类型

因土壤侵蚀研究和防治的侧重点不同，土壤侵蚀类型的划分方法也不同。按土壤侵蚀发生的时间可划分为古代侵蚀和现代侵蚀；按侵蚀发生的速率可划分为加速侵蚀和正常侵蚀；按导致侵蚀的外营力可划分为水力侵蚀、风力侵蚀、重力侵蚀、混合侵蚀等。我国土壤侵蚀类型的划分基本上是以诱发侵蚀的外营力为基础的。

（一）水力侵蚀

水力侵蚀是指在降雨雨滴击溅、地表径流冲刷和下渗水分作用下，土壤、土壤母质及其他地表组成物质被破坏、剥蚀、搬运和沉积的全部过程。常见的水力侵蚀形式包括雨滴击溅侵蚀、层状面蚀、砂砾化面蚀、鳞片状面蚀、细沟状面蚀、沟蚀、山洪侵蚀、库岸波浪侵蚀和海岸波浪侵蚀等（图 7-20）。

图 7-20　水力侵蚀（Amundson et al., 2015）

（二）风力侵蚀

风力侵蚀是指土壤颗粒或沙粒在气流的冲击作用下脱离地表，被搬运和堆积的一系列过程，以及随风运动的沙粒在打击岩石表面过程中，使岩石碎屑剥离出现擦痕和蜂窝的现象。常见的风力侵蚀形式包括风蚀壁龛（石窝）、风蚀蘑菇、风蚀垄槽（雅丹）、风蚀洼地、风蚀城堡、戈壁、沙丘等。

（三）重力侵蚀

重力侵蚀是指在其他外营力特别是水力的共同作用下，以重力为直接原因引起的地表物质移动形式，多发生在山地、丘陵、河谷及陡峻的斜坡地段。根据土石物质破坏的特征和移动方式，一般将重力侵蚀分为陷穴、泻溜、滑坡、崩塌、地爬、崩岗、岩层蠕动等（图 7-21）。

（四）混合侵蚀

混合侵蚀是指在两种或两种以上侵蚀营力作用下发生的侵蚀现象，也称为泥石流。泥石流是指在山区或者其他沟谷深壑、地形险峻的地区，因为暴雨、暴雪或其他自然灾害引发的山体滑坡并携带有大量泥沙及石块的特殊洪流。泥石流具有突然性及流速快、流量大、物质容量大和破坏力强等特点。

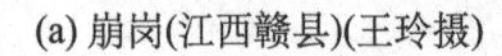

(a) 崩岗(江西赣县)(王玲摄)　　(b) 陷穴(黄土高原)(曾奕摄)

图 7-21　重力侵蚀

（五）冻融侵蚀

冻融侵蚀是土壤及其母质孔隙中或岩石裂缝中的水分冻结时体积膨胀，裂隙随之变大、增多，导致整块土体或岩石发生碎裂，消融后其抗蚀稳定性大为降低，在重力作用下岩土顺坡向下方产生位移的现象，也称为冰劈作用。冻融作用表现形式主要为冰冻风化和融冻泥流。

（六）冰川侵蚀

冰川侵蚀是指由冰川运动对地表土石体造成机械破坏作用的一系列现象。冰川之所以具有巨大的侵蚀力，一方面是冰川冰本身具有巨大的静压力（100 m 厚的冰体对冰床基岩所产生的静压力可达 90 t/m^2），另一方面是冰体在运动过程中其所挟带的岩石碎冰对冰床的磨蚀和掘蚀作用。常见的冰川侵蚀形式包括刨蚀、掘蚀、刮蚀等。

（七）化学侵蚀

土壤中的多种营养物质在下渗水的作用下发生化学变化和溶解损失，导致土壤肥力低下的过程称为化学侵蚀。化学侵蚀通常分为岩溶侵蚀、淋溶侵蚀和土壤盐渍化 3 种。

二、土壤侵蚀的危害及分布

土壤侵蚀会导致土壤退化、土地生产力降低和生态环境破坏，影响粮食安全，制约社会经济发展，是当前人类面临的主要环境问题之一。根据联合国粮食及农业组织的报道，每年全球耕地土壤侵蚀造成的经济损失高达 4000 亿美元。据估算，

2012 年全球土壤侵蚀量为 359 亿 t。全球土壤侵蚀速率空间分布如图 7-22 所示（Borrelli et al., 2017）。

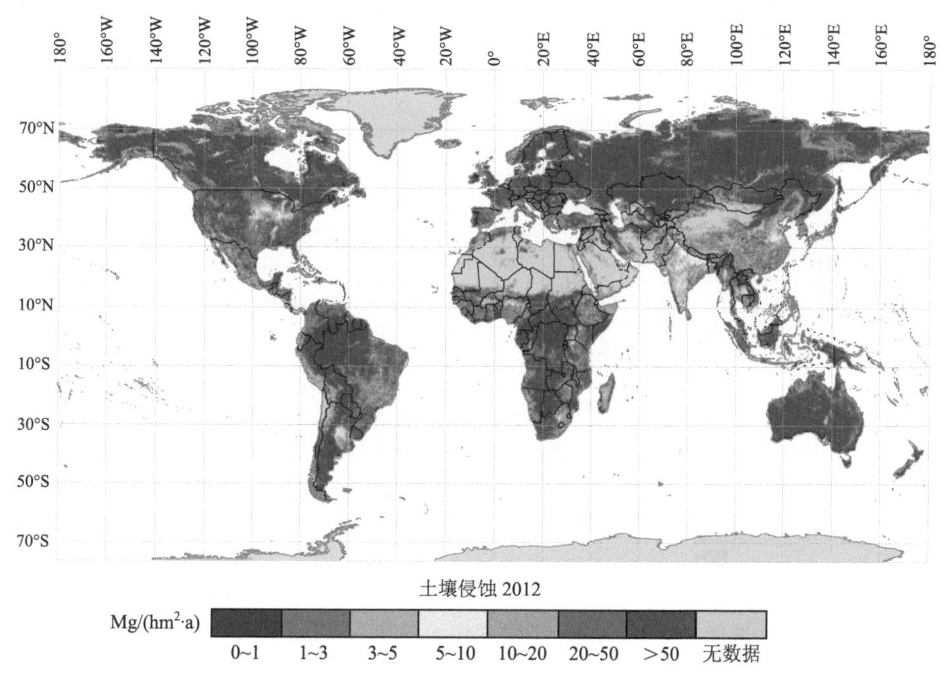

图 7-22　全球土壤侵蚀速率分布图（Borrelli et al., 2017）

我国是世界上土壤侵蚀最严重的国家之一。据水利部 2018 年全国水土流失动态监测数据可知，全国水土流失面积 273.69 万 km^2，占国土面积（不含港澳台）的 28.6%。其中，水力和风力侵蚀面积分别占水土流失总面积的 42%和 58%。水力侵蚀在全国 31 个省（自治区、直辖市）均有分布，风力侵蚀主要分布在“三北”地区。根据我国《土壤侵蚀分类分级标准》（SL 190—2007），土壤侵蚀程度可划分为轻度、中度、强烈、极强烈、剧烈侵蚀 5 个等级（图 7-23），其中轻度侵蚀面积占总侵蚀面积的 61.5%，中度及以上侵蚀面积占总侵蚀面积的 38.5%。西部地区侵蚀最为严重，占全国水土流失总面积的 83.7%。

三、土壤侵蚀的影响因素

土壤侵蚀受自然和人为因素的共同作用。自然因素主要包括降雨、土壤、地形、植被覆盖等。人为因素包括人为活动对侵蚀的促进或抑制作用。

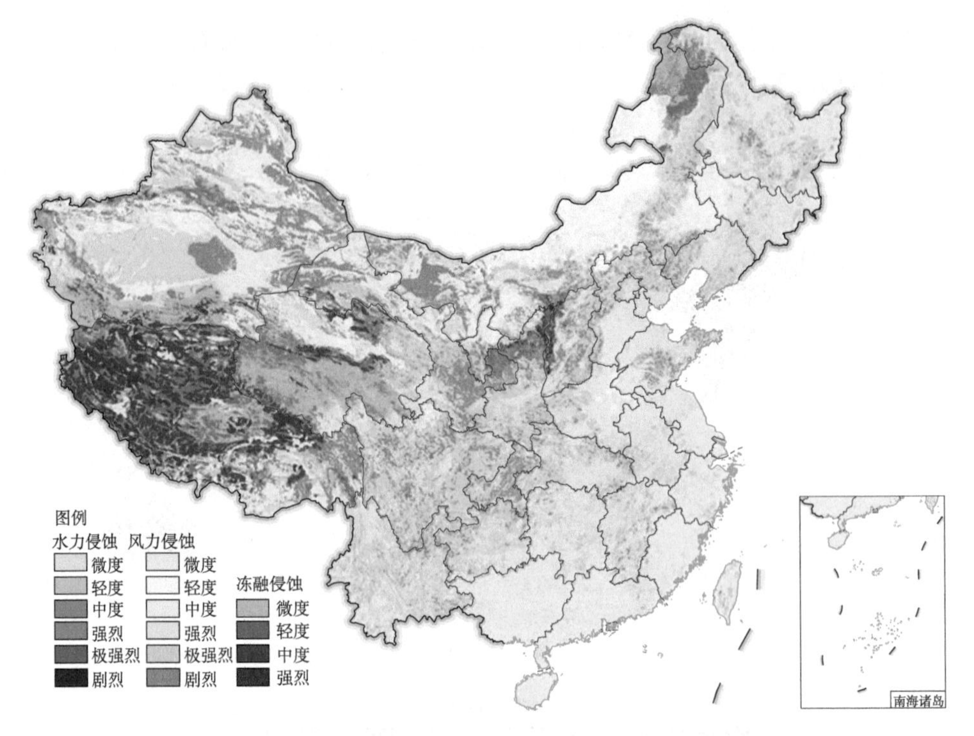

图 7-23　中国土壤侵蚀空间分布图（图片来源于中国科学院资源环境科学与数据中心）

（一）自然因素

1. 降雨

雨滴的侵蚀力是降雨引起土壤侵蚀的潜在能力。雨滴通过直接作用于土壤表面对土壤起到破坏、分离等作用，同时雨滴还会引起地表径流紊动，进而影响侵蚀过程。降雨量、降雨强度、降雨历时，以及雨滴形状、大小、降落速度等均会影响侵蚀作用的大小。

2. 土壤

土壤是侵蚀的对象又是影响径流的因素，因此土壤的各种性质均会对侵蚀产生影响，主要包括质地、结构、孔隙、湿度等。一般来讲，土壤结构越好，总孔隙率越大，其透水性和持水量就越大，土壤侵蚀就越轻。

3. 地形

坡度、坡长、坡形等通过影响坡面径流的汇集和能量的转化进而影响侵蚀过程。坡度越大，水流入渗时间越短，入渗量越小，径流量越大。当坡度一定时，坡长越长，其接受降雨的面积越大，则径流量越大；同时，坡长越长水的重力势能越大，其转化为更强的动能进而增大径流的冲刷力。

4. *植被覆盖*

植被及其枯落物覆盖在土壤表面可以减小雨滴的击溅作用，同时增加地表粗糙度、降低径流流速、延长径流历时等，起到减少径流量、延缓径流过程，进而减小径流能量的作用。植被残体进入土壤后可提高土壤有机质含量，改善土壤结构；植物根系可固持土壤，提高土壤抗蚀性。

（二）人为因素

人类活动通过影响植被覆盖、土地利用方式等间接促进或抑制土壤侵蚀。人口、贫困、城市化、环境政策等多种社会经济因素单独或复合地对土壤侵蚀造成不同程度的影响。与自然因素相比，人为因素对土壤侵蚀的影响更加复杂。

农村人口增长通常会增加对住宅用地和农业用地的需求，从而导致大面积的毁林开荒；同时，农民拾捡枯枝落叶或砍伐树木作为燃料，导致地表裸露，从而加剧土壤侵蚀风险。

贫困通常被认为是导致土壤侵蚀最主要的社会经济因素，一方面是因为贫困地区的人过度依赖自然资源，另一方面是因为贫困地区没有能力负担土壤侵蚀防治措施的布设。相反地，社会经济发展会促使决策者制定环境政策，并增加对土壤侵蚀防治的投入。例如，自 20 世纪 80 年代起，我国政府至少启动了 5 项与土壤侵蚀防治相关的重大生态工程项目，包括退耕还林工程、退牧还草工程、水土流失重点治理工程、风沙防护林建设工程、坡耕地治理工程等，使全国土壤侵蚀面积大幅度减少。

（三）土壤流失方程

土壤流失方程是基于大量的土壤侵蚀试验和定量研究建立的表示坡地土壤流失量与主要影响因子间定量关系的侵蚀数学模型，也称为通用土壤流失方程，主要用于计算在一定耕作方式和经营管理制度下的年平均土壤流失量。其数学表达式为

$$A=R\times K\times L\times S\times C\times P$$

式中，A 为年平均土壤流失量，t/(hm^2·a)；R 为降雨/径流侵蚀力因子[可以用降雨动能（E）和 30 分钟内最大降雨强度（I_{30}）的乘积计算]，MJ·mm/(hm^2·h·a)；K 为土壤可蚀性因子，用标准小区（长 22.13 m，坡度 9%，顺坡耕作且处在休耕状态下的农田）条件下单位降雨侵蚀指标的土壤流失率表示，t·hm^2·h/(hm^2·MJ·mm)；L 为坡长因子；S 为坡度因子；C 为植被覆盖和经营管理因子；P 为水土保持措施

因子。L、S、C、P 都是无量纲因子，分别定义为各自实际条件下的水土流失量与标准小区条件下土壤流失量的比值。

四、水土保持

土壤侵蚀和水土流失是全世界共同面临的问题，大量的水土流失会对经济、社会和生态环境的可持续发展造成十分严重的影响。因此，水土保持工作显得十分必要。水土保持措施主要包括林草措施、工程措施和耕作措施。由于各国所处的自然环境及社会经济状况不同，水土保持各具特点。

美国主要利用＜10°的缓坡地，水土保持措施以少耕、免耕、残茬覆盖等耕作措施为主；梯田、地埂、渠道等水保设施需适用于大型农业机械。欧洲注重生态系统完整性，水土保持以生态恢复为主导，重视植被重建和河道整治，并将生态治理与产业开发（如葡萄及其葡萄酒产业）有机结合。我国人地矛盾尖锐，陡坡地被广泛开垦利用，高强度人类活动导致景观破碎复杂，经过长期的探索与实践，研发了休耕、坡改梯等技术，充分发挥了水土保持的保水保肥、减蚀减沙效益，以实现社会、经济的可持续发展（图 7-24）。

(a) 黄土高原“退耕还林”(曾奕摄)

(b) 黄土高原淤地坝(曾奕摄)

(c) 秸秆覆盖(江西德安)(牛玉华摄)

(d) 梯田(江西赣县)(聂小飞摄)

(e) 梯壁植草(江西宁都)(刘窑军摄)

(f) 草方格(宁夏沙坡头)(谭会娟摄)

图 7-24 水土保持措施

（一）林草措施

林草措施是针对林草遭破坏的水土流失区或土地荒漠化地区，通过封禁、自然恢复或人工造林种草等措施，以增加地面林草覆盖、防止水蚀和改善生态环境为主要目标，并与改善农业生产条件相结合，兼顾林草资源合理开发利用的生态工程。

（二）工程措施

工程措施是应用工程原理，为防治水土流失，保护、改良与合理利用山丘、丘陵区和风沙区水土资源而修筑的各种工程措施。水土保持工程措施一般分为坡面治理工程、沟道治理工程、小型蓄排引水工程和山地灾害治理工程。

（三）耕作措施

耕作措施是指任何能够比传统耕作技术减少水土流失的耕作技术。常见的水土保持耕作措施有等高耕作、水平沟耕作、秸秆覆盖、留茬或残茬覆盖及免耕和少耕。

据统计，1986～2018 年全国土壤侵蚀面积由 367 万 km^2 下降至 274 万 km^2，这与我国开展的大规模生态治理工程密切相关。统计数据表明，已有的水土保持措施每年可保持土壤 15 亿 t，增加蓄水能力 250 多亿 m^2，增加粮食产量 180 亿 kg（刘震, 2009）。水土保持工作的开展使 1.5 亿群众直接受益，解决了 2000 多万山区群众的生计问题。同时，全国水土保持监测网络和信息系统初步建成，包括水利部水土保持监测中心、7 个流域中心站、29 个省级总站和 151 个分站，可实时监测全国、大流域和省区的水土保持动态。我国土壤侵蚀治理成效显著，但整体好转伴随局部恶化的现象仍然存在，土壤侵蚀防治依旧是生态文明建设的重要内容。

第六节　东北黑土退化与保护措施

黑土，顾名思义，因其颜色是黑色而得名（图 7-25）。黑土是大自然给予人类的得天独厚的宝藏，黑土的有机质含量大约是黄土的 10 倍，是一种性状好、肥力高，非常适合植物生长的土壤，因此世界主要黑土区先后被开发成重要的粮食生产基地。全世界共有四大块黑土区：俄罗斯-乌克兰大平原，面积约 190 万 km^2；北美洲密西西比河流域，面积约 120 万 km^2；中国东北平原的黑土区，面积约 109 万 km^2；南美洲阿根廷至乌拉圭的潘帕斯大草原，面积 76 万 km^2。利用和保护好黑土资源对于保障国家粮食安全和区域生态安全至关重要。本节主要介绍我国东北黑土资源的战略地位、黑土的分布、形成条件和演变过程及利用现状与保护措施等内容。

(a) 黑土　　(b) 暗棕壤

图 7-25　典型黑土和暗棕壤剖面（李娜摄）

一、东北黑土地的战略地位

作为世界第三大黑土区的我国东北黑土区被称作“黄金玉米带”和“大豆之乡”（图 7-26），是我国农业生产规模化、现代化程度最高的区域，其粮食产量和调出量分别占全国总量的四分之一和三分之一，在保障粮食安全方面发挥着重要作用。黑土高产丰产，耕性良好，有着“抓把黑土冒油花，插根筷子也发芽”的夸张形容。但近些年来因过度开垦、不合理利用和用养失调，黑土面临着黑土层变薄、肥力下降、土壤质量退化等问题，需采取有效措施保护黑土地这一“耕地中的大熊猫”。

(a) 大豆

(b) 玉米

图 7-26　黑土区主要粮食作物大豆和玉米（李娜摄）

二、东北黑土的分布

依据第二次全国土壤普查 1∶100 万土壤图，将黑土、黑钙土、栗钙土和灰色森林土的集中分布区称为“东北黑土区”，将黑土和黑钙土的集中分布区称为“东北典型黑土区”。东北黑土区在东侧隔黑龙江和乌苏里江与俄罗斯相望，东南邻图们江和鸭绿江与朝鲜为邻，西与蒙古国交界，西南至七老图山—浑善达克沙地—内蒙古高原一线，南抵辽河（图 7-27）；主要分布在呼伦贝尔草原、大小兴安岭、三江平原、松嫩平原和长白山地区，涉及黑龙江省和吉林省全部、辽宁省东北部及内蒙古自治区“东四盟”，共 246 个县（市、旗），总面积为 109 万 km^2，约占全球黑土区总面积的 12%。

三、东北黑土的形成和演变过程

（一）黑土区的气候和植被特点

黑土区属温带半湿润大陆性季风气候，年降水量平均为 500～650 mm，雨热同期，夏季降水较为集中，占全年降水量的一半以上；年平均温度为 0～6.7℃，全年无霜期 135～140 d。冬季漫长，土壤冻结较深且持续时间长。黑土区自然植被是森林草甸或草原化草甸，大部分以杂草类群落为主，种类多，生长繁茂且覆盖度大，有的地方称其为“五花草塘”。每年向土壤输入大量凋落物、根系及其分泌物等有机物质。

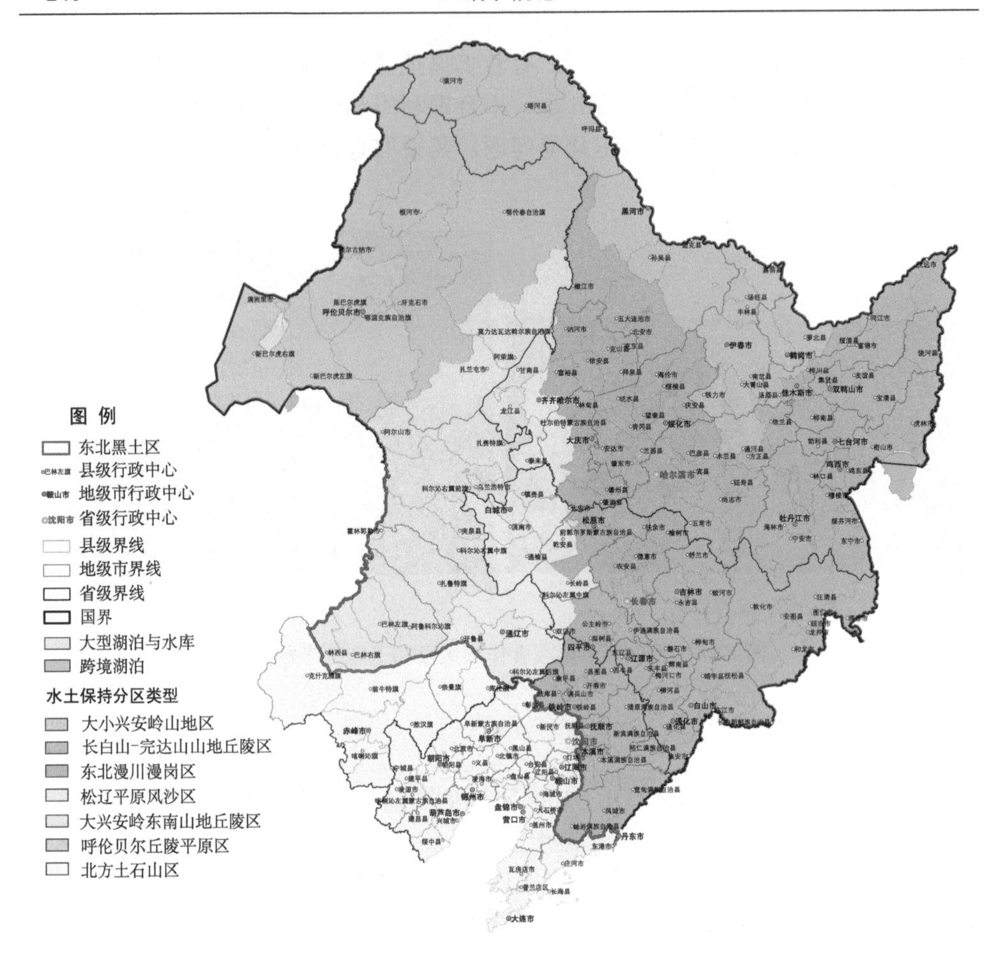

图 7-27　东北黑土分布区和水土保持区划图（宋开山绘制）

（二）东北黑土的成土演变过程

黑土形成过程受母质特性、草甸植被、温带季风气候、漫川漫岗地形的影响，存在着强烈的腐殖质积累和轻度滞水还原淋溶两个主要的过程，成土过程非常缓慢。据估算，形成 1 cm 厚的黑土层大概需要 400 年左右的时间。

黑土的形成首先是腐殖质积累。由于黑土区夏季温暖多雨，草原草甸植被生长繁茂，地上地下部生物积累量都比较大。当秋季气温降低，植物死亡后，植物残体便以有机残体的形式保存下来。寒冷的冬季会抑制微生物分解和利用有机残体，有利于有机质的积累。春天温度上升，表层土壤融化，但较深层的冻层阻碍表层融水的下渗，使水分滞留，有机残体缺氧分解缓慢，有利于腐殖质在土壤中大量积累，从而形成深厚的腐殖质层，这也是黑土为何呈现黑色的主要原因。

其次是淋溶和淀积过程。黑土区的地形大都是波状起伏的漫川漫岗地，由于黑土地区夏季降水多而集中，降水一部分形成地表径流，一部分形成下渗水流，产生淋溶。可溶性盐类和盐基离子受到不同程度的淋失，碳酸盐被淋溶出土体，使土壤 pH 呈中性至微酸性。但由于母质黏重，季节性冻层持续时间较长，土壤透水性较弱，每当冻融和多雨季节，土壤中因水分无法下渗产生上层滞水，使铁锰还原成低价位元素而随水淋失，在淀积层中形成铁锰结核和锈斑。一部分硅酸盐矿物经水解产生非晶质二氧化硅，当土壤水分蒸发时，以无定形白色硅酸粉末状从溶液中析出，聚积于淀积层结构表面。

现有的黑土农田生态系统是在黑土林草自然生态系统上人为干预演替形成的。从 19 世纪初期开始，东北黑土历经了大规模的开垦，大量砍伐森林，开垦草原，尤其是 20 世纪 50 年代后，人口迅速增长带来的压力使大量自然林地和草地被开垦成为农田，改变了原有的自然生态系统，形成了稳定性较低的农田生态系统。

（三）东北黑土的剖面特征

典型的黑土剖面[图 7-25（a）]可划分为腐殖质层、过渡层、淀积层和母质层。腐殖质层多为黑色或暗灰色，黏壤质，厚度一般为 30～70 cm，深厚的可达 1.5 m 左右，浅薄的不足 30 cm，结构性好，多为粒状或团粒状结构，疏松多孔，植物根系丰富。黑土农田生态系统因机械压实作用，在耕作层之下出现较紧实致密的犁底层。过渡层颜色为暗棕灰色，或因腐殖质在此层参差不齐下伸而呈黑黄掺杂的颜色，黏壤质，厚度在 20～50 cm 不等，较黏而紧密，核粒状结构。淀积层颜色为灰棕色或黄棕色，厚度一般为 50～100 cm，黏重紧实，棱块状结构，结构表面有白色二氧化硅粉末，多铁锰结核，在淀积层到母质层还可见到黄色锈斑、胶膜和灰色斑纹。母质层多为黏土、亚黏土，无结构，少数黑土与黑钙土过渡地带的土层下部有碳酸盐反应。

四、东北黑土退化现象

（一）黑土肥力降低

东北黑土开垦较晚，但是垦殖过程很快。南部地区开发约 210 年，北部地区约 60 年，中部开发约 100 年。在开垦过程中，由于粗放式开垦、过度利用加之耕作不合理，黑土退化速度和程度非常大，主要表现为土壤有机质含量降低，视觉上表现为由黑变黄。据统计，海伦市 1981～2011 年的 30 年间表层黑土有机碳含量下降了 4 g/kg，其中厚层、中层和薄层黑土土壤有机碳含量分别以每年平均 0.29 g/kg、0.12 g/kg 和 0.10 g/kg 的速率下降（图 7-28）。表层黑土碱解氮和速效钾的含量平均下降速率分别为每年 2.49 mg/kg 和 3.83 mg/kg（尤孟阳等, 2020）。目前的黑土已进入相对较稳定的利用期，此时期土壤肥力朝着退化、维持和提升这三个演化方向发展，主要取决于不同的土地利用方式和农田管理措施。

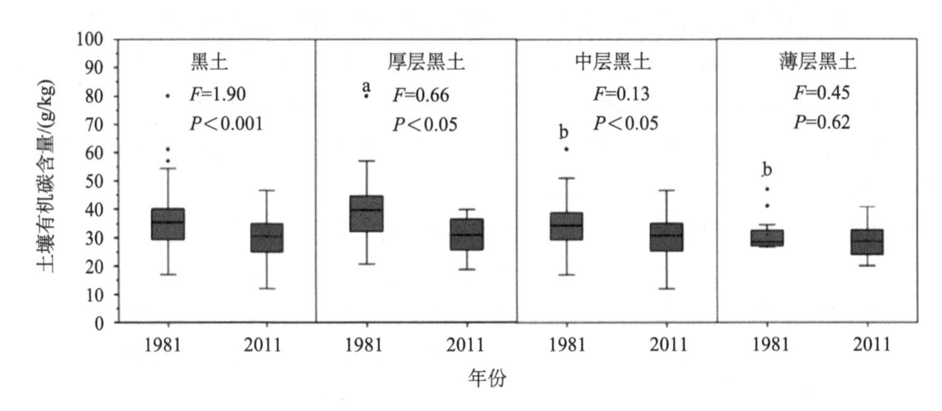

图 7-28　海伦市农田表层黑土有机碳变化特征（尤孟阳等, 2020）

（二）黑土耕层变薄，耕层结构性变差

未开垦前的典型自然黑土的黑土层厚度为 20～40 cm，草甸黑土为 22～48 cm，白浆黑土为 25～50 cm。黑土开垦后，坡面水土流失，加上经历熟化过程，黑土层在一定程度上变薄。自然黑土腐殖质层厚度很少低于 30 cm，而根据全国第二次土壤普查结果，已有接近 40%面积的黑土腐殖质层厚度不足 30 cm，厚层黑土仅仅占 19.4%（《东北黑土区耕地质量主要性状数据集》, 2015）。另外，由于不合理耕作导致土壤压实，耕层土壤容重增加，结构性变差，持水渗水能力下降，导致旱时板结僵硬，涝时朽黏。

（三）黑土水土流失严重

东北黑土区是我国除黄土高原外沟道侵蚀最为严重的区域。由于黑土质地松软，地处温带半湿润大陆性季风气候区，降水集中，同时受地形地貌和特殊的季节性冻融作用影响，极易发生沟道侵蚀。粗放的生产经营活动更是加剧了黑土区的水土流失。典型黑土区地形多为地势较为平坦的波状平原和台地低丘区，坡度缓，但坡长长（一般为 500～2000 m），集雨面积大，导致每当夏秋季节出现暴雨时，地表径流集中，对土壤的冲刷力大，水蚀情况严重（图 7-29）。春季土壤解冻时，冻融作用明显，表层土壤疏松，容易被融雪径流冲刷，促进了侵蚀沟的蔓延与发展。

图 7-29　黑土地土壤侵蚀（左图由李禄军摄，右图引自姜芸等，2020）

据统计，目前典型黑土区水土流失面积约占总面积的 40%（周宝库, 2011）。整个东北黑土区水土流失总面积为 25.88 万 km^2，约占总面积的 25%（国家水利部，2013）。东北黑土区水土流失类型以水蚀为主，面积为 16.48 万 km^2，风蚀面积为 8.81 万 km^2，冻融面积为 7.01 万 km^2。研究表明，现在东北黑土区长度为 100～5000 m 的侵蚀沟共有 29.6 万条，其中 60%以上形成于耕地中（李智广等, 2013）。如果包括长度小于 100 m 的侵蚀沟，全区共有约 60 万条（张兴义等, 2018）。根据第一次全国水利普查结果，东北黑土区土壤侵蚀已经吞噬耕地约 48.3 万 hm^2，如按每公顷坡耕地生产玉米 7500 kg 计算，每年损失粮食 36 亿 kg，已对黑土区的农业生产造成严重影响。

（四）黑土土壤酸化

黑土的酸化现象集中表现在黑龙江省东部和东北部地区的草甸黑土和白浆化黑土地带。引起黑土酸化的原因主要有以下两个方面：

（1）工业废气、废水、废渣的排放，大气酸沉降增加，使黑土酸化速度加快。

（2）过量施用化肥。详见本章第三节。

五、东北黑土资源保护

（一）加强黑土地保护与合理利用，建立可持续利用的长效机制

1. 加强相关基础科学问题研究

该方面包括黑土退化驱动因素、过程解析、退化负面响应、退化形态压力、退化防控对策等。

2. 在核心关键技术上突破瓶颈

高肥力黑土保育、瘠薄黑土培肥、坡耕地黑土治理、障碍土壤改土技术等是目前黑土保护的核心关键技术。同时还需要研发包括有机质提升模式、水土流失治理模式、水肥高效利用模式、节水保肥模式、障碍土壤治理模式等区域发展综合技术模式。

3. 建立黑土质量长期监测体系

对黑土农田土壤质量、农业水资源、肥料高效利用、农业产地环境及微生物多样性等进行长期监测，为黑土资源持续利用提供基础资料。

4. 设立黑土保护利用试验示范区

遵循科学规律，设立黑土保护利用试验示范区，引导农民和当地政府正确处理利用和保护的关系和在利用中保护的原则（图 7-30）。通过水分平衡、水保治

(a) 黑土地水土保持地梗植物(张兴义摄)

(b) 免耕措施(梁爱珍摄)

(c) 传统耕作(梁爱珍摄)

(d) 垄作措施(梁爱珍摄)

图 7-30　黑土保护利用试验示范区

理、作物配置、耕制调整、栽培管理等措施示范推广，使“水、土、气、生”条件得到保护与持续，提高黑土资源的生产能力；通过有机培肥、秸秆还田、碳氮平衡、水热协调、平衡施肥等措施的示范推广，不断促进黑土耕地质量的稳定与提升。

（二）加强黑土地资源保护的宣传力度

黑土资源保护不仅是一个长期过程，更是一个社会系统工程，全社会对黑土保护负有共同责任。应通过各种新闻媒体手段和科普讲座进课堂形式，加强对黑土地资源保护的宣传力度和普及度，提高全民保护意识。

第七节　土壤地力衰退与培育

在农业生产中，作物的产量和品质是判断土壤好坏的重要依据。土壤生产作物的能力，一般称为地力。合理的利用和科学的管理可以在维持或提升土壤地力的前提下实现农业稳产高产。但是长时间、高强度的利用则会引发土壤养分含量枯竭、有机质含量降低、土壤板结，以及水土流失、土壤污染、土壤盐渍化等问题，这些因素的综合作用会导致土壤地力衰退，影响农业的可持续发展，需要采取积极的培育措施提升土壤地力。本节主要介绍土壤地力的相关概念、我国耕地地力现状和土壤地力培育技术。

一、土壤地力与土壤肥力

土壤地力是耕地的基础能力，其含义与土壤生产力相近，是指在土壤性质、气候、地形地貌、成土母质等自然属性和农田基础设施、培肥水平、灌溉管理水平和育种水平等农业技术水平综合作用下土地产出农产品的能力。土壤地力一般用基础地力产量和地力贡献率来表征。基础地力产量是指无养分投入的对照处理作物产量。地力贡献率则指土壤基础地力对作物生产力的贡献程度，通常为对照处理（不施肥）籽粒产量与施肥处理籽粒产量之比。土壤地力是衡量土壤肥力的综合性指标，受当季农田耕作管理水平，如灌溉、作物品种等的影响。同一土壤对不同作物表现出不同的地力水平，而土壤肥力水平不因作物而变化，是一个客观存在。一般而言，土壤地力越高，土壤肥力就越高。但是土壤肥力只是地力的必要条件之一，而不是充分条件。土壤地力不仅仅与土壤肥力有关，还与气候、地形地貌和农业技术水平有关。地力较高的土壤可以保障作物高产和稳产。

土壤肥力是土壤地力的核心内容之一。按照形成特点，土壤肥力包括自然肥力和人工肥力（图 7-31）。自然肥力是在土壤母质、气候、生物、地形等自然因素作用下形成的土壤肥力，它的形成和发展取决于各种自然因素质量、数量及其组合的效应，自然生态系统土壤肥力即属于自然肥力。人工肥力是指在人类生产活动，如耕作、施肥、灌溉、土壤改良等人为因素作用下形成的土壤肥力。由于人工肥力是由人类活动形成的，人们可以利用一切自然和社会条件加速人工肥力的形成，提升土壤的肥力水平，充分发挥有限耕地资源的生产潜能，为人类持续提供粮食、蔬菜等农产品。土壤自然肥力与人工肥力叠加融合并在作物生产上反映出来的部分被称为有效肥力，而没有体现出来的部分被称为潜在肥力。水热状况等外部条件、土壤障碍因子等内部因素和生产技术措施不当等人为因素都是导致土壤肥力不能充分发挥作用的因素。例如，气温较低时，土壤有机质分解缓慢，有效养分供应不足，作物产量低。不合理的耕作、种植、施肥与灌溉等，也会抑制肥力的发挥。因此，潜在肥力可通过合理耕种与施肥、改善排灌条件、调整土壤理化性质等途径逐渐转变成有效肥力。挖掘潜在肥力主要通过两个方面，一是促进土壤固定的矿物质养分的释放，二是加快有机物质在土壤中的转化速度。释放被固定的矿质养分，需要以改良土壤，提升土壤质量为前提。要提高有机物质的转化速度则需要提高土壤微生物的数量和活性，土壤微生物种群越庞大，潜在肥力发挥才越快。

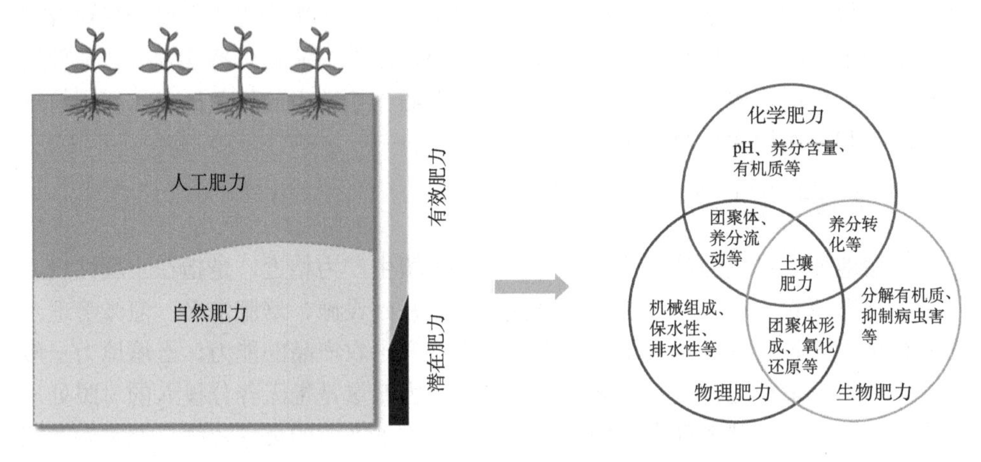

图 7-31　土壤肥力的构成

从土壤性质角度，土壤肥力可以划分为物理肥力、化学肥力和生物肥力，三种肥力相互联系、相互作用，共同构成土壤的肥力特征（图 7-31）。土壤物理肥力是土壤肥力的基础，指土壤固、液、气三相体系中的各种物理性质和过程，包括质地、孔隙、结构、水分、热量、气体状况等，以土壤质地、土壤结构和土壤水分居主导地位。对农业生产而言，主要体现在有效耕层的厚度、整地的难易程度、保水与排水性、抵抗风蚀和水蚀的能力等。土壤化学肥力即土壤的化学性质，包括土壤矿物和有机质的组成、土壤胶体、土壤电荷特性、土壤吸附性能、土壤酸度、土壤缓冲性、土壤氧化还原特性等。除土壤酸度和氧化还原特性对植物生长产生直接影响外，土壤化学性质主要通过对土壤结构和养分状况的干预间接影响植物生长。土壤生物肥力即土壤的生物特性，是土壤植物、动物和微生物活动形成的一种生物化学和生物物理学特征。土壤生物可以消减病虫危害、分解有害物质、转化土壤养分等。

二、优质土壤的特点

土壤质量与土壤性质，特别是土壤质地、有机质含量和土壤结构等密切相关。优质土壤是指土层深厚肥沃、富含有机质、酸碱度近中性、旱能灌和涝能排的壤质土壤，通常有以下具体特点：

（1）土壤结构良好，耕层深厚，硬度适中，适耕性好。

（2）土壤 pH 呈微酸或近中性。

（3）土壤阳离子交换量（CEC）为 10～20 cmol/kg 或者更高。

（4）土壤有机质含量为 20～50 g C/kg，并具有较高的易分解有机质含量。有机质是土壤肥力的核心，是土壤养分的储藏库，深刻影响着土壤的物理、化学和生物学性质。一般地，随着土壤有机质含量的增加，土壤地力呈线性增长，并不断提升环境质量（图 7-32）。但是，当土壤有机质含量过高时，不适当的施用肥料可能会引发土壤养分盈余，降低养分利用效率，对环境产生不利影响。

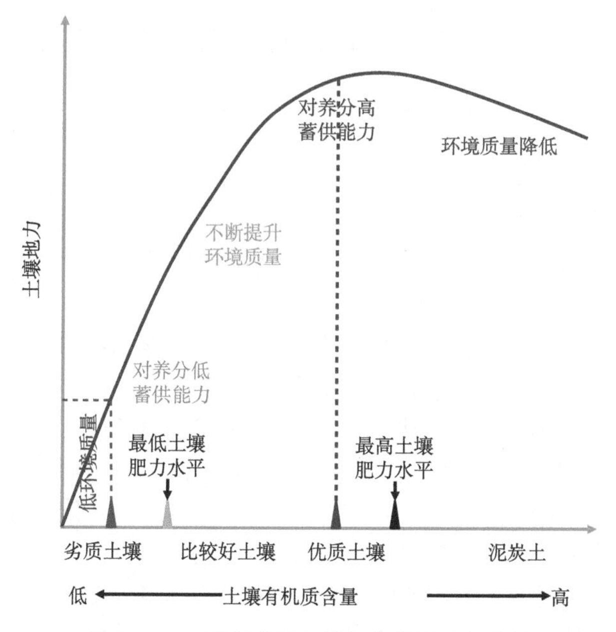

图 7-32　土壤有机质含量与土壤地力的关系

劣质土壤指不适宜利用的土壤；最低土壤肥力水平和最高土壤肥力水平之间为适宜利用土壤

表 7-1 和表 7-2 分别给出了全国第二次土壤普查采用的土壤肥力及土壤容重、酸碱度和阳离子交换量的分级标准。

表 7-1　土壤养分分级标准

等级	有机质含量/(g/kg)	全氮(N)含量/(g/kg)	速效氮(N)含量/(mg/kg)	速效磷(P_2O_5)含量/(mg/kg)	速效钾(K_2O)含量/(mg/kg)
一级	>40	>2.0	>150	>40	>200
二级	30～40	1.5～2.0	120～150	20～40	150～200
三级	20～30	1.0～1.5	90～120	10～20	100～150
四级	10～20	0.75～1.0	60～90	5～10	50～100
五级	6～10	0.5～0.75	30～60	3～5	30～50
六级	<6	<0.5	<30	<3	<30

表 7-2　土壤酸碱度、容重和阳离子交换量分级标准

土壤性质	分级标准					
容重/(g/cm^3)	数值	<1.00	1.00～1.25	1.25～1.35	1.35～1.45	1.45～1.55
	分级	过松	适宜	偏紧	紧实	过紧实
pH	数值	<4.5	4.5～5.5	5.5～6.5	6.5～7.5	>7.5
	分级	强酸	酸性	微酸	中性	碱性
CEC/(cmol/kg)	数值	>20.0	15.4～20.0	10.5～15.4	6.2～10.5	<6.2
	分级	一级	二级	三级	四级	五级

三、我国耕地地力现状

国土资源部（现自然资源部）发布的《全国耕地质量等别调查与评定主要数据成果》显示，在评定的 1.34 亿 hm^2 耕地中，优等地、高等地、中等地、低等地面积分别约占 3%、26%、53%、18%[图 7-33(a)]。农业农村部发布的《2019 年全国耕地质量等级情况公报》也有相似的结果[图 7-33(b)]。总体而言，我国耕地整体质量不高，中低产田面积占耕地总面积的 70%左右。

从耕地质量区域分布来看，《全国耕地质量等别调查与评定主要数据成果》显示，我国东部和中部地区耕地质量等别较高，东北部和西部地区耕地质量等别较低。而《2019 年全国耕地质量等级情况公报》显示，东北、黄淮海和长江中下游地区耕地质量相对较高（图 7-34），出现这种差异的主要原因是耕地质量的评价指标体系及其赋值和权重不同。

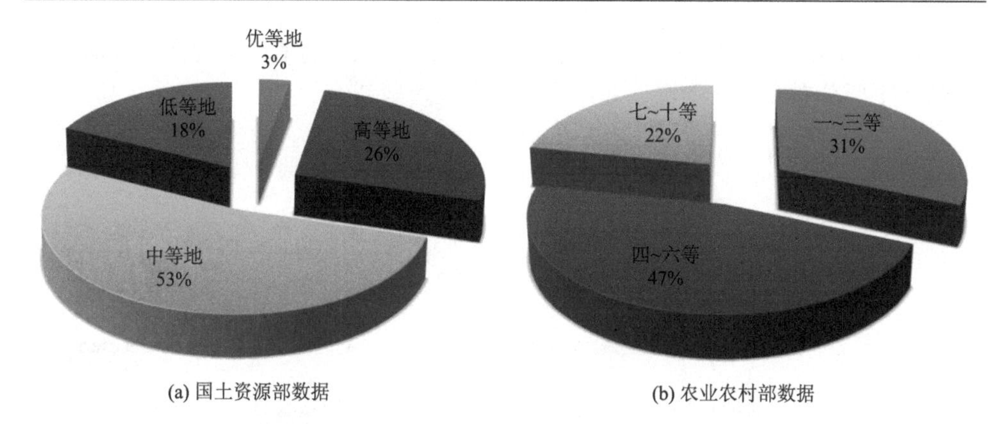

(a) 国土资源部数据　　(b) 农业农村部数据

图 7-33　国土资源部和农业农村部分别发布的全国耕地质量等级相对比例

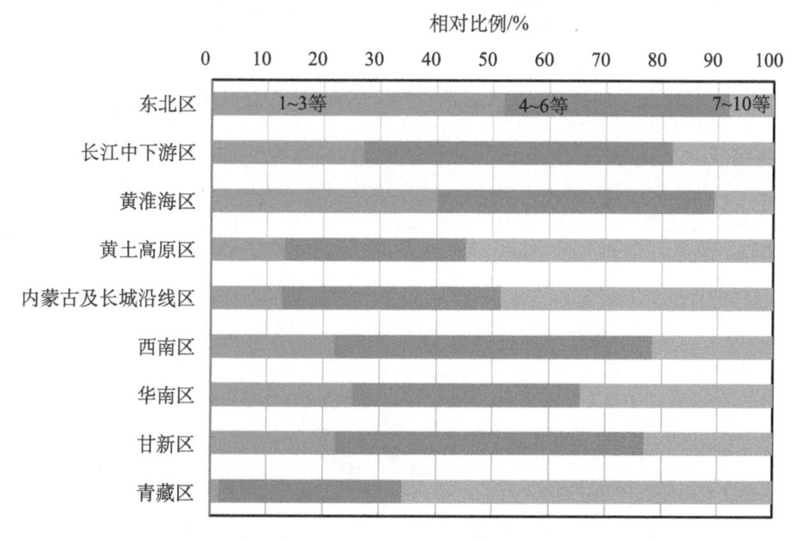

图 7-34　全国主要农业区的耕地质量等级比例

农业区划分见图 5-2

四、土壤地力对作物产量的贡献率及其空间分布

我国土壤基础地力产量和地力对作物产量的贡献率存在较大的空间变异（图 7-35 和图 7-36）。土壤地力对春玉米和夏玉米产量的平均贡献率分别为 51.06%和 32.91%，高值区出现在黄淮海平原和东北春玉米区，低值区分布在华中、华南一带。土壤地力对北方单季稻和南方单季稻产量的平均贡献率分别为 43.43%和 61.93%，对早稻和晚稻的平均贡献率分别是 53.63%和 54.15%；高值区出现在长江流域，尤其是华东、华中和四川盆地地区，低值区分布在东北（单季稻）和西南（双季稻）地区。土壤地力对北方冬小麦和南方冬小麦的平均贡献率分别为

43.06%和 36.65%，对春小麦的平均贡献率为 38.58%，高值区出现在黄淮流域，低值区主要分布在华北平原以北地区和西南丘陵地带。

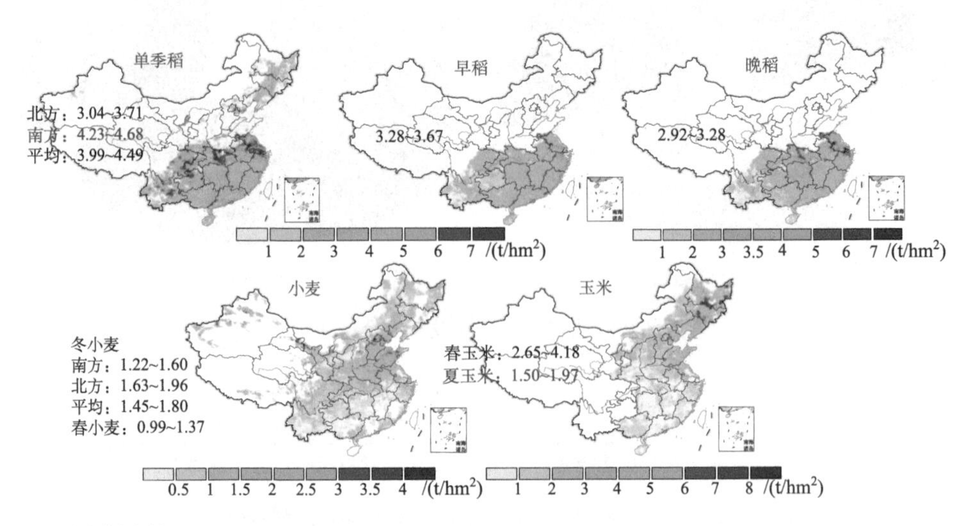

注：台湾省数据暂缺

图 7-35 水稻、小麦和玉米基础地力产量的空间分布（单位：t/hm^2）（汤勇军和黄耀, 2009）

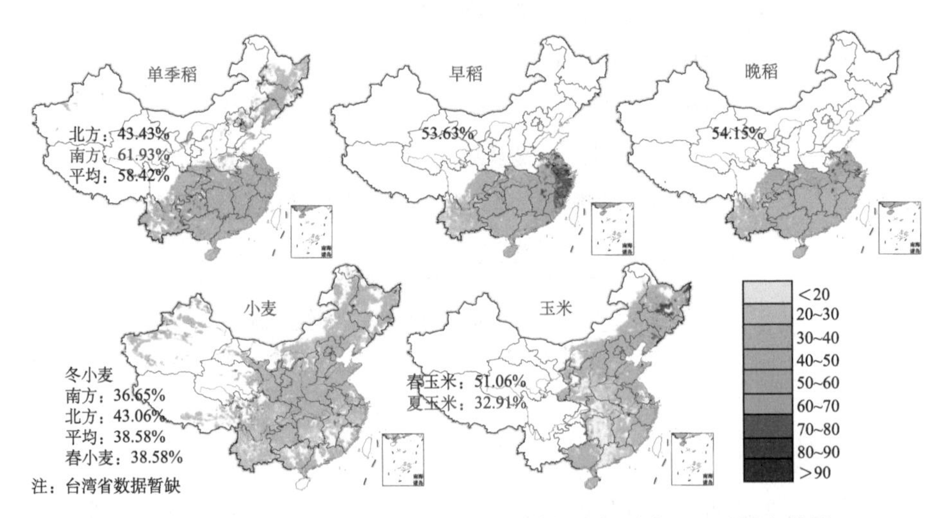

图 7-36 土壤地力对水稻、小麦和玉米产量贡献率的空间分布（汤勇军和黄耀, 2009）

图中色标表示土壤地力对产量的贡献率，单位为%

与欧洲和北美地区土壤地力对作物产量的平均贡献率 70%～80%相比，我国土壤地力对作物产量的贡献率明显偏低，主要是通过加大肥料投入来提高作物产量，但是近年来化肥的增产效应持续下降，亟待培育土壤，提升土壤地力水平。

五、土壤地力培育技术与措施

虽然我国国土面积广阔，但可耕地面积有限，人均不足 0.1 hm^2，远低于世界平均水平（0.32 hm^2）。同时，我国后备耕地资源十分有限，而且现有耕地的近 70% 属中低产田，对我国农业生产和粮食安全十分不利。在当前国情下，通过增加耕地面积来提高粮食生产能力并不现实，只有提高现有耕地的地力水平，才能实现“藏粮于地”，保障粮食安全。土壤地力培育的主要技术与措施如下。

（一）黏土掺沙和客土

对于质地过于黏重的土壤，可以采用掺沙的方式来调控土壤质地，改善土壤结构，降低土壤硬度，提高土壤的适耕性，改善作物的立地条件。

耕作层较浅的丘陵地区及废弃工矿企业、宅基地等复垦土地，可以采用工程措施进行大规模的农田综合整治和重建。通过采购非农建设土地的肥沃土壤，结合有机肥、土壤调理剂等的施用，采用客土方式重构土壤剖面和优质耕作层。但是该工程措施的投入成本比较高。

（二）增施有机肥

有机肥不仅能够直接提高土壤有机质和养分含量，而且可以改善土壤结构，提高土壤保蓄水分养分的能力，增加土壤微生物的数量和活性。

但是有机肥成本比较高，推广使用存在一定难题。自 20 世纪 80 年代以来，随着化肥工业的快速发展和氮肥供应量的持续增加，我国有机肥用量占养分总投入量的比例逐年下降。1949 年我国有机肥投入量占养分总投入量的 99.9%，20 世纪 80 年代末这一比例下降到 47.1%，2003 年则不足 25%。对东北地区的监测结果表明，1988～2006 年有机肥用量从 269 kg/hm^2 下降到接近于零，这可能是导致东北地区过去 30 多年间土壤有机质含量明显降低的原因之一。与我国不同，欧美国家的肥料结构中有机肥占有举足轻重的地位，有机肥料的占比分别高达：美国 46%、英国 57%、德国 60%、澳大利亚 55%、加拿大 60%、日本 76%。

（三）秸秆还田

秸秆还田也是土壤地力培育的重要措施，在改善土壤物理性状，提高有机质含量等方面具有积极的作用。秸秆可以直接还田覆盖于土壤表面，也可以通过翻耕与土壤充分混匀或者行间掩埋、深埋等还田，后者可以极大地促进秸秆的分解。

但是，目前农民普遍对秸秆还田的积极性不高，主要原因是：①作物茬口短，影响下季作物的耕作；②耕翻后土壤易跑熵，影响种子发芽率；③秸秆带入病虫，增加病虫害风险；④提高土壤有机质和作物产量的效果存在不确定性。当前急需研发秸秆田间快速腐解菌剂，建立田间秸秆腐熟调控技术，消减秸秆还田的不利影响。

（四）保护性耕作

保护性耕作的目的是减少耕作对土壤表层的破坏，降低土壤风蚀、水蚀程度，减少旋耕对土壤中蚯蚓等动物的损害，增强土壤的生物活性，利用蚯蚓等改善土壤地力。与传统翻耕相比，免耕会表现出明显的土壤有机质和养分“表聚现象”，这主要是因为免耕条件下土壤不翻动，有机物和养分难以进入下层，从而发生分层现象。适当翻耕，把表层有机质带入深层，能够实现有机质全耕层提升。目前在具体实践中，保护性耕作有诸多问题尚待破解。例如，缺少相应的机具和配套设备、病虫害难以控制、寒区免耕降低土壤温度影响作物出苗等。

（五）深耕深松

目前无论是人工耕作还是小型机械翻耕，普遍存在耕层偏浅的问题（一般为10～12 cm），在耕层（12 cm）以下形成坚硬的板结层，造成土体通气、透水性降低，不蓄水，不保墒，易出现春旱或夏涝，严重制约作物产量的提升。通过深耕深松，打破犁底层，增厚耕作层是土壤地力培育的重要内容之一。深耕（一般深度在 30 cm 以上）是指播种前用机械把田地深层的土壤翻上来，浅层的土壤覆下去，具有翻土、松土、混土、碎土的作用，能够起到：①疏松土壤，加厚耕层，改善土壤的水气热状况；②熟化土壤，改善土壤营养条件，提高土壤有效肥力；③建立良好土壤结构；④消除杂草和病虫害等，从而提高作物产量。

与深耕不同，深松是只疏松土壤而不翻转土层的一种深耕方法，深度可达 30 cm 以上，适用于耕层薄不宜深翻的土地。深松同样可以打破犁底层，降低犁底层土壤的紧实度和容重，提高下层土壤有机质含量和孔隙度，有效改善土壤结构，提高水分的入渗速率，缓解夏季暴雨后土壤的渍害。深松不翻土层，不形成犁沟，后茬作物能充分利用原耕层的养分。

目前在实际工作中，深耕和深松也存在一些问题。例如，因为普遍缺少相应的机具和配套设备，通常使用的机械大多是中小型拖拉机，造成作业深浅不一致，反而导致蓄水保墒效果差；另外，土地深耕深松成本较高，会增加农民支出。如果土地的地块面积普遍较小，大型机械难以进入，则不能进行机械化耕作。

（六）覆盖作物

覆盖作物是指在经济作物季节之间种植的作物，不作为收获物进行种植，主要用于养地。种植覆盖作物尤其是豆科植物可以积累土壤养分，保持土壤水分，减缓表土的风蚀、水蚀，并能抑制杂草生长；而且覆盖作物翻耕进入土壤后可以转化为土壤有机质，提高土壤地力。

覆盖作物也存在一些不利影响，主要是覆盖作物残体大量进入土壤后会影响播种和作物发育，且容易发生病虫害。覆盖作物残体能够激发土壤微生物活性，增加温室气体排放，对生态环境产生负面影响。另外，覆盖作物种子及播种管理费用会增加农民的生产成本。

第八节　湿地退化与保护

湿地是地球上独特的、具有巨大资源潜力和环境调节功能的生态系统。湿地的定义有多种，目前《湿地公约》对湿地的定义是国际公认的，即湿地是指天然或人工、长久或暂时性的沼泽地、泥炭地或水域地带，其带有静止或流动的淡水、半咸水或咸水体，包括低潮时水深不超过 6 m 的海水区。所有季节性或常年积水地段，包括沼泽、泥炭地、湿草甸、湖泊河流及洪泛平原、河口三角洲、滩涂、珊瑚礁、红树林和低潮时水深 6 m 以内的海岸带、水库、池塘、水稻田等均属湿地范畴（图 7-37）。我国湿地领域专家吕宪国将湿地定义为：湿地是分布于陆地系统和水体系统之间的，由陆地系统和水体系统相互作用形成的自然综合体（吕

(a) 藓类沼泽(王宪伟摄)

(b) 草本沼泽(宋艳宇摄)

(c) 沼泽化草甸(宋艳宇摄)

(d) 灌丛沼泽(王宪伟摄)

(e) 森林沼泽(王宪伟摄)

(f) 内陆盐沼(王宪伟摄)

(g) 河流湿地(新疆九曲十八弯)(杨文燕摄)

(h) 稻田(宋艳宇摄)

图 7-37　沼泽湿地景观

宪国, 2008）。湿地具有地表积水或饱和、淹水土壤、厌氧条件和适应湿生环境的动植物等特殊性质，具有既不同于陆地系统，也不同于水体系统的本质特征（吕宪国等, 2002）。本节介绍湿地类型、湿地土壤的特点、湿地的功能及其存在的问题与保护措施。

一、湿地类型

由于湿地定义不统一及缺少公认的分类标准和分类方案，目前湿地分类尚不统一。吕宪国（2008）根据我国的实际情况并参考《拉姆萨尔公约》分类系统，将我国湿地划分为 5 大类（沼泽湿地、湖泊湿地、河流湿地、滨海湿地、人工湿地）、37 种基本类型。

（一）沼泽湿地

（1）藓类沼泽：以藓类植物为主，盖度 100%的泥炭沼泽[图 7-37(a)]。

（2）草本沼泽：以草本植物为主的沼泽，植被盖度≥30%[图 7-37(b)]。

（3）沼泽化草甸：包括分布在平原地区的沼泽化草甸及高山和高原地区具有

高寒性质的沼泽化草甸、冻原池塘、融雪形成的临时水域[图 7-37(c)]。

（4）灌丛沼泽：以灌木为主的沼泽，植被盖度≥30%[图 7-37(d)]。

（5）森林沼泽：有明显主干、高于 6 m、郁闭度≥0.2 的木本植物群落沼泽[图 7-37(e)]。

（6）内陆盐沼：由一年生和多年生盐生植物群落组成，水含盐量达 0.6%以上，植被盖度≥30%。主要分布于我国北方干旱和半干旱地区[图 7-37(f)]。

（7）地热湿地：由温泉水补给的沼泽湿地。

（8）淡水泉或绿洲湿地。

（二）湖泊湿地

（1）永久性淡水湖：常年积水的、海岸带范围以外的淡水湖泊。

（2）季节性淡水湖：季节性或临时性的洪泛平原湖。

（3）永久性咸水湖：常年积水的咸水湖。

（4）季节性咸水湖：季节性或临时性积水的咸水湖。

（三）河流湿地

（1）永久性河流：仅包括河床，同时也包括河流中面积小于 100 hm^2 的水库（塘）[图 7-37(g)]。

（2）季节性或间歇性河流。

（3）洪泛平原湿地：河水泛滥淹没（以多年平均洪水位为准）的河流两岸地势平坦地区，包括河滩、泛滥的河谷、季节性泛滥的草地。

（四）滨海湿地

（1）浅海水域：低潮时水深不超过 6 m 的永久水域，植被盖度<30%，包括海湾、海峡。

（2）潮下水生层：海洋低潮线以下，植被盖度≥30%，包括海草层、海洋草地。

（3）珊瑚礁：由珊瑚聚集生长而成的湿地，包括珊瑚岛及有珊瑚生长的海域。

（4）岩石性海岸：底部基质 75%以上是岩石，盖度<30%的植被覆盖的硬质海岸，包括岩石性沿海岛屿、海岩峭壁。

（5）潮间沙石海滩：潮间植被盖度<30%，底质以沙、砾石为主。

（6）潮间淤泥海滩：植被盖度<30%，底质以淤泥为主。

（7）潮间盐水沼泽：植被盖度≥30%的盐沼。

（8）红树林沼泽：以红树植物群落为主的潮间沼泽。

（9）海岸性咸水湖：海岸带范围内的咸水湖泊。

（10）海岸性淡水湖：海岸带范围内的淡水湖泊。

（11）河口水域：从近口段的潮区界（潮差为零）至口外海滨段的淡水舌锋缘之间的永久性水域。

（12）三角洲湿地：河口区由沙岛、沙洲、沙嘴等发育而成的低冲积平原。

（五）人工湿地

（1）水产池塘：如鱼、虾养殖池塘。

（2）水塘：包括农用池塘、储水池塘，一般面积小于 8 hm^2。

（3）灌溉地：包括灌溉渠系和稻田[图 7-37(h)]。

（4）农用泛洪湿地：季节性泛滥的农用地，包括集约管理或放牧的草地。

（5）盐田：晒盐池、采盐场等。

（6）蓄水区：由水库、拦河坝、堤坝形成的一般面积大于 8 hm^2 的储水区。

（7）采掘区：积水取土坑、采矿地。

（8）废水处理场所：污水场、处理池、氧化池等。

（9）运河、排水渠：输水渠系。

（10）地下输水系统：人工管护的岩溶洞穴水系等。

二、我国湿地分布

我国湿地面积大、类型多、分布广，具有丰富的自然资源和巨大的环境效应。据估算，2015 年我国湿地面积约为 45.1 万 km^2，具有明显的空间异质性（图 7-38）。70.5%的湿地是内陆湿地，其中草本沼泽面积最大，为 15.2 万 km^2。

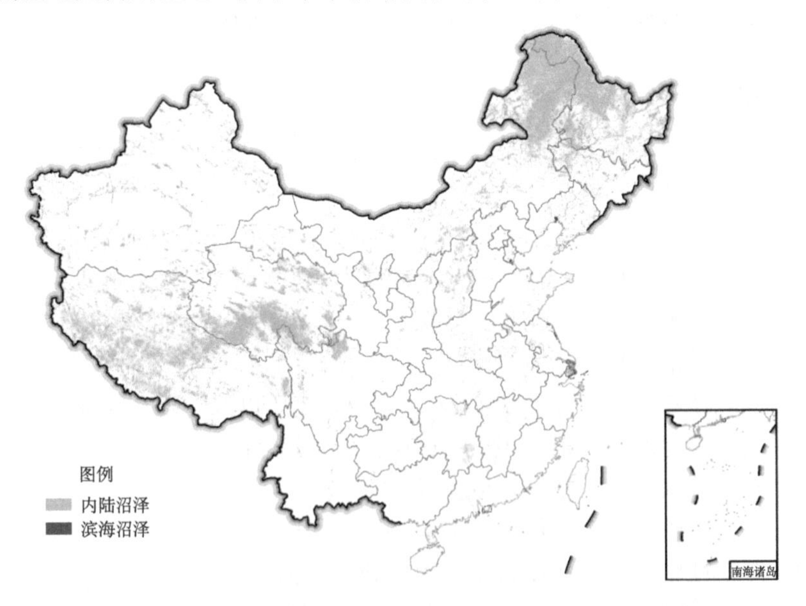

图 7-38　2015 年中国沼泽湿地空间分布图（Mao et al., 2020）

《全国湿地保护工程规划（2002—2030 年）》将我国分为 8 个重要湿地区域，包括东北湿地区、黄河中下游湿地区、长江中下游湿地区、滨海湿地区、东部和南部湿地区、西南湿地区、西北干旱半干旱湿地区和青藏高原湿地区。各湿地区湿地分类面积见表 7-3。

表 7-3　各湿地区湿地分类面积（国家林业局, 2015）　（单位：万 hm^2）

湿地区	湿地总面积	分类面积				
		近海与海岸湿地	河流湿地	湖泊湿地	沼泽湿地	人工湿地
总计	5342.06	579.60	1055.22	859.38	2173.31	674.59
东北湿地区	1021.73	0.03	141.36	78.25	752.04	50.06
黄河中下游湿地区	227.59		117.36	11.04	24.93	74.26
长江中下游湿地区	613.77	10.37	174.81	194.80	15.95	217.85
滨海湿地区	805.61	568.10	38.88	0.16	17.10	181.38
东南和南部湿地区	97.45	1.10	52.31	0.56	0.46	43.03
西南湿地区	157.19		90.27	12.96	3.29	50.67
西北干旱半干旱湿地区	628.91		144.64	81.11	360.89	42.26
青藏高原湿地区	1789.81		295.59	480.50	998.65	15.07

三、湿地土壤的特点

湿地土壤是指在湿地生态系统中水分处于饱和或经常饱和状态、生长水生或喜湿性植物条件下形成的土壤，具有以下特点。

（1）湿地土壤形成过程的突出特点是上层土壤中植物残体在还原环境下分解缓慢，逐渐积累为腐殖质层或泥炭层，下层土壤潜育化过程强烈，形成灰蓝色潜育层。

（2）湿地土壤剖面最显著的特征是具有明显的草根层（为活的根系盘结所组成）和深厚的腐殖质层（泥炭层）。草根层和腐殖质层孔隙度高，渗透系数较大，饱和持水量极大，使湿地土壤具有特殊的水文物理性质，即吸水力强、持水量大、湿润时热容量大。

（3）有机质含量丰富，氮磷钾等营养物质丰富，能够为生命活动提供充足的碳源、能源和养分。

（4）土壤生物极其丰富。土壤生物是湿地生态系统物质循环和能量流动的关键环节，也是湿地生态系统功能和演化的重要驱动因子。

湿地土壤的这些特点使湿地成为自然界最富生物多样性的生态景观和人类最重要的生存环境之一，其与人类的生存、繁衍、发展息息相关。湿地不仅为人类的生产、生活提供了多种资源，而且具有巨大的环境功能和效益，在抵御洪水、调节径流、蓄洪防旱、控制污染、调节气候、控制土壤侵蚀、促淤造陆、美化环境等方面具有其他系统不可替代的作用，因此，湿地被誉为“地球之肾”。

四、湿地的功能与作用

（一）生态功能

1. 水文调节功能

湿地是非常重要的蓄水库，在调蓄径流洪水、补充地下水和维持区域水平衡等方面的作用显著（图 7-39）。在雨水季节，来自降水、地表径流或地下水源的充足水分，渗入湿地地下潜水层储存起来；在泛洪季节，湿地通过对洪水的储存、分洪、行洪和泄洪过程达到了对洪水的控制作用；在干旱季节，湿地水分重新释放，补充地下水，增加河流流量，调节地表径流，维持区域水循环平衡。

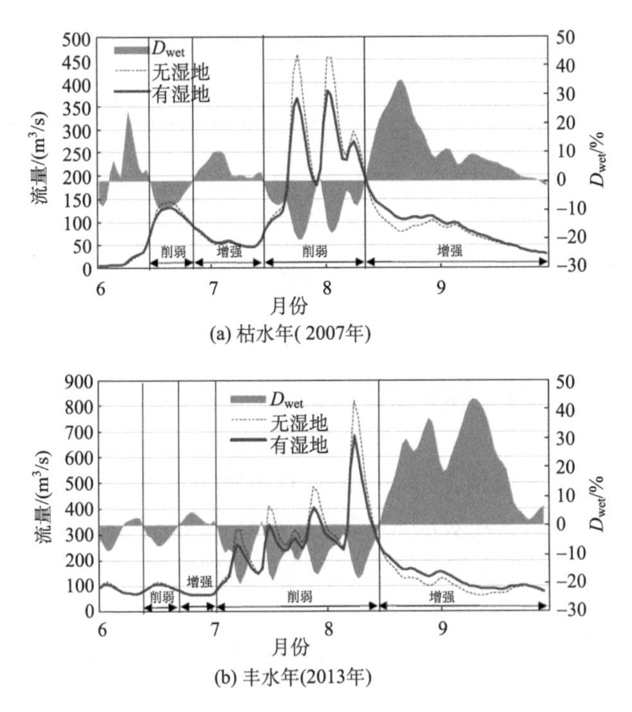

图 7-39　枯水年和丰水年多布库尔河流域湿地对径流的增强和削弱作用（吴燕锋等, 2020）

D_{wet}为湿地对径流的影响程度指数；D_{wet}为负值表明湿地对径流的削弱作用，反之则为对径流的维持或增强作用；D_{wet}的绝对值越大，表明其对径流的影响程度越明显

2. 净化与过滤功能

人类工农业生产和生活污水流经湿地时，由于大量沼生、水生植物的阻拦，水流速度缓慢，有利于沉积物沉降。在湿地动植物、微生物的作用下，大量有机质、营养盐和重金属等通过重力沉降以及植物和土壤的物理过滤、生物吸收和化学合成与分解等方式，被储存、沉积、分解或转化，最终使污染物浓度降低或消失，甚至转化为无毒无害的有益物质，保护生态环境。

3. 防风暴及保护海岸线功能

湿地植物根系发达，通过对基地的稳固作用，减缓了海浪和水流的冲击速度，从而有效地滞留陆地来沙，减少近岸海域的含沙量，起到保持水土、抵御海浪和风暴冲击及防止海岸侵蚀和降低海堤造价的作用。

4. 调节气候功能

湿地表面的水汽蒸发、热量交换及植被的蒸腾作用等都会直接或间接地影响区域气候环境。植物的蒸腾作用可以把一部分水分蒸发到大气中，参加大气水循环过程，提高大气湿度，再以降雨的形式返回到周围环境中，起到湿润环境和调控温度的作用，促使当地气候趋于稳定。

5. 野生动植物资源及其栖息地

湿地植物资源分布广泛、种类繁多、生物量大、产量高，是湿地生态系统中生物多样性的重要组成部分。根据第二次全国湿地资源调查统计结果，我国湿地调查区域的高等植物有4220种，其中湿地植物2315种，约占55%（国家林业局，2015）。

湿地为水鸟、鱼类、两栖动物及其他动物的生存提供了食物与生存环境，其中不乏珍稀、濒危物种（图 7-40）。根据中国湿地资源调查统计结果，全国共记录到湿地无脊椎动物1703种，脊椎动物2312种（国家林业局，2015）。湿地也可称为“生物超市”，它具有高度的生物多样性。

6. 土壤资源

湿地土壤是湿地生态系统的重要组成部分。在湿地特殊的水文条件和植被条件下，湿地土壤有着自身独特的形成和发育过程，表现出不同于一般陆地土壤的特殊的理化性质和生态功能。其具有有机质含量高、矿质养分丰富、还原性能强的特点，且具有维持生物多样性、分配和调节地表水分、分解固定和降解污染物、保存历史文化遗迹等功能。这些性质和功能对于湿地生态系统平衡的维持和演替具有重要作用。

图 7-40　湿地中的珍稀鸟类（赵志春摄）

7. 碳库与全球变化

湿地是巨大的碳库，在全球碳循环中起着重要作用。湿地作为二氧化碳的“汇”，对全球变化有重要影响。另外，气候变化将通过海平面上升、水循环变化、温度变化、土地利用变化及水消费模式等影响湿地的水文、面积、物质循环等。

（二）经济功能

1. 提供水源

湿地是工农业生产用水和城市生活用水的主要来源。众多的沼泽、溪流、河流、池塘、湖泊和水库在储水、输水和供水方面发挥了巨大作用。其他湿地，如泥炭沼泽森林也可以成为浅水水井的水源。

2. 物质生产

湿地具有强大的物质生产功能，它可以提供丰富的动植物资源、水资源和矿物资源，包括鱼虾蟹、木材、药材、动物皮革、肉蛋、牧草、水果、芦苇等；还可以提供水电、泥炭薪柴、矿砂和盐类等资源。

3. 提供能源和水运的作用

湿地通过航运、电能为人类文明和进步做出了巨大贡献。我国约有 10 万 km 内河航道，内陆水运承担了大约 30%的货运量。

（三）社会功能

1. 休闲旅游

湿地是自然景观的重要组成部分，具有自然观光、旅游、娱乐等美学方面的功能，蕴涵着丰富秀丽的自然风光。我国许多旅游胜地都分布在湿地地区，给当地带来巨大的人文财富和旅游收入。

2. 教育和科研价值

复杂的湿地生态系统、丰富的动植物群落、珍贵的濒危物种等，在自然科学教育和研究中都具有十分重要的作用。有些湿地还保留了具有宝贵历史价值的文化遗址，是历史文化研究的重要场所。

五、我国湿地资源面临的问题

（一）湿地面积急剧减少

湿地水源丰富，土壤自然肥力水平较高，所处地形部位低平，具有开发利用的多宜性，因而成为人们长期以来优先开发利用的对象。大规模的开发利用已经导致我国湿地面积急剧减少。以黑龙江流域为例，1980～2010 年流域内共损失了 22%的湿地面积（Mao et al., 2020）（图 7-41）。大规模的垦殖更是导致三江平原湿地面积的锐减，与 1949 年相比，82.6%的沼泽湿地已经消失。

（二）生物多样性下降

湿地利用和退化破坏（改变）了原有的动植物生存环境，导致典型湿地植被锐减，珍稀生物失去生存空间而濒危或灭绝，生物多样性受到严重威胁。如白鳍豚、中华鲟、达氏鲟、白鲟、江豚已成为濒危物种，长江鲟鱼、鲥鱼、银鱼等经济鱼种种群数量也变得十分稀少；过度猎捕、捡拾鸟蛋等导致湿地水禽种群数量大幅度下降，严重破坏了水禽资源。

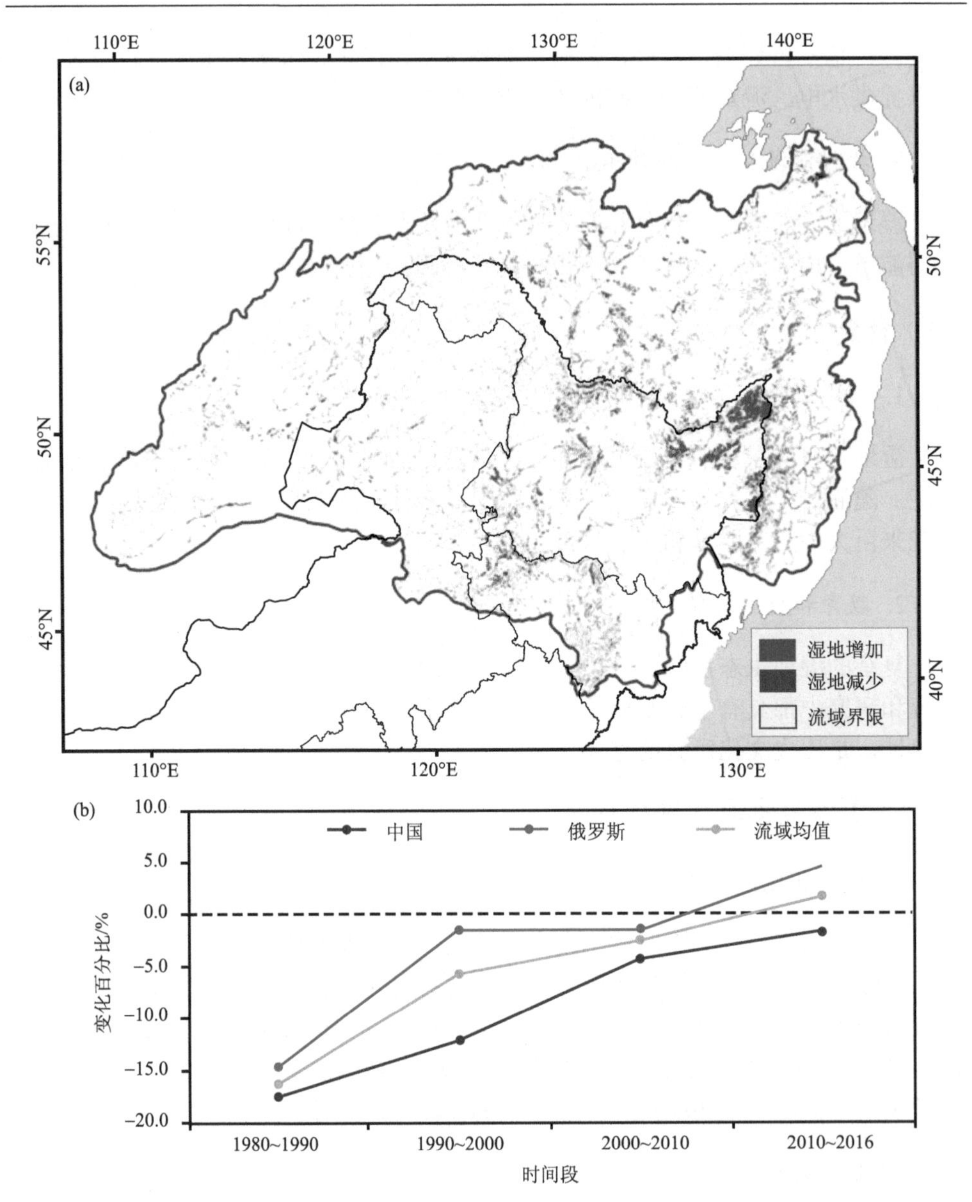

图 7-41　黑龙江流域湿地变化（Mao et al., 2020）

（a）1980～2016 年湿地面积变化；（b）不同阶段湿地面积变化

（三）水文调节能力下降

湿地大面积丧失严重打破了流域水文水资源平衡机制。目前，流域水调节失衡问题的根源主要是湿地大量被开垦或因人类活动干扰而严重退化，水空间急剧减少，很难对雨洪径流进行有效的调控。

（四）湿地污染加剧

湿地污染是湿地退化的重要标志，也是湿地面临的最严重威胁之一。湿地污染使水质恶化，也对湿地的生物多样性造成严重危害。目前，许多天然湿地已成为工农业废水、生活污水的承泄区，许多大型淡水湖泊和城市湖泊均为中度污染。

（五）水资源过度利用

过度和不合理的用水现象已使湿地供水能力受到严重的影响。如西北、华北一部分地区的湿地水位受到严重威胁，湿地水质碱化，湖泊萎缩，许多湿地因此被破坏或消失。

六、湿地资源保护

（一）湿地合理利用

合理利用是对湿地的最佳保护。湿地的合理利用应使人们可以从中获取持久的最大限度的利益，同时又能保持其满足未来千百代人的需要。防止对湿地植被的过度扰动，防止污染发生，保护湿地资源，为野生动物提供良好的栖息条件，充分发挥湿地的环境功能和动植物资源潜力是合理利用湿地的重要组成部分。

（二）加强湿地公园和湿地保护区建设

湿地公园是兼具湿地保护与旅游文化功能等价值的生态型公园。近年来，随着生态文明建设的推进与公民湿地保护意识的增强，我国湿地公园数量逐年增多。建立湿地自然保护区也可以对湿地进行合理规划和有效保护。

（三）退化湿地恢复

通过生态技术或生态工程对退化或消失的湿地进行修复或重建是湿地资源保护的重要措施。需要针对不同类型的退化湿地生态系统，开展湿地生态系统恢复关键技术、湿地生态系统结构与功能的优化配置与重构及其调控技术、物种与生物多样性的恢复与维持技术、湿地污染生态修复技术等研究，选取各种类型退化湿地的典型代表，进行生态恢复示范，为湿地修复或重建提供技术支撑。

（四）加强湿地资源保护的宣传力度

利用电视、报纸及微信公众号等现代信息化网络平台或者线下科普活动等，加强对湿地资源保护的宣传，提高全民保护湿地资源的意识，形成良好的社会氛围，促进湿地资源保护工作更加顺利地进行。

第九节　设施农业土壤质量退化特征与修复技术

一、设施农业的概念与内涵

设施农业是指借助一定的硬件工程设施，通过对生物生长的全部或部分阶段所需的环境条件（温、光、水、气、营养等）进行调节、控制乃至创造，使其尽可能满足生长需要，满足社会对农产品质与量的需求而进行的技术密集型农业生产。

目前设施农业生产可分为两大类：①设施种植业，如温室栽培、塑料大棚栽培、无土栽培等（图 7-42）；②设施养殖业，如畜禽舍、养殖场及草场建设等。其中，设施种植业是我国设施农业的支柱产业，亟待解决的问题最多，为本节主要介绍的内容。

(a) 塑料大棚　　(b) 日光温室

图 7-42　塑料大棚与日光温室（黄新琦摄）

二、设施种植业的意义

1. 保障了蔬菜周年供应

设施种植使作物能够在人工保护条件下进行生产，在一定程度上摆脱了大自然的束缚，克服了农产品生产的季节性，为蔬菜周年均衡供应提供了重要保障。

2. 促进了农民增收

设施农业是一个高投入、高技术集成、高产出的产业，单位面积产值远高于大田作物，在农民持续增收方面发挥了重要作用。

3. 带动了城乡劳动力就业

设施农业是劳动密集型产业，会带动农资、建材、温室制造和商业物流等相关产业发展，能够创造大量的就业岗位。

4. 提高了资源利用效率

设施种植有利于实现农业生产从“资源依存性”转向“科技依存性”，可以缓解甚至解决生物与其生长环境、人与自然资源及社会需求与供给等方面可能存在的矛盾，提高资源利用效率。

三、我国设施种植业现状

自 20 世纪 70 年代中期引进设施栽培技术以来，设施蔬菜种植在我国发展十分迅速（图 7-43）。2008 年我国设施栽培面积已达 267 万 hm^2，占全世界设施栽培总面积的 90%以上，截止到 2019 年已超过 400 万 hm^2。设施农业的发展不仅极大地满足了人民生活水平提高的需要，而且成为改造传统农业走向现代农业，增加农民收入的重要手段。然而，由于设施大棚生产具有种植密度大、复种指数高和大量施用化肥、农药等管理特点及高温高湿的环境特点，在发展过程中产生了大量的问题，特别是土壤退化问题。

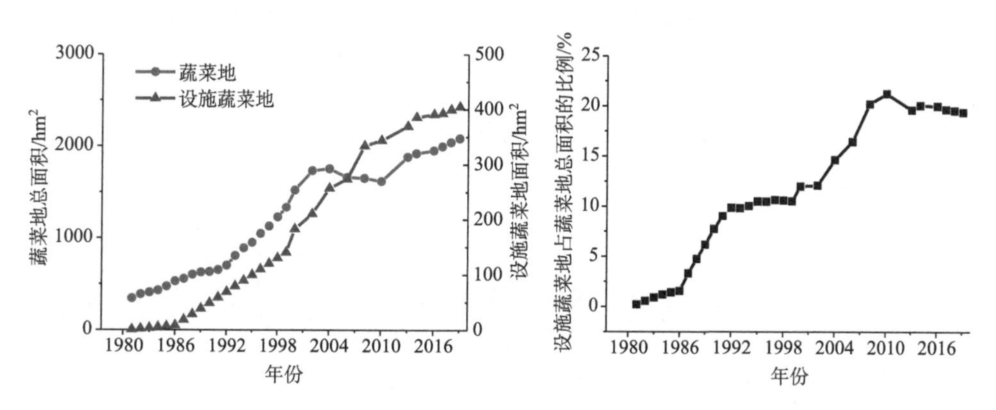

图 7-43　我国蔬菜种植面积的变化（董静等，2017，有修改，数据扩展至 2019 年）

四、设施种植业存在的问题

（一）我国设施种植业硬件和管理方面的普遍问题

1. 设施水平低，环境调控能力不足

目前我国 90%以上的设施是结构简单的塑料大棚与日光温室，只能起到一定的保温作用，抗御自然灾害的能力差，难以调控光、温、湿、气等环境因子，在一定程度上只适应了比较落后的农村经济状况和较低的人民生活水平的需求。

2. 机械化水平低，生产效率普遍较低

自动控制设备不配套，机械化作业水平低，各种作业机械与国外先进水平还有较大差距，在很多方面还是空白。原始的手工劳动强度大、工作环境差、效率低。人均管理面积仅相当于荷兰的1/40，劳动生产率仅及日本的1/5。

3. 栽培技术不配套

发达国家发展工厂化农业采取的是“高投入、高产出”的高科技路线，而我国由于技术和经济的原因，采用的是基础设施低投入、低能耗的技术体系。温室结构简易，环境控制能力低；栽培管理主要靠经验，与数量化和指标化生产管理的要求相差甚远；温室种植品种也大多是从常规品种中筛选出来的，还没有专用型、系列化的温室栽培品种；同时缺乏高强度农业生产模式的可持续发展理论体系和技术规范，栽培管理主要靠经验，产量低、品质差。

4. 运行管理水平较低，缺乏科学统一规划

目前，我国仍以经验和粗放的管理手段为主，农民自发行为普遍，生产不规范，尚未形成大规模集约化生产模式。

（二）我国设施种植业土壤面临的主要问题

1. 土壤养分过量积累

设施种植业生产的一个普遍特点是氮、磷、钾养分投入量大，远远超过作物需求，导致肥料利用率低，在土壤中大量积累。以氮肥为例，调查数据显示，设施种植业生产每年氮肥投入量（N）高达1000～4000 kg/hm^2，是大田作物的几倍甚至十几倍。设施栽培土壤氮、磷、钾、硫等元素的积累量已经远远超过自然土壤和大田土壤的正常含量水平，成为导致设施栽培土壤生产力退化的主要因素，与酸化、次生盐渍化、土传病害及环境风险密切相关。

2. 土壤酸化和次生盐渍化

过量施肥，尤其是氮肥，会导致设施大棚土壤严重酸化（具体机制见本章第三节）。

过度施肥和养分过量积累造成的另一个问题是土壤次生盐渍化。调查发现，我国约40%的设施大棚土壤已经发生明显的次生盐渍化（郭春霞, 2011）。通常情况下，硝酸盐和硫酸盐大量累积是引起次生盐渍化的两种主要形式。

3. 土壤生物退化，作物土传病害频发

健康的土壤微生物区系是维持土壤健康，发挥其生产功能和生态服务功能的重要基础。由于作物单一，种植强度高，土壤理化性质恶化，设施种植导致土壤生物多样性下降和土传病原生物丰度增加，不仅造成土壤养分转化速率和活性下降，而且导致土传病害频发，使作物产量和品质严重受损（图 7-44）。现在土传病害是设施农业生产中普遍存在的问题，不仅造成巨大的经济损失，而且导致农药施用量增加，影响食品安全。

图 7-44　设施农业因土传病害高发而减产、绝收（黄新琦摄）

4. 土壤重金属和有机污染物富集

土壤重金属富集是设施大棚土壤的另一个潜在风险，造成重金属富集的主要原因是大量施用有机肥。有研究结果表明，设施大棚土壤中 Cd、Cr 和 Cu 等重金属浓度随种植年限的增加呈逐渐增加趋势，导致设施大棚蔬菜组织中重金属含量高于露天大田蔬菜。此外，农药和塑料膜等的大量使用会造成土壤有机污染物积累。

五、设施种植业退化土壤修复方法

（一）土壤酸化和次生盐渍化修复方法

目前，生产上主要通过施用石灰和草木灰等碱性物质中和土壤酸性，这是在短时间内迅速提高土壤 pH 的最有效办法。但是，施用石灰会带入大量盐基离子（如 Ca^{2+}），加重盐渍化。施用有机肥对改良土壤酸化也有一定的作用效果，但需长期大量施用才可使酸化状态得到改善。

目前，常采用的土壤次生盐渍化修复方法是通过大水漫灌淋洗土壤中的可溶性盐分。但是，从土体中淋洗出的盐分可能会进入地下水或江河湖泊之中，引发水体的污染问题。

（二）作物土传病害修复方法

土传病害是限制设施农业发展的重要瓶颈。现在主要的应对措施有以下几种。

1. 化学农药

施用化学农药（如杀菌剂）杀灭土壤中的病原微生物是目前生产上应对土传病害的最主要措施。然而，土传病原微生物存在于土壤中，从作物根茎部侵入作物内部，喷洒的农药很难到达病原微生物生长之处，因此，农药防治效果并不佳。实际生产中农户往往预防性喷洒大量农药，造成农药过量、过度使用。另外，有些化学杀菌剂还会带来环境问题，如20世纪大量使用的溴甲烷，一度被认为是杀灭土传致病菌、减缓土传病害发生的最有效办法。但是，随后人们逐渐认识到溴甲烷会破坏平流层臭氧，于是《关于消耗臭氧层物质的蒙特利尔议定书》明确规定禁止将溴甲烷作为土壤熏蒸剂使用。随着人们对食品安全和环境保护的重视程度日益提高，化学农药的使用将逐步受到限制。

2. 作物轮作

合理的作物轮作措施能够在一定程度上缓解土传病害，但其效果受轮作作物和轮作时长的影响。水旱轮作是目前生产上解决土传病害最有效的措施之一。

3. 休闲期灌水闷棚

在夏季高温休闲期，灌水闷棚也是设施农业生产者常采取的办法。但是，灌水闷棚时间一般较短，对一些病害高发的土壤作用效果不佳。

4. 施用有机肥和生物有机肥

有机肥和生物有机肥可通过调节土壤微生物群落，在一定程度上缓解土传病害的发生，但对于发病严重、病原菌大量富集的土壤，其效果往往不如人意。需要注意的是，要选择符合产品标准的有机肥，避免造成重金属污染和生物污染等潜在危险。

5. 强还原土壤处理法

强还原土壤处理法是21世纪新提出的一种土传病害修复方法。通过向土壤中添加易分解有机物、灌水和覆膜，在短时间内创造强烈的土壤还原环境，可有效改善土壤微生物群落结构，杀灭病原微生物，并且可以同时修复土壤酸化、次生盐渍化等理化性质退化问题。这是一种环境友好，且能全面消除障碍因子的方法，它的修复效果已经得到广泛验证（图7-45）。

图 7-45　强还原处理操作流程和应用效果（黄新琦摄）

第一排图片为操作流程，依次为添加易分解有机物、翻耕混匀、灌水、覆膜；第二排图片为强还原处理（RSD）对鲜切花洋桔梗连作障碍的修复效果，第一张为未处理对照，其余为经强还原处理之后的土壤上洋桔梗的长势；第三排图片为发生连作障碍的芹菜和黄瓜长势；第四排图片为 RSD 处理后的芹菜和黄瓜长势；第五排图片从左至右依次为未处理、化学熏蒸（棉隆）和 RSD 处理的黄瓜长势情况

思考与讨论

1. 结合自己家乡或其他途径了解的事例，谈谈我国土壤资源的主要特点，以及如何实现土壤资源合理利用与保护。

2. “藏粮于地、藏粮于技”，是我国确保粮食产能和粮食安全的新思路、新途径。坚守耕地数量红线，提升耕地质量是其核心内容。结合所学知识，谈谈我国耕地地力现状，以及如何实现土壤地力培育、提升。

3. 农业科技战线上的“两弹一星”——黄淮海平原盐碱地治理与开发简介

黄淮海平原包括冀、鲁、豫、皖、苏五省和京津两市的298个县，有耕地2.8亿亩，历史上长期遭受盐、碱、旱、涝危害，粮食不能自给，严重依赖“南粮北调”，每年吃掉国家10多亿斤返销粮。

为了扭转这一局面，从1973年开始，由农业部主持，中科院、水利部、林业部和冀、鲁、豫、皖、苏五省参加，设立12个试验区，开展了跨部门、跨行业、多专业、多学科的大型协同科技攻关。在治理过程中，老一辈科研人员开展了大量艰苦的实地考察和长期的科学研究工作,将土壤学基础理论跟生产实践相结合。通过科技攻关共获得了67项重大科技成果，其中有16项达到国际水平，12项填补国内空白。例如，中国科学院南京土壤研究所以熊毅院士为代表的科研先辈选择当时旱涝盐碱严重的河南省封丘县，在我国首次进行“井灌井排”试验，当年便取得了综合防治旱涝盐碱的显著效果。“井灌井排”这一技术很快在黄淮海平原及我国北方平原地区得到大规模的推广应用，使大面积盐碱化和沼泽化的土地迅速得到了改良。中国农业大学的专家学者以河北省曲周县为研究区域，用砖头垒垛当实验台，用塑料布遮挡仪器防掉土，用手攥用嘴尝测盐分，走遍了曲周的各个角落。经过大量艰苦的调查研究，摸清了曲周县地下水盐运动规律，提出“井沟结合，农林水并举”综合治理方案。一代又一代中国农业大学的科研工作者扎根曲周接续奋斗，取得了丰硕的成果。这些都是老一辈科学家和科技工作者顾全大局、敬业进取、攻坚破难、无私奉献、大力协作的事迹和严谨的科学精神的缩影，至今仍鼓舞着广大科技工作者。

黄淮海平原旱涝盐碱综合治理作为我国历史上最大的一次农业科技大会战，先后共有200多个科研单位和大专院校，1000多名科技人员直接参与，被誉为农业科技战线上的“两弹一星”，取得了领先世界的科技成果，成功实现了对黄淮海平原盐碱土的治理。12个试验区粮食亩产由治理前的30～70 kg，提高到1989年的425～900 kg，为我国粮食产量由8000亿斤增长到9000亿斤，解决粮食安全问题做出了重大贡献，所产生的经济、社会、生态效益显著。1993年，“黄淮海平原中低产地区综合治理的研究与开发”项目获国家科技进步特等奖。

参 考 文 献

蔡祖聪. 2018. 中国氮素流动分析方法指南. 北京: 科学出版社.

蔡祖聪, 张宁阳. 2019. 神奇的土壤. 北京: 科学出版社.

陈怀满. 2018. 环境土壤学. 3 版. 北京: 科学出版社.

程谊, 张金波, 蔡祖聪. 2019. 气候-土壤-作物之间氮形态契合在氮肥管理中的关键作用. 土壤学报, 54(3): 507-515.

董静, 赵志伟, 梁斌, 等. 2017. 我国设施蔬菜产业发展现状. 中国园艺文摘, 1: 75-77.

郭春霞. 2011. 设施农业土壤次生盐渍化污染特征. 上海交通大学学报, 29: 50-54.

国家林业局组织. 2015. 中国湿地资源总卷. 北京: 中国林业出版社.

国家水利部. 2013. 第一次全国水利普查水土保持情况公报.

黄昌勇, 徐建明. 2010. 土壤学. 3 版. 北京: 中国农业出版社.

李天杰, 赵烨, 张科利, 等. 2004. 土壤地理学. 3 版. 北京: 高等教育出版社.

李永涛, Becquer T, Quantin C, 等. 2004. 酸性矿山废水污染的水稻田土壤重金属的微生物效应. 生态学报, 24(11): 2430-2436.

李智广, 王岩松, 刘宪春, 等. 2013. 我国东北黑土区侵蚀沟道的普查方法与成果. 中国水土保持科学, 11(5): 12-16.

刘彦随, 张紫雯, 王介勇. 2018. 中国农业地域分异与现代农业区划方案. 地理学报, 73(2): 203-218.

刘震. 2009. 水土保持 60 年: 成就、经验、发展对策. 中国水土保持科学, 7(4): 1-6.

卢瑛. 2017. 中国土系志・广东卷. 北京: 科学出版社.

吕宪国. 2008. 中国湿地与湿地研究. 石家庄: 河北科学技术出版社.

吕宪国, 高俊琴, 刘红玉, 等. 2002. 湿地变化及其环境效应, 生态安全与生态建设//中国科学 2002 年学术年会论文集: 234-240.

罗梅, 郭龙, 张海涛, 等. 2020. 基于环境变量的中国土壤有机碳空间分布特征. 土壤学报, 57: 48-59.

马林, 卢洁, 赵浩, 等. 2018. 中国硝酸盐脆弱区划分与面源污染阻控. 农业环境科学学报, 37(11): 2387-2391.

孙新, 李琪, 姚海凤, 等. 2021. 土壤动物与土壤健康. 土壤学报, 58(5): 1073-1083.

汤勇军, 黄耀. 2009. 中国大陆主要粮食作物地力贡献率和基础产量的空间分布特征. 农业环境科学学报, 28: 1070-1078.

吴克宁, 李玲, 鞠兵, 等. 2019. 中国土系志・河南卷. 北京. 科学出版社.

吴燕锋, 章光新, Rousseau A N. 2020. 流域湿地水文调蓄功能定量评估. 中国科学: 地球科学, 50: 281-294.

席承藩, 张俊民. 1996. 中国土壤区划图. 南京: 中国科学院土壤研究所.

熊毅, 李庆逵. 1987. 中国土壤. 2 版. 北京: 科学出版社.

徐建明. 2019. 土壤学. 4 版. 北京: 中国农业出版社.

尤孟阳, 郝翔翔, 李禄军. 2020. 海伦黑土有机碳和养分含量 30 年变化特征. 土壤与作物, 9(3): 211-220.

张兴义, 刘晓冰, 赵军. 2018. 黑土利用与保护. 北京: 科学出版社.

赵其国. 1991. 土壤圈物质循环研究与土壤学的发展. 土壤, 23(1): 1-3.

中国科学院南京土壤研究所土壤系统分类课题组, 中国土壤系统分类课题研究协作组. 2001. 中国土壤系统分类检索. 3 版. 合肥: 中国科学技术大学出版社.

周宝库. 2011. 长期施肥条件下黑土肥力变化特征研究. 北京: 中国农业科学院.

朱兆良, 文启孝. 1992. 中国土壤氮素. 南京: 江苏科学技术出版社: 171-196.

Alewell C, Ringeval B, Ballabio C, et al. 2020. Global phosphorus shortage will be aggravated by soil erosion. Nature Communications, 11: 4546.

Amundson R, et al. 2015. Soil and human security in the 21st century. Science, 348: 1261071.

An Z, Huang R J, Zhang R, et al. 2019. Severe haze in northern China: A synergy of anthropogenic emissions and atmospheric processes. PNAS, 116: 8657-8666.

Borrelli P, Robinson D A, Fleischer L R, et al. 2017. An assessment of the global impact of 21st century land use change on soil erosion. Nature Communications, 8.

Boul S W, Southard R J, Graham R C, et al. 1980. Soil Genesis and Classification. 2nd ed. Ames: Iowa State University Press.

Butler J H, Montzka S A. 2020. The NOAA Annual Greenhouse Gas Index (AGGI). National Oceanic and Atmospheric Administration Earth System Research Laboratories Global Monitoring Laboratory, http: //www. esrl. noaa. gov/gmd/aggi/aggi. html.

Chen Z M, Xu Y H, Castellano M J, et al. 2019. Soil respiration components and their temperature sensitivity under chemical fertilizer and compost application: The role of nitrogen supply and compost substrate quality. Journal of Geophysical Research: Biogeosciences, 124: 556-571.

Conyers M K, Tang C, Poile G J, et al. 2011. A combination of biological activity and the nitrate form of nitrogen can be used to ameliorate subsurface soil acidity under dryland wheat farming. Plant and Soil, 348: 155-166.

Erisman J W, Sutton M A, Galloway J, et al. 2008. How a century of ammonia synthesis changed the world. Nature Geoscience, 1: 636-639.

Galloway J N, Cowling E B. 2002. Reactive nitrogen and the world: 200 years of change. Ambio, 31: 64-71.

Gerrard J. 2000. Fundamentals of Soils. London: Roultedge.

Guo J H, Liu X J, Zhang Y, et al. 2010. Significant acidification in major Chinese croplands. Science, 327: 1008-1010.

Haigh M. 2006. Environmental change in headwater peat wetlands, UK. Environmental Role of Wetlands in Headwaters, 63: 237-255.

IPCC. 2013. Climate Change 2013: The Physical Science Basis//Stocker T F. Working Group I Contribution to the Fifth Assessment Report of the Intergovernmental Panel on Climate Change. Cambridge, UK, and New York, NY, USA: Cambridge University Press.

IPCC. 2018. Global Warming of 1.5°C. An IPCC Special Report on the Impacts of Global Warming of 1.5°C above Pre-industrial Levels and Related Global Greenhouse Gas Emission Pathways, in the Context of Strengthening the Global Response to the Threat of Climate Change, Sustainable Development, and Efforts to Eradicate Poverty.

Jackson R B, Saunois M, Bousquet P, et al. 2020. Increasing anthropogenic methane emissions arise equally from agricultural and fossil fuel sources. Environmental Research Letters, 15: 071002.

Jiang J, Xu R K, Zhao A Z. 2010. Surface chemical properties and pedogenesis of tropical soils derived from basalts with different ages in Hainan, China. Catena, 87: 334-340.

Köchy M, Hiederer R, Freibauer A. 2015. Global distribution of soil organic carbon – Part 1: Masses and frequency distributions of SOC stocks for the tropics, permafrost regions, wetlands, and the world. Soil, 1: 351-365.

Kong L, Tang X, Zhu J, et al. 2019. Improved inversion of monthly ammonia emissions in China based on the Chinese ammonia monitoring network and ensemble Kalman filter. Environmental Science & Technology, 53: 12529-12538.

Lal R. 2004. Soil carbon sequestration impacts on global climate change and food security. Science, 304: 1623-1627.

Lansing M P, John P H, Donald A K. 1999. Microbiology. 4th ed. New York, USA: McGraw-Hill Companies.

Lehmann J, Kleber M. 2015. The contentious nature of soil organic matter. Nature, 528: 60-68.

Li Y W, Xu J Z, Liu S M, et al. 2020. Salinity-induced concomitant increases in soil ammonia volatilization and nitrous oxide emission. Geoderma, 361: 10.

Macias-Fauria M. 2018. Satellite images show China going green. Nature, 553: 411-413.

Mao D H, Tian Y L, Wang Z M, et al. 2020. Wetland changes in the Amur River Basin: Differing trends and proximate causes on the Chinese and Russian sides. Journal of Environmental Management, 280(15): 111670.

Metz B, Davidson O R, Bosch P R, et al. 2007. Climate Change 2007: Mitigation. Contribution of Working Group III to the Fourth Assessment Report of the Intergovernmental Panel on Climate Change. Cambridge, United Kingdom and New York, NY, USA: Cambridge University Press.

Orgiazzi A, Bardgett R D, Barrios E, et al. 2016. Global Soil Biodiversity Atlas. European Commission, Publications Office of the European Union, Luxembourg.

Powers T O, Neher D A, Mullin P, et al. 2009. Tropical nematode diversity: Vertical stratification of nematode communities in a Costa Rican humid lowland rainforest. Molecular Ecology, 18: 985-996.

Richardson A E, Simpson R J. 2011. Soil microorganisms mediating phosphorus availability update on microbial phosphorus. Plant Physiology, 156(3): 989-996.

Schmidt M W I, Torn M S, Abiven S, et al. 2011. Persistence of soil organic matter as an ecosystem property. Nature, 478: 49-56.

Tian H, Xu R, Canadell J G, et al. 2020. A comprehensive quantification of global nitrous oxide sources and sinks. Nature, 586: 248-256.

Torsvik V, Goksøyr J, Daae F L. 1990. High diversity in DNA of soil bacteria. Applied and Environmental Microbiology, 56: 782-787.

Totsche K U, Amelung W, Gerzabek M H, et al. 2018. Microaggregates in soils. Journal of Plant Nutrition and Soil Science, 181: 104-136.

Weil R R, Brady N C. 2016. The Nature and Properties of Soils. 15th ed. USA: Pearson Education.

Wicke B, Smeets E, Dornburg V, et al. 2011. The global technical and economic potential of bioenergy from salt-affected soils. Energy and Environmental Science, 4(8): 2669-2681.

Wilpiszeski R L, Aufrecht J A, Retterer S T, et al. 2019. Soil aggregate microbial communities: Towards understanding microbiome interactions at biologically relevant scales. Applied and Environmental Microbiology, 85(14): e00324-19.

Xiao G X, Hu Y L, Li N, et al. 2018. Spatial autocorrelation analysis of monitoring data of heavy metals in rice in China. Food Control, 89: 32-37.

Yin L C, Cai Z C, Zhong W H. 2005. Changes in weed composition of winter wheat crops due to long-term fertilization. Agriculture, Ecosystem and Environment, 107: 181-186.

Yu H, He N, Wang Q, et al. 2017. Development of atmospheric acid deposition in China from the 1990s to the 2010s. Environmental Pollution, 231: 182-190.

Zhang X, Davidson E A, Mauzerall D L, et al. 2015. Managing nitrogen for sustainable development. Nature, 528: 51-59.

Zhu Q C, De Vries W, Liu X J, et al. 2016. The contribution of atmospheric deposition and forest harvesting to forest soil acidification in China since 1980. Atmospheric Environment, 146: 215-222.

Zhu Q C, De Vries W, Liu X J, et al. 2018. Enhanced acidification in Chinese croplands as derived from element budgets in the period 1980-2010. Science of the Total Environment, 618: 1497-1505.